"十四五"职业教育国家规划教材

"十三五"职业教育国家规划教材

全国机械行业职业教育优质规划教材

VOCATIONAL EDUCATION

数控编程与加工技术

第 4 版

主　编　周保牛　刘　江
副主编　叶　穗　周　岳
参　编　王慧宁　黄俊桂
主　审　许朝山

机械工业出版社

本书是"十三五"和"十四五"职业教育国家规划教材。

本书是工学结合、理实一体、学做结合、岗课赛证融通的项目式教材。书中诠释了FANUC 0iM 和 SIEMENS 两种系统数控镗铣床/加工中心的十个数控镗铣项目，即查阅、分析数控镗铣床的加工能力，直线插补编程数控铣削平面模，圆弧插补编程数控铣削成形槽，刀具半径补偿编程数控铣削平面凸模，平均尺寸编程数控铣削平面凹模，子程序编程数控铣削腰形级进凸模，坐标变换编程数控铣削五角形模，固定循环编程数控镗铣凸块，宏指令编程数控铣削孔口倒凸圆角，综合编程数控镗铣蜗轮箱；诠释了FANUC 0iT、华中 HNC 和 SIEMENS三种系统数控车床的五个数控车削项目，即查阅、分析数控车床的加工能力，直线圆弧插补编程数控车削小轴，刀尖半径补偿编程数控车削阀芯，固定循环综合编程数控车削轴承套，宏指令编程数控车削上模头。书后附所有项目使用的刀具和量具清单及图例。

本书可作为高等职业院校、高等专科院校、成人教育数控技术、机械制造与自动化、数字化设计与制造技术、模具设计与制造、智能制造装备技术、机电一体化技术等专业的教材，也可作为数控技术培训、进修的教学用书，还可作为机械工程技术人员、工人和管理人员的参考书。

本书配有电子课件和翔实的电子教案，凡使用本书作教材的教师可登录机械工业出版社教育服务网（http://www.cmpedu.com），注册后免费下载。咨询电话：010-88379375。

图书在版编目（CIP）数据

数控编程与加工技术/周保牛，刘江主编. -- 4 版.
北京：机械工业出版社，2025. 4（2025.7 重印）. --（"十四五"职业教育国家规划教材）（"十三五"职业教育国家规划教材）（全国机械行业职业教育优质规划教材）. -- ISBN
978 - 7 - 111 - 78032 - 8

Ⅰ. TG659

中国国家版本馆 CIP 数据核字第 2025YX0770 号

机械工业出版社（北京市百万庄大街22 号　邮政编码100037）
策划编辑：王英杰　　　　　责任编辑：王英杰
责任校对：李　杉　牟丽英　封面设计：鞠　杨
责任印制：邓　博
北京中科印刷有限公司印刷
2025 年7 月第4 版第2 次印刷
184mm×260mm·17.25 印张·424 千字
标准书号：ISBN 978-7-111-78032-8
定价：49.90 元

电话服务　　　　　　　　网络服务
客服电话：010-88361066　　机　工　官　网：www.cmpbook.com
　　　　　010-88379833　　机　工　官　博：weibo.com/cmp1952
　　　　　010-68326294　　金　书　　　网：www.golden-book.com
封底无防伪标均为盗版　机工教育服务网：www.cmpedu.com

关于"十四五"职业教育
国家规划教材的出版说明

为贯彻落实《中共中央关于认真学习宣传贯彻党的二十大精神的决定》《习近平新时代中国特色社会主义思想进课程教材指南》《职业院校教材管理办法》等文件精神，机械工业出版社与教材编写团队一道，认真执行思政内容进教材、进课堂、进头脑要求，尊重教育规律，遵循学科特点，对教材内容进行了更新，着力落实以下要求：

1. 提升教材铸魂育人功能，培育、践行社会主义核心价值观，教育引导学生树立共产主义远大理想和中国特色社会主义共同理想，坚定"四个自信"，厚植爱国主义情怀，把爱国情、强国志、报国行自觉融入建设社会主义现代化强国、实现中华民族伟大复兴的奋斗之中。同时，弘扬中华优秀传统文化，深入开展宪法法治教育。

2. 注重科学思维方法训练和科学伦理教育，培养学生探索未知、追求真理、勇攀科学高峰的责任感和使命感；强化学生工程伦理教育，培养学生精益求精的大国工匠精神，激发学生科技报国的家国情怀和使命担当。加快构建中国特色哲学社会科学学科体系、学术体系、话语体系。帮助学生了解相关专业和行业领域的国家战略、法律法规和相关政策，引导学生深入社会实践、关注现实问题，培育学生经世济民、诚信服务、德法兼修的职业素养。

3. 教育引导学生深刻理解并自觉实践各行业的职业精神、职业规范，增强职业责任感，培养遵纪守法、爱岗敬业、无私奉献、诚实守信、公道办事、开拓创新的职业品格和行为习惯。

在此基础上，及时更新教材知识内容，体现产业发展的新技术、新工艺、新规范、新标准。加强教材数字化建设，丰富配套资源，形成可听、可视、可练、可互动的融媒体教材。

教材建设需要各方的共同努力，也欢迎相关教材使用院校的师生及时反馈意见和建议，我们将认真组织力量进行研究，在后续重印及再版时吸纳改进，不断推动高质量教材出版。

机械工业出版社

前　言

本书承载的零件数字化加工技术，不仅是用好数控机床的关键环节，也是零部件智能化加工制造最重要的技术基础。书中相关知识的传承和创新具有长期性，是装备制造业不断发展长期需要的数控编程与加工技术。

在我国大力发展新质生产力、十四五规划硕果累累的收官之年，紧紧抓住岗课赛证书制度高要求、高质量实施的时代契机，认真落实《国家职业教育改革实施方案》和《职业院校教材管理办法》的要求，以"立德树人根本任务"为目标，遵循"入目乐学、入学则通""利好守成、革弊创新"的理念，专门为数控技术专业以及所有零件加工制造相关专业持续优化《数控编程与加工技术》理实一体化项目教材，更正笔误、精练语句、增加 FANUC/华中系统螺纹车削单一循环、SIEMENS 车削编程等，内容更加实用、丰富。最重要的是，每个项目中新增了励志或富有哲理事例的二维码和项目实践的二维码，用手机等终端设备可以随时随地扫描学习。

本书由 15 个项目、1 个附录组成，主要信息见下表：

《数控编程与加工技术》主要信息表

项目	项目名称	励志哲理二维码	参考课时	主要作者	作者工作经历
〇	查阅、分析数控镗铣床的加工能力	数控之美	8	刘江	数年企业应用数控机床等工作经历及 20 多年高职教育教学的教授和数控机床操作加工的高级技师
一	直线插补编程数控铣削平面模	必经之路	4		
二	圆弧插补编程数控铣削成形槽	必经之路	4	周岳	10 多年企业应用数控机床等工作经历的高级工程师，及 20 多年高职教育教学副教授和数控机床操作加工高级技师
三	刀具半径补偿编程数控铣削平面凸模	难事简做	4		
四	平均尺寸编程数控铣削平面凹模	难事简做	4		
五	子程序编程数控铣削腰形级进凸模	循途守辙	4		
六	坐标变换编程数控铣削五角形模	万物互联	4	周保牛	20 多年企业研发、应用数控机床等工作经历的高级工程师，及近 20 年高职教育教学的教授
七	固定循环编程数控镗铣凸块	见微知著	8		
八	宏指令编程数控铣削孔口倒凸圆角	传承经典	8		
九	综合编程数控镗铣蜗轮箱	金刚罗汉	4		
十	查阅、分析数控车床的加工能力	紧随前行	8	黄俊桂	近 30 年企业研发、应用数控机床等工作经历的研究员级高级工程师
十一	直线圆弧插补编程数控车削小轴	小件大用	4		
十二	刀尖半径补偿编程数控车削阀芯	强国有我	4	叶穗	10 多年企业研发、应用数控机床等工作经历的高级工程师，及 20 多年高职教育教学的副教授和数控机床操作加工的高级技师
十三	固定循环综合编程数控车削轴承套	结伴同行	8		
十四	宏指令编程数控车削上模头	工匠为佐	4		
附录	刀具和量具清单及图例		查阅	王慧宁	40 多年企业相关工作经历，高级技师
合计课时			80		

本书具有以下鲜明特色：

1. 配套教学资源丰富，提高了本书开发的整体性和教与学的有效性

本书配套的课件获得江苏省优秀多媒体课件一等奖，可登录网站 http：//cc. njnu. edu. cm/浏览，并附有授课 PPT、思考与练习题答案、数控仿真加工动画、教学方案、学生作业范例等优质电子资源。各种资源持续完善，修订时同步改进，提高了教材开发的整体性和教与学的有效性，有利于促进课程建设等。

2. 以常用典型数控系统为主，提高本书对市场的服务性

以市场主流数控系统、数控铣床、加工中心和数控车床为主，镗铣编程用 FANUC – 0iM、SIEMENS 两种数控系统，车削编程用 FANUC – 0iT、华中 HNC 和 SIEMENS 三种数控系统，绝大多数程序指令及程序并列列表详述，清晰地表达出了不同数控系统解决同一编程问题的编程方法，便于校内外教与学和工程实践比较选用、比较学习，能提高本书对市场的服务性。

3. 载体适应资源配置，提高了本书应用的可行性和普适性

将企业工程图样科学转化、精心设计成适合学校教育、数控加工的典型零件图样，作为项目载体系列，一套作为教材叙述主体，还有两套以上呈现于思考与练习题中，供学生课后练习、巩固、提高使用。教材叙述主体载体和思考与练习题其中之一两套载体及毛坯材料选择考究、规格合理，实践教学调度管理方便，拟用典型工艺装备加工，适应校内外不同经济发展地区、理实不同组合教学资源配置的学做结合提高练习，思考与练习题中另外一套项目载体基本保持企业真实零件工程图样，供书面练习或企业岗位学做提高练习，有利于提高本书应用的可行性和普适性。

4. 继续沿用和完善项目式教材编写模式，体现了工学结合、理实一体、学做结合等高职高专教育特色

以工作任务为中心，以相关知识为背景，以相关实践为焦点，以拓展知识为延伸，沿用和完善《数控编程与加工技术》项目式教材编写模式：用数控编程和加工典型零件方式命名的若干项目构成教材基本单元，项目序列由易到难顺序编排形成梯度，前一个项目是后一个项目的基础，后一个项目又是前一个项目的巩固提高和创新。项目由"学习目标（终极目标、促成目标）→工学任务→相关知识→相关实践→拓展知识→思考与练习题"六部分顺序有机衔接。每个项目教学资料完整、丰富，教学资源普适性好，能灵活适应于多种教学方式和教学场所，能体现工学结合、理实一体、学做结合、岗课赛证融通等高职高专教育特色。

5. 本书内容设计符合教学和人才成长规律，体现了高职教材基于过程的能力培养及知识系统化的特征

按照数控加工典型零件过程为逻辑主线设置项目，以精准、足够多的典型零件图样为项目载体；在锁定项目终极目标的前提下，提出项目促成目标；依据数控编程与加工人才培养规格呈现工学任务；按数控编程与加工课程标准，合理分配相关知识，在设计逼真的工作情景/情境下进行相关实践，完成工学任务，进行成果评价；必要时设置拓展知识，作为补充延伸。整个教材内容设计符合教学和人才成长规律，与生产实践流程相吻合，体现了高职教材基于过程的能力培养和系统化知识的特征。

相关知识的主要作用在于促进学生对实践过程的理解、判断，进而促进弹性的、可迁移

V

的职业能力的形成，体现"高等性和技术性"，具有精炼、内化的传承性。

相关实践主要指实践过程、技术规则、技术情境等，主要解决"是什么"和"怎么做"的问题，完成工学任务就会获得工学成果，体现"职业性和技能性"，具有举一反多的经验积淀性。

拓展知识作为补充或延伸，给项目式教材留出发展空间，体现高职高专教材对"新技术"的前瞻性。

教学项目细化到各个项目部分中的基本知识点、技能点或技术点，方便分类归纳、快速查找、纵横比较学习提高，体现教材对个别学习点的有效选择性和对总体学习点的纲举性。

本书由常州机电职业技术学院教授/高级工程师周保牛、刘江任主编，常州机电职业技术学院校长许朝山教授主审。在编写过程中，华东师范大学职业教育博士徐国庆、宁波海天精工机械有限公司总工程师/教授级高级工程师刘西恒等给予了具体建议和指导，在此一并表示衷心感谢。

囿于编者水平，书中难免有错误和不当之处，恳请读者批评指正。本书结构是否合理、实用、科学，愿与读者研讨，主编邮箱 zbn1131@163.com。

编　者

二维码索引

目　　录

XI

XⅢ

项目〇 查阅、分析数控镗铣床的加工能力

一、学习目标

● 终极目标：熟悉数控镗铣床的加工能力。

● 促成目标

1）熟悉数控镗铣床的工艺能力及技术参数。

2）熟悉数控镗铣床的坐标系统。

3）熟悉数控机床 G、M、F、S、T 功能。

4）会小数点编程。

5）会操作数控镗铣床操作面板。

6）培养数控之美兴趣感。

二、工学任务

（1）任务

1）查阅或实地辨析数控镗铣床坐标系统。

2）查阅或实地观摩数控镗铣床、加工中心加工模具零件、盘类零件、箱体类零件的工艺过程。

（2）条件

1）具有数控仿真机房。

2）具有数控镗铣床、加工中心教学机。

3）具有数控镗铣床、加工中心加工模具零件、盘类零件、箱体类零件的校内或校外实习基地。

（3）要求

1）核对或填写"项目〇过程考核卡"相关信息。

2）提交观后报告的电子、纸质文档以及"项目〇过程考核卡 1～3"。

3）提交一段你最喜欢的数控加工视频或动画。

三、相关知识

（一）数控镗铣床的工艺能力及技术参数

这里所述的数控镗铣床主要指数控铣床、数控镗床、数控钻床等刀具回转类数控机床。

1. 数控铣床的工艺能力及技术参数

数控铣床一般是具有计算机数控系统（CNC）、伺服控制进给系统且两轴以上联动的金属切削数控机床（见图 0-1），是少刀具工件加工的理想设备。工件经一次装夹后，数控铣床能完成铣、钻、扩、铰、镗、攻螺纹等多种工序，如图 0-2 所示，其中，坐标轴联动铣削加工工件轮廓是数控铣床最基本、最主要的工艺能力。在钻、扩、铰、镗、攻螺纹等孔加工时，由于数控铣床不具备自动换刀功能，孔的种类不宜太多，手动换刀数量最好不要超过10 把，以免加大工人手工换刀体力消耗，影响机床自动加工效率。

编程时必须要知道数控机床的规格参数。这里以 TK7640 型数控立式镗铣床为例介绍数控铣床的技术参数（见表 0-1）。

2

2. 立式加工中心的工艺能力及技术参数

立式加工中心是在立式数控机床上配备刀库、具有自动换刀功能的数控立式镗铣床,如图0-3所示。工件经一次装夹后,能自动完成单面铣、钻、扩、铰、镗、攻螺纹等多种工序,其中,坐标轴联动铣削加工工件轮廓和孔的加工是其最基本、最主要的工艺能力。此外,立式加工中心是加工模具、孔盘类零件的理想设备。

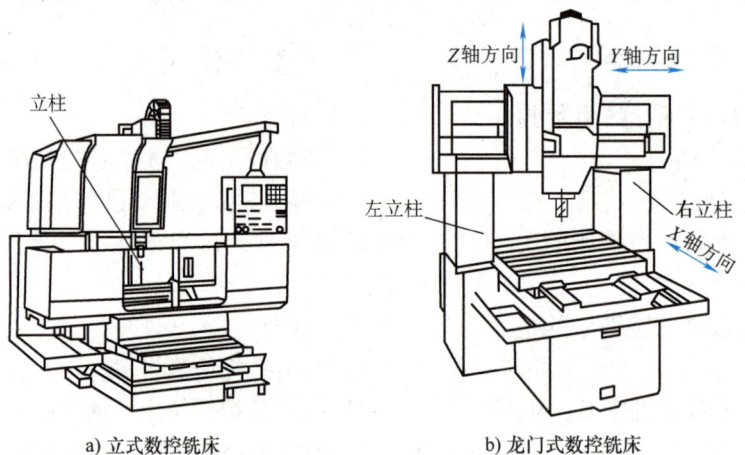

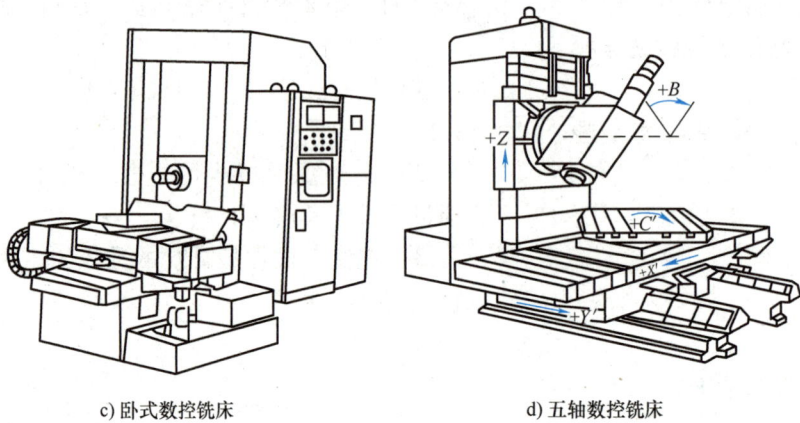

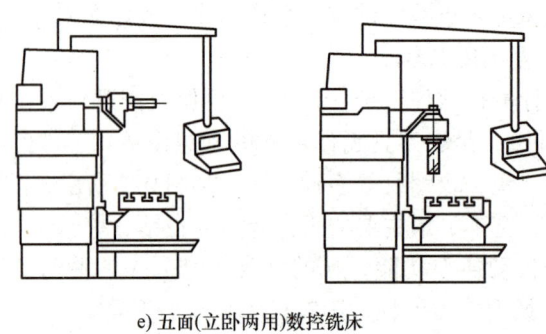

a) 立式数控铣床

b) 龙门式数控铣床

c) 卧式数控铣床

d) 五轴数控铣床

e) 五面(立卧两用)数控铣床

图0-1　数控铣床

3

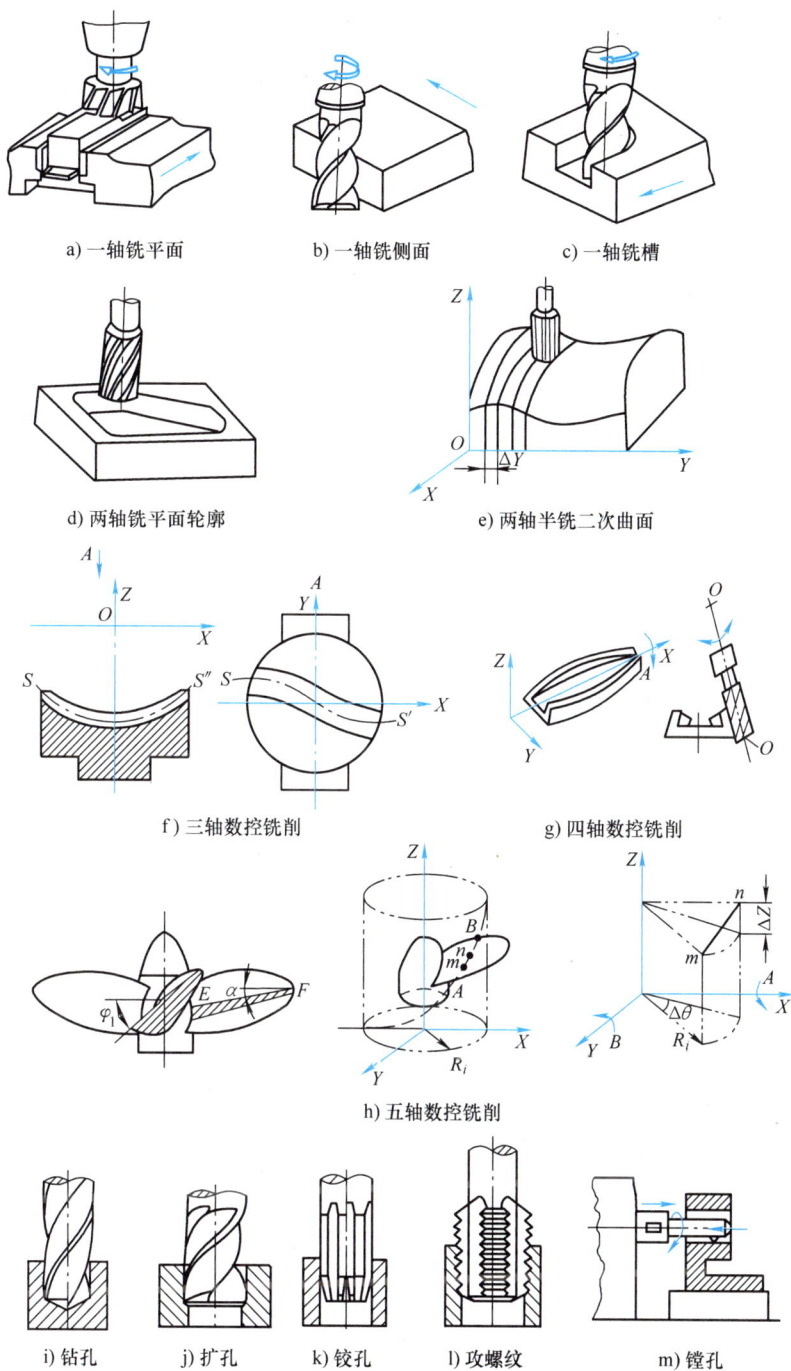

a) 一轴铣平面　　　　　　b) 一轴铣侧面　　　　　　c) 一轴铣槽

d) 两轴铣平面轮廓　　　　　　　e) 两轴半铣二次曲面

f) 三轴数控铣削　　　　　　　g) 四轴数控铣削

h) 五轴数控铣削

i) 钻孔　　　j) 扩孔　　　k) 铰孔　　　l) 攻螺纹　　　m) 镗孔

图 0-2　数控铣床的工艺能力

表 0-1 TK7640 型数控立式镗铣床的技术参数

项 目	参 数	项 目	参 数
工作台尺寸长 × 宽/(mm × mm)	800 × 400	压缩气压力/MPa	0.4 ~ 0.6
$X \times Y \times Z$ 行程/(mm × mm × mm)	600 × 400 × 600	定位精度/mm	±0.01/300，±0.015/全长
工作台 T 形槽宽度/mm × 数量	14H8 × 4	重复定位精度/mm	0.008
主轴端面到工作台面距离/mm	200 ~ 800	程序容量	64KB，200 个程序号
进给速度/(mm/min)	1 ~ 2000	显示方法	9in[1] 单色 CRT
快移速度/(m/min)	10	最小输入单位/mm	0.001
主轴锥孔	BT40	数控系统	FANUC 0i-MC，三轴联动[2]
主轴转速/(r/min)	20 ~ 3000	整机质量/kg	3500

[1] 1in = 25.4mm。

[2] 联动轴必须是数控轴，而数控轴不一定是联动轴。联动轴数的多少决定着数控机床的水平和价格等。

下面以 XH714 型立式加工中心为例，介绍立式加工中心的主要技术参数（见表 0-2）。

3. 卧式加工中心的工艺能力及技术参数

卧式加工中心是卧式数控镗床上配备刀库、具有自动换刀功能的数控卧式机床。卧式加工中心工作台至少要有回转分度功能，被加工零件的转位度数必须是工作台分度数的整数倍。对于数控回转工作台，由于它能连续分度，则不必要有这个要求。在卧式加工中心上，工件经一次装夹后能自动完成多侧面铣、钻、扩、铰、镗、攻螺纹等多种工序。其中，孔加工和坐标轴联动铣削加工工件轮廓与工作台分度是其最基本、最主要的工艺能力。卧式加工中心也是加工箱体类、叉架类零件等的理想设备。

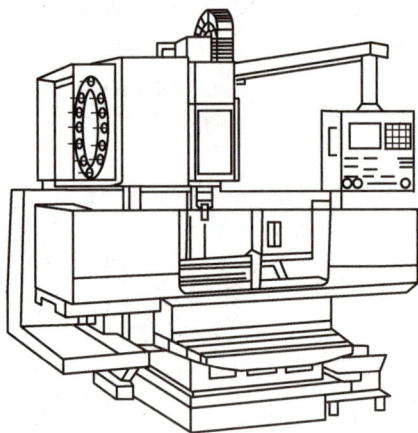

图 0-3 立式加工中心

表 0-2 XH714 型立式加工中心的技术参数

项 目	参 数	项 目	参 数
工作台尺寸长 × 宽/(mm × mm)	800 × 400	刀具长 × 直径 × 质量/(mm × mm × kg)	300 × 100 × 8
$X \times Y \times Z$ 行程/(mm × mm × mm)	600 × 400 × 600	换刀方式	随机
工作台 T 形槽宽度/mm × 数量	14H8 × 4	压缩气压力/MPa	0.4 ~ 0.6
主轴端面到工作台面距离/mm	200 ~ 800	定位精度/mm	±0.01/300，±0.015/全长
进给速度/(mm/min)	1 ~ 2000	重复定位精度/mm	0.008
快移速度/(m/min)	25	程序容量	64KB，200 个程序号
主轴锥孔	BT40	显示方法	9in 单色 CRT
主轴转速/(r/min)	20 ~ 6000	最小输入单位/mm	0.001
刀库容量/把	24	数控系统	FANUC 0i，三轴联动

以 XH756 型卧式加工中心为例，其去掉整体防护罩后的外观如图 0-4 所示，技术参数见表 0-3。

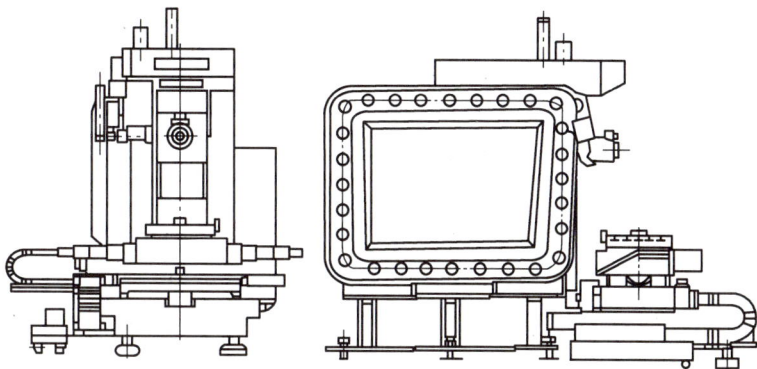

图 0-4　XH756 型卧式加工中心的外观

表 0-3　XH756 型卧式加工中心的技术参数

项　目	参　数	项　目	参　数
工作台尺寸长×宽 /(mm×mm)	630×630	刀库容量/把	60
$X×Y×Z$ 行程 /(mm×mm×mm)	800×700×700	刀具长×直径×质量 /(mm×mm×kg)	300×200×20
T 形槽宽度/mm×数量	18H8×5	换刀方式	随机
工作台分度数/(°)×等分数	5×72	压缩气压力/MPa	0.4~0.6
工作台分度定位精度/(″)	±8	工作台重复定位精度/(″)	0.05
主轴端面到工作台中心线距离/mm	200~900	定位精度/mm	±0.01/300，±0.015/全长
主轴中心到工作台台面距离/mm	0~700	重复定位精度/mm	0.008
进给速度/(mm/min)	1~2000	程序容量	64KB，200 个程序号
快移速度/(m/min)	15	显示方法	9in 单色 CRT
主轴锥孔	BT50	最小输入单位/mm	0.001
主轴转速/(r/min)	17~4125	数控系统	FANUC 0i，三轴联动

（二）　数控镗铣床的通用编程规则

1. 数控编程简介

（1）编程分类　数控编程即数控机床加工程序的编制，它是数控机床使用中最重要的一个环节。数控编程分手工编程和自动编程两类。

1）手工编程。手工编程是由人工完成刀具轨迹计算及加工程序的编程方法。当加工形状不十分复杂、加工程序不太长且有多种孔类的零件时，采用手工编程方便经济，但要防止出错。手工编程是数控编程的基础，也是数控加工的核心能力，自然是本教材的主要内容。

2）自动编程。自动编程是用计算机自动编程软件完成对刀具运动轨迹的计算、自动生成加工程序并在计算机屏幕上动态地显示出刀具加工轨迹的编程方法。对于形状复杂的零件，特别是涉及三维立体形状或刀具运动轨迹计算烦琐时，采用自动编程。自动编程知识在 CAD/CAM 应用中讲述，不在本教材内容之列。

（2）数控程序 数控程序（数控加工程序）是指令数控机床自动运行的数控代码文件。数控机床之所以能加工出各种形状、不同尺寸和精度的零件，是因为编程人员为它编制了不同的加工程序。

1）数控编程。数控编程是把零件加工的工艺过程、工艺参数（进给速度和主轴转速等）、位移数据（几何形状和几何尺寸等）及开关命令（换刀、切削液开/关和工件装卸等）等信息，用数控系统规定的功能代码和格式按加工顺序编写成加工程序单并记录在信息载体上的过程。

2）信息载体。信息载体有磁盘、U盘等各种可以记载二进制信息的媒介。通过数控机床的输入装置，将信息载体上的数控加工程序输入机床数控装置，从而指挥数控机床按数控程序的内容加工出合格的零件。较短的程序直接从机床面板上输入的情况最为普及。

2. 编程步骤

手工编程的步骤一般分为以下几个过程，如图0-5所示。

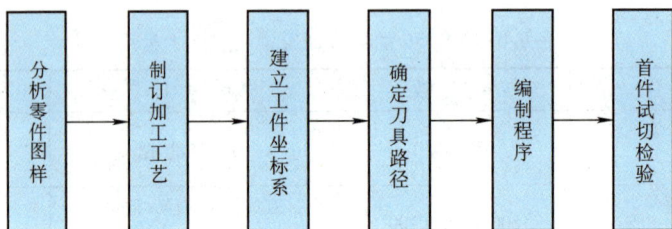

图0-5 手工编程步骤

（1）分析零件图样 编程前首先应分析零件的材料、形状、尺寸、精度以及毛坯形状和热处理等技术要求，其目的是提取工艺信息等。

（2）制订加工工艺 在分析零件图样的基础上，确定零件装夹方案、加工方案、加工顺序、进给路线，选择刀具、工装以及切削用量等工艺参数。

以上两条实际上是数控加工工艺设计范畴，一般应提供工艺卡片、刀具清单等，即按照工艺卡片设计加工程序。

（3）建立工件坐标系 在最合适的位置上建立工件坐标系，从而确定坐标计算参考点。

（4）确定刀具路径 确定刀具路径，计算坐标数据等。

（5）编制程序 进给路线、工艺参数及刀具运动轨迹的坐标值确定以后，编程人员需充分利用数控系统具有的指令代码、程序格式、机床功能编写加工程序单，做到程序正确、合理、清晰、可读，以提高编程和加工效率。

（6）首件试切检验 为了保证零件加工的正确性，数控程序必须经过校验和试切合格后才能用于正常加工。一般通过图形显示和动态模拟功能或空运行等方法以检查程序格式、机床运动轨迹的正确性，并通过对第一个零件的试切削，检验其加工精度及切削参数、刀具、量具等是否合理。如加工精度达不到要求，应分析误差产生的原因，并采取措施，加以纠正，直至试切合格后，才能转入正常的自动加工。

3. 数控镗铣床坐标系统

（1）机床坐标轴的命名 在数控机床中，为了便于编程时描述机床的运动，使机床移动部件能够精确定位，需要在机床上建立坐标系。为了简化程序的编制方法，保证数据的规范性、互换性和通用性，数控机床的坐标和运动方向均已标准化，全世界通用。

判断数控机床的坐标运动时，不管是刀具运动还是工件运动，都假定工件静止不动，刀具相对于工件运动，并且规定增大工件与刀具之间距离的运动方向为机床某一运动部件坐标运动的正方向。机床面板显示、编程都这样规定，不能违反。

1）Z 轴。Z 轴一般选取产生切削力的主轴轴线方向，以刀具远离工件的方向为正方向，如图 0-6 所示。

2）X 轴。对于立式数控铣床，操作者面对机床，由主轴头看机床立柱，水平向右方向为 X 轴正方向，如图 0-6 所示。对于龙门式数控铣床，操作者面对机床，由主轴头看机床左立柱，水平向右方向为 X 轴正方向，如图 0-7 所示。对于卧式数控铣床，操作者从主轴尾部到主轴头部看工件，水平向右方向为 X 轴正方向，如图 0-8 所示。

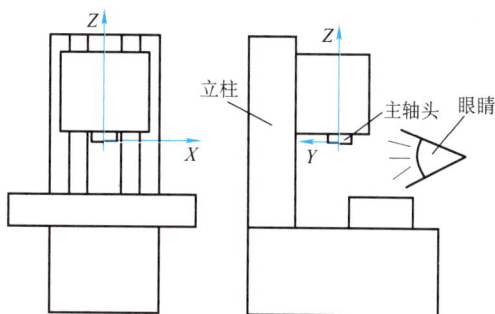

图 0-6　立式数控铣床坐标轴

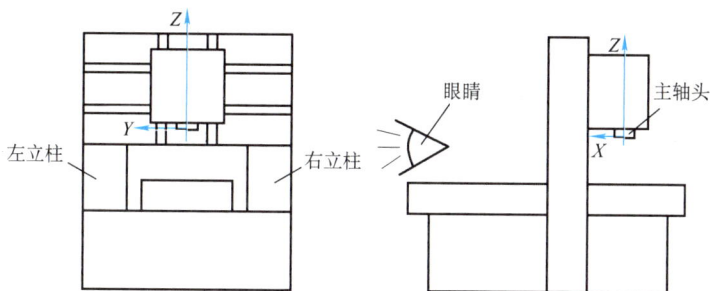

图 0-7　龙门式数控铣床坐标轴

3）Y 轴。Y 轴根据已确定的 X、Z 轴，按右手笛卡儿直角坐标系规则来确定，如图 0-9 所示。

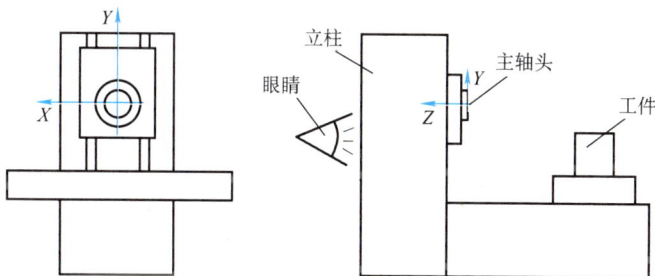

图 0-8　卧式数控铣床坐标轴

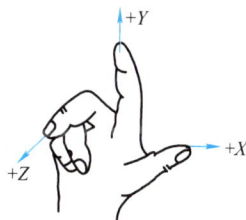

图 0-9　右手笛卡儿直角坐标系

4）回转轴。A、B、C 回转轴根据已确定的 X、Y、Z 直线轴，用右手螺旋法则分别确定，如图 0-10 所示。

5）附加轴。附加坐标轴是指平行于 X、Y、Z 轴的第二、三组直线坐标轴，分别用 U、V、W，P、Q、R 表示，第二组回转坐标轴用 D、E、F 表示。

6) 带"′"坐标轴。假定刀具不动，工件运动，这时确定的机床坐标系其表示字母右上角带"′"，如 X'、Y'、Z'、A'、B'、C'，如图 0-11 所示。带"′"与不带"′"机床坐标轴方向正好相反，操作者必须对这同一问题的两种表示方式都熟悉，即对于具体机床，有的坐标刀具运动，有的坐标工件运动，既要清楚实际坐标运动部件及方向，也要熟悉坐标假定运动部件及方向的相对运动，才能操作机床。

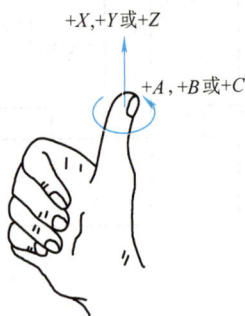

图 0-10　右手螺旋法则　　　　　图 0-11　两种坐标系的关系

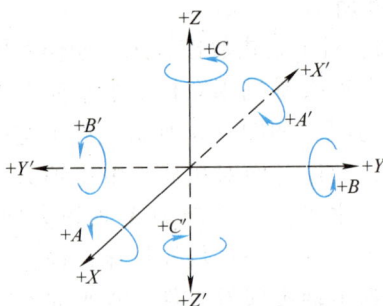

（2）点与坐标系　为了方便描述数控机床和数控编程，规定了一些常用术语。

1）机床参考点。机床参考点（简称参考点）常用 R 表示。参考点是用电气开关和机械挡块设置的，每个数控轴上有一组，通常设在各坐标轴行程的最大极限位置上，如图 0-12 所示。通常讲的参考点是各直线数控轴参考点在空间的交点。

机床正常工作前以专门的回参考点方式运动到参考点位置上，机械挡块压合电气开关，发出信号，强制数控系统记忆和显示机床处在参考点位置时测量基点在机床坐标系下的坐标值，由此建立机床坐标系。从此，机床坐标轴的机械运动被数控系统记忆并在操作面板上同步以定量数字显示，实现了机电一体化。回参考点的实质，相当于给操作面板上机床坐标系各坐标轴显示寄存器置数，这个坐标值可以是任意值。为了便于直观读数，通常设为 0、最大行程或最小行程。

只有增量式位置反馈系统才需要通过回参考点动作建立机床坐标系，而绝对式位置反馈系统不需要设立参考点。

2）机床原点。回参考点动作建立了机床坐标系，机床坐标系的原点称为机床原点，也称为机械原点，通常用 M 表示。和参考点一样，机床原点也是在机床装配、调试时确定的，用户一般不能随意改动。对于数控镗铣床、加工中心、数控钻床等，机床原点通常设在 X、Y、Z 三轴处最大行程的主轴端面回转中心上（见图 0-12）。理由是将主轴端面回转中心作为测量基准，易于度量三轴行程及其他几何位置尺寸，相当于游标卡尺尺身的"0"线。

3）控制点与测量基点。机床运动的"机床"二字是个模糊概念，应该找一个具有代表意义的特征点来准确描述，这就是控制点，通常用 C 表示。对于数控铣床、加工中心、数控钻床而言，通常把主轴端面回转中心作为控制点（见图 0-12）。数控机床就是控制控制点的运动轨迹，控制点是机床坐标系中的动点，也是刀具长度、刀具直径都等于零的点，三轴机床的测量基点与控制点重合。

图 0-12 所示机床回到参考点位置，即控制点运动到参考点位置，机床坐标系中显示的

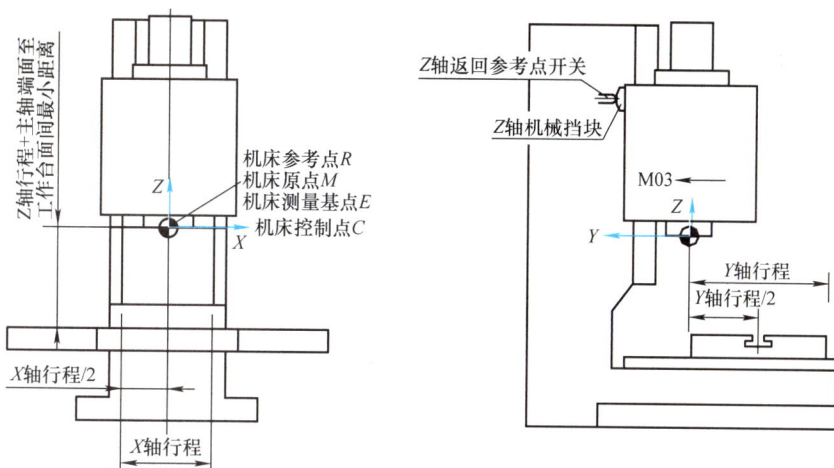

图 0-12 点与机床坐标系

坐标值就是控制点的坐标值（0，0，0），也就是对于图示机床位置来说，此时机床坐标原点、参考点、控制点、测量基点四点重合。图 0-12 所示机床的控制点将在机床坐标系的负半轴运动来加工零件。

4. 程序结构三要素及程序段格式

每一个程序都由程序号、加工程序段和程序结束符号三要素组成。

（1）程序号 程序号（名）为程序的开始部分，为了区分存储器中的程序，每个程序都要有程序编号，不能重复。程序号（名）的书写格式见表 0-4。FANUC 0iF 以上版本，其程序号的命名趋同 SIEMENS 的。

表 0-4 程序号（名）的书写格式

系统	FANUC	SIEMENS
项目	程序号	程序名
格式	O□□□□;	字符.MPF
说明	□□□□是四位数字，导零可略 如 10 号程序可以写为 O0010，其中，0010 中的前两个"00"称为导零，故可写成 O10	开始两个字符必须是字母，后续符号可以是字母、数字或下划线，符号间不能有分割符"."，字符总量不超过 16 .MPF 是扩展名，如 SM.MPF、ABC12.MPF、DD_.MPF

（2）加工程序段 每个程序段由若干个功能字组成，每个功能字又由字母、数字和符号组成。字又叫编辑单位，在面板输入或编辑时，作为一个不可分割的整体（FANUC 系统）。加工程序段具体结构为

N_ G_ X_ Z_ F_ S_ M_ T_ ;

各个字的说明见表 0-5。程序段中的功能字根据需要可有可无，书写顺序可以颠倒，程序段可长可短，这种程序段格式称为字地址可变程序段格式，金属切削数控机床绝大多数采用这种程序段格式。尽管是字地址可变程序段格式，程序段中功能字的书写顺序建议应有利

于阅读，防错等，不要杂乱无章。

表0-5 功能字及其说明

功能字	名 称	说 明	编程范围
N_	程序段号（简称段号，也称为顺序号）	放在程序段开头，数字一般按照从小到大、相同间隔数字书写，但程序不按程序段号大小顺序执行，而是按自然书写位置顺序执行。程序段号用于检索查找、自动执行程序的位置标志等 程序号（名）也是一条单独程序段	编写范围N0～N9999，导零可以省略。如N090＝N90，090中的第一个"0"称为导零
G_	准备功能字，也称G代码或G指令	尽管G代码有统一的标准规定，但不同的数控系统还是有区别的。常用G代码见表0-6	编写范围G0～G99，导零可以省略。目前已出现3位G代码
X_ Z_ …	坐标功能字，也称尺寸字	带正、负符号，正号常省略。坐标功能字用来描述轮廓在坐标系中的位置，一般写在移动指令G代码后	机床最小输入单位 机床行程范围
F_	进给功能字	进给速度分为每分钟进给（mm/min）和主轴每转进给（mm/r）两种，由G代码确定。对于铣床、加工中心而言，常用每分钟进给	机床进给速度范围
S_	主轴转速功能字	主轴转速，其单位为r/min	机床主轴转速范围
M_	辅助功能字，也称M代码或M指令	M代码也有统一的标准规定，但不同的数控系统还是有区别的。常用M代码见表0-7。同一程序段最多允许写几个M代码，由具体机床而定	编写范围M0～M99，导零可以省略。目前已出现3位M代码
T_	刀具功能字	刀具号。铣床不用，加工中心用	机床规定范围
； L_F	程序段结束符号	一条程序段的结束，段与段之间的分界。FANUC系统用"；"，SIEMENS系统用"L_F"	手动输入或自动将程序输入面板时生成

（3）程序结束符号 M30或M02作为整个程序结束的符号，位于程序的最后一行。

5. 准备功能

（1）G代码表 准备功能（G代码）由地址G和后面的数字表示，它规定了该程序段指令的意义。常用G代码见表0-6。

表0-6 常用G代码

FANUC		含 义	SIEMENS （802D、810D、840D）	
G代码	组别		G代码	组别
G00 *	01	快速定位	同（插补）	1. 插补运动指令，模态
G01		直线插补	同	
G02		顺时针圆弧插补 CW	同	
G03		逆时针圆弧插补 CCW	同	

（续）

FANUC		含　义	SIEMENS（802D、810D、840D）	
G 代码	组别		G 代码	组别
G04 ▲	00	进给暂停	同	2. 单段方式
G09		准确停止		11. 单段方式
G15 *	17	取消极坐标指令		3. 写存储器单段方式
G16		极坐标指令有效	G110 ▲	
			G111 ▲	
			G112 ▲	
G17 *	02	XY 插补平面选择	同	6. 插补平面选择，模态
G18		ZX 插补平面选择	同	
G19		YZ 插补平面选择	同	
G20	06	英制尺寸单位	G70	13. 米制/英制转换
G21 *		米制尺寸单位	G71 *	
G27 ▲	00	返回参考点检验		
G28 ▲	00	回固定点	G75	2. 单段方式
		返回参考点	G74	
G29 ▲		从参考点返回		
G30 ▲		返回第 2、3、4 参考点		
G40 *	07	取消刀具半径补偿	同	7. 刀具半径补偿，模态
G41		刀具半径左补偿	同	
G42		刀具半径右补偿	同	
G43	08	刀具长度正向补偿		
G44		刀具长度负向补偿		
G49 *		取消刀具长度补偿		
G50 *	11	取消比例缩放	SCALE ▲	
G51		比例缩放有效	ASCALE ▲	
G50. 1 *		取消可编程镜像	MIRROR ▲	
G51. 1		可编程镜像有效	AMIRROR ▲	
G52 ▲	00	局部坐系设定	TRANS ▲ ATRANS ▲	
		取消可设定、可编程工件坐标系，返回机床坐标系	G53 ▲	9. 取消可设定工件坐标系单段方式
G53	00	选择机床坐标系	G153 ▲	
G54 *	14	选择第一工件坐标系	同	8. 可设定工件坐标系，模态
G55		选择第二工件坐标系	同	
G56		选择第三工件坐标系	同	

（续）

FANUC		含 义	SIEMENS (802D、810D、840D)		
G 代码	组别		G 代码	组别	
G57	14	选择第四工件坐标系	同	8. 可设定工件坐标系，模态	
G58		选择第五工件坐标系	同		
G59		选择第六工件坐标系	同		
		取消可设定工件坐标系	G500 *		
G61	15	准确停止方式			
G63		攻螺纹方式	同		
G64 *		切削方式	同	10. 模态	
G65	00	宏程序调用			
G66	12	宏程序模态调用			
G67 *		取消宏程序调用			
G68	16	坐标系旋转	ROT▲ AROT▲		
G69 *		取消坐标系旋转			
G73	09	孔底断屑渐进钻削循环	CYCLE83▲		
G74		攻左旋螺纹循环	CYCLE84▲ CYCLE840▲		
G76		孔底让刀精镗循环	CYCLE86▲		
G80 *		取消固定循环			
G81		高速钻削循环	CYCLE81▲		
G82		锪孔循环	CYCLE82▲		
G83		孔口排屑渐进钻削循环	CYCLE83▲		
G84		攻右旋螺纹循环	CYCLE84▲ CYCLE840▲		
G85		铰孔循环	CYCLE85▲ CYCLE89▲		
G86		孔底主轴停转精镗循环	CYCLE86▲		
G87		反镗循环	CYCLE87▲		
G88		手动返回浮动镗孔循环	CYCLE88▲		
G89		孔底暂停精镗阶梯孔循环			
		直线排列孔位	HOLES1▲		
		圆周排列孔位	HOLES2▲		
G90 *	03	绝对尺寸编程	同 AC	14. 模态	
G91		增量尺寸编程	同 IC		

12

（续）

FANUC		含　义	SIEMENS（802D、810D、840D）	
G 代码	组别		G 代码	组别
G92	00	可编程工件坐标系		
G94 *	05	每分钟进给	同	15. 模态
G95		每转进给	同	
G98 *	10	固定循环返回初始平面		
G99		固定循环返回 R 平面		

注：1. ＊表示初始 G 代码，由机床参数设定。

2. 00 组表示非模态 G 代码（一次性 G 代码），其余组别为模态 G 代码。

3. ▲表示单程序段 G 代码。

（2）G 代码分组　G 代码分组就是将系统不能同时执行的 G 代码分为一组，并以编号区别。例如，G00、G01、G02、G03 就属于同组 G 代码。同组 G 代码具有相互取代的作用，在一个程序段内只能有一个生效。当在同一程序段内同时出现 n 个同组 G 代码时，则只执行排在最后位置那个 G 代码。对于不同组的 G 代码，在同一程序段内可以共存。

如：G18　G40　G54；正确，所有 G 代码均不同组

G00　G01　X＿　Z＿；执行 G01，G00 无效

（3）G 代码分类　G 代码有以下三种分类方式：

1）按续效性分类。G 代码按续效性分为模态 G 代码和非模态 G 代码两大类。模态 G 代码一经指定，直到同组 G 代码出现为止一直有效，也就是说，只有同组 G 代码出现才能取代之，此功能可以简化编程。非模态 G 代码仅在所在的程序段内有效，故又称为一次性 G 代码。

2）按初始状态分类。G 代码按初始状态分为初始 G 代码（又称原始 G 代码）和后置 G 代码两种。初始 G 代码是机床通电后就生效的 G 代码，此功能能防止某些必不可少的 G 代码遗漏，这由机床参数设定。后置 G 代码指程序中必须书写的 G 代码。

3）按程序段格式分类。G 代码按程序段格式分为单段 G 代码和共容 G 代码两种。单段 G 代码自成一个程序段，不能写入其他任何功能指令。共容 G 代码指该 G 代码所在的程序段中可以写入需要的其他字。

6. M、F、S、G94～G95 功能

（1）辅助功能 M　辅助功能 M 多数是一些有关机床动作的功能，尽管有标准规定，但不同的数控系统、不同的机床也有差异。常用 M 代码见表 0-7，表中主轴顺时针、逆时针旋转方向规定如下：从主轴尾部向主轴头部方向看，主轴顺时针方向旋转为 M03，也称为主轴正转或 CW 旋转；主轴逆时针方向旋转为 M04，也称为主轴反转或 CCW 旋转，如图 0-13 所示。

（2）进给功能 F　进给功能 F 用来指定切削进给速度，分为每分钟进给（mm/min）和主轴每转进给（mm/r）两种，简称分进给和转进给，编程时分别用 G94、G95 定义。数控铣床、加工中心常用分进给，且 F 的编程范围由机床规格决定。

（3）主轴转速功能字 S　主轴转速功能字 S 用来指定主轴转速，其单位为 r/min。S 的编程范围由机床规格决定。

表 0-7　常用 M 代码

FANUC	功　能	SIEMENS	FANUC	功　能	SIEMENS
M00	程序停止	同	M06	换刀	同
M01	程序选择停止	同	M08	切削液开	同
M02	主程序结束	同	M09	切削液关	同
M03	主轴顺时针方向旋转	同	M30	主程序结束并返回	同
M04	主轴逆时针方向旋转	同	M98	子程序调用	
M05	主轴停转	同	M99	子程序结束并返回	M17

图 0-13　主轴正、反转方向的判别

7. 小数点编程

CNC 数控系统都具有小数点编程功能。小数点编程有袖珍计算器型小数点编程和标准型小数点编程两种。袖珍计算器型小数点编程符合人们的数据书写习惯，即什么地方需要小数点就在什么地方写小数点，不写小数点时，默认紧跟在数据末尾后有小数点。标准型小数点编程与袖珍计算器型小数点编程的区别在于不写小数点时，默认数据是最小输入单位的倍数，小于最小输入单位的小数部分并不四舍五入，而是直接忽略不计。两种小数点编程意义对比见表 0-8。

表 0-8　两种小数点编程意义对比

编程字书写格式	含　义		机床最小输入单位
	袖珍计算器型	标准型	
X100	X100mm	X0.1mm	0.001mm
X100.	X100mm	X100mm	
Y100.5	Y100.5mm	Y100.5mm	
B65	B65°	B0.0065°	0.0001°
B65.	B65°	B65°	
备　注	末尾小数点可以省略不写	末尾小数点不能省略	
	都写小数点，不会出错		

由此可见，在数据末尾都写小数点，两种小数点编程的意义一样，不会出错，但实际操作时还是经常遗忘，特别是新手更是如此，其原因是我们从上小学开始小数点就即用即写，不是每个数据后都带小数点，所以建议用户选购具有袖珍计算器型小数点编程功能的数控系统，能有效防止出现加工废品，也建议机床生产厂家把袖珍计算器型小数点编程功能设置成基本编程功能，不要作为任选功能。

思考与练习题

一、填空题

1. 数控加工程序结构三要素是（　　　）、加工程序段和（　　　）。编程用工件坐标系，永远假定刀具围绕相对（　　　）的工件运动。

2. 增量式位置反馈系统的数控机床返回参考点后，机床坐标系中显示的坐标值均为零，说明机床原点与机床参考点（　　　），数控机床的（　　　）点将在机床坐标系的（　　　）半轴运行。

3. 数控铣床加工以（　　　）为主，孔加工的种类（　　　）太多，它比较适合加工（　　　）；立式加工中心能自动完成（　　　）面加工，是模具、（　　　）类零件加工的理想设备；卧式加工中心能自动完成（　　　）加工，是（　　　）类零件加工的理想设备。上述三种机床工件经一次装夹后，都能完成（　　　　　　　　）等多种工序加工。

4. 手工数控编程主要由（　　　）、（　　　）、（　　　）、（　　　）、（　　　）、（　　　）6 个步骤组成，其中（　　　）这一步骤说明，不会操作加工不可能编制出正确、合理的数控加工程序。

5. 袖珍计算器型小数点编程和标准型小数点编程的最大区别是（　　　）。

二、问答题

1. 字地址可变程序段格式中的"可变"是什么含义？

2. 何谓模态和非模态 G 代码？何谓初始和后置 G 代码？

3. 数控铣床 X、Y、Z 三坐标轴是如何判定的？

三、综合题

1. 叙述机床坐标原点（机械原点）、参考点、测量基点间的关系。

2. 标注图 0-14 所示数控机床的坐标轴名称和方向（用"＋字母"形式）。

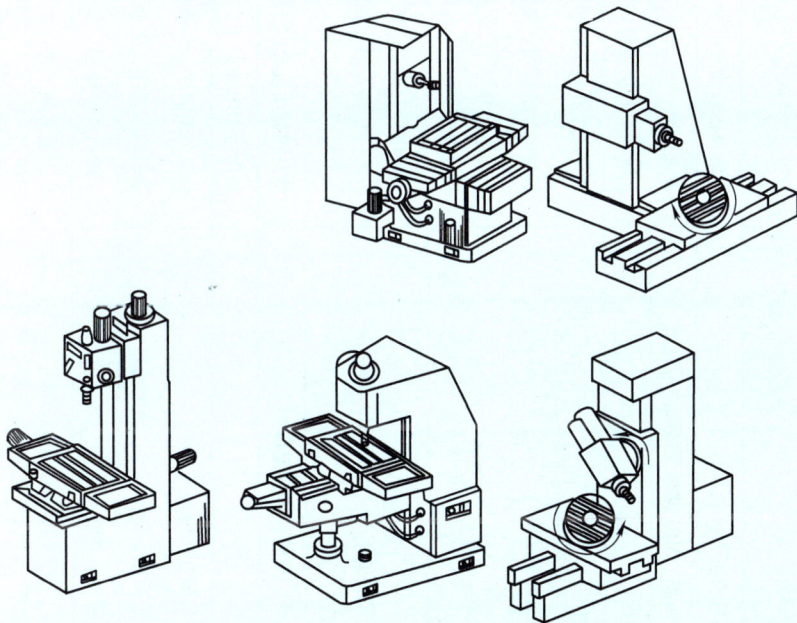

图 0-14　数控机床

16

项目○过程考核卡 1

班级＿＿＿＿　班组＿＿＿＿　学号＿＿＿＿　姓名＿＿＿＿　互评学生＿＿＿＿　指导教师＿＿＿＿　组长＿＿＿＿　考核日期＿＿年＿＿月＿＿日

评　分　表

序号	项　目	评分标准	配分	得分	整改意见	考核内容
1	机床型号及主要技术参数	会解释机床型号的含义，理解主要参数	5			1. 机床标牌
2	标出显示器、MDI 键盘、遥控面板区域	方位正确	5			2. 面板的组成与功用
3	开机操作	正确检查相关项目后开机	5			
4	关机操作	使机床处在安全防变形位置下关机	5			
5	面板的组成与功用	清楚面板各按钮、旋钮的功用	10			3. 开机与关机
6	返回参考点操作	正确返回参考点，记住其机床坐标值和可动部件行程板极限位置	5			4. 返回参考点与其他手动操作
7	X、Y、Z 轴的 JOG、MPG、INC 操作	正确进行三轴正、负方向的移动操作，比较并动部件实际移动方向与坐标值显示的正、负关系，记住大概板极限位置	15			5. 主轴、切削液开关操作 6. 程序的输入、编辑 7. 操作规程
8	主轴正转、反转、停止操作	能对机床主轴进行正转、反转及停止操作	5			8. 机床的维护保养
9	MDI 操作	能进行 MDI 方式下的各种操作	10			9. 遵守现场纪律
10	新程序的建立和传输	会建立新程序、传输程序	5			
11	旧程序的检索、调用、字、段的编辑	会调用旧程序、检索字、段并修改	10			
12	程序的管理、复制	会进行程序管理、复制	5			
13	切削液、照明、排屑器开关操作	在手动方式下进行切削液的开关操作等	5			SIEMENS 系统 DNC 传输程序文件的前两行必须是： %_N_文本格式的程序名_MPF ;$PATH=/_N_MPF_DIR 如果是子程序，将 MPF 替换为 SPF
14	安全操作、机床维护保养	按安全操作规程进行，操作结束后进行机床的维护保养	5			
15	现场纪律、机床亲和感	遵守现场纪律，对数控机床有亲和感	5			机床基本操作
	合　计		100			

班级＿＿＿　班组＿＿＿　学号＿＿＿　姓名＿＿＿　互评学生＿＿＿　指导教师＿＿＿　组长＿＿＿　考核日期＿＿年＿月＿日

项目〇过程考核卡2

考核内容

1. 百分表的安装与磁性表座的使用（图0-15）

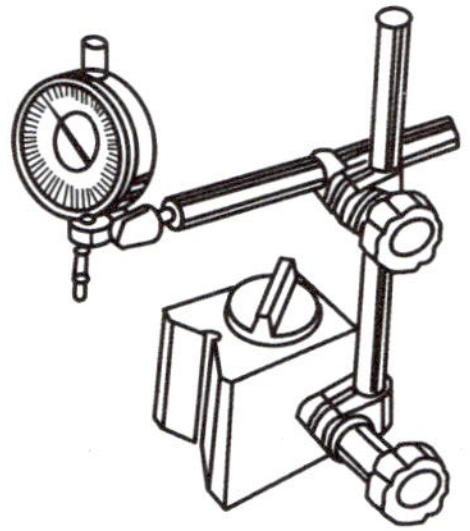

图0-15　磁性表座

2. 夹具的找正与夹紧（图0-16）
3. 工件的安装（图0-17）

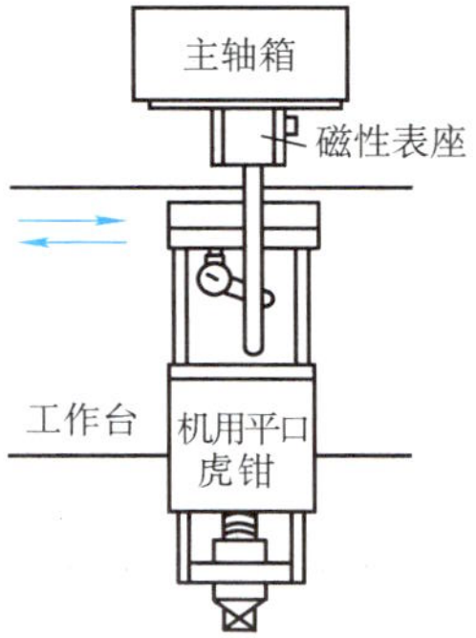

图0-16　机用平口虎钳找正与夹紧

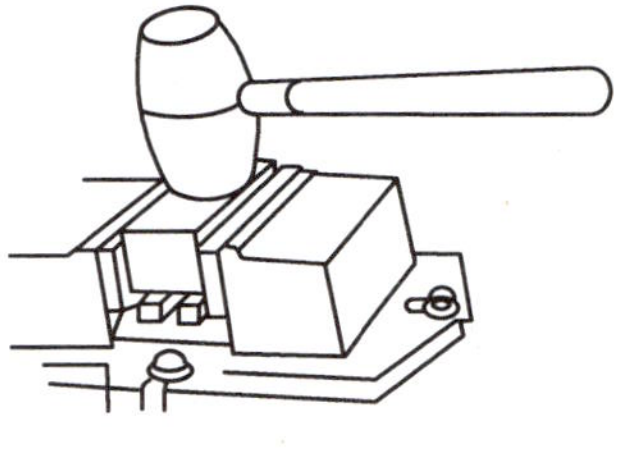

图0-17　安装工件

评分表

序号	项目	评分标准	配分	得分	整改意见
1	安装磁性表座上的百分表	能快速、正确安装百分表	5		
2		能正确安放机用平口虎钳	5		
3	找正、夹紧机用平口虎钳	能熟练、正确使用磁性表座找正机用平口虎钳	10		
4		能熟练、正确将机用平口虎钳固定在工作台上	5		
5		合理选择工件定位基准	5		
6	安装工件	合理选择垫铁大小	5		
7		正确摆放垫铁	5		
8		清理干净夹具、垫铁、工件	5		
9		快速、正确安装工件	5		
10		快速、正确夹紧工件	5		
11	刀具的装卸	正确认识刀具	10		
12		快速、正确安装刀具	5		
13		快速、正确拆卸刀具	5		
14		正确摆放、存放刀具	5		
15	安全操作	按安全规程进行	5		

17

（续）

序号	项目	评分标准	配分	得分	整改意见	考核内容
16	机床的维护保养	按规定进行	5			4. 刀具的装卸（图0-18）
17	交接班或完工场地打扫	按规定进行	5			
18	现场纪律和工装	遵守现场纪律，对工装有安装找正感	5			
合　计			100			

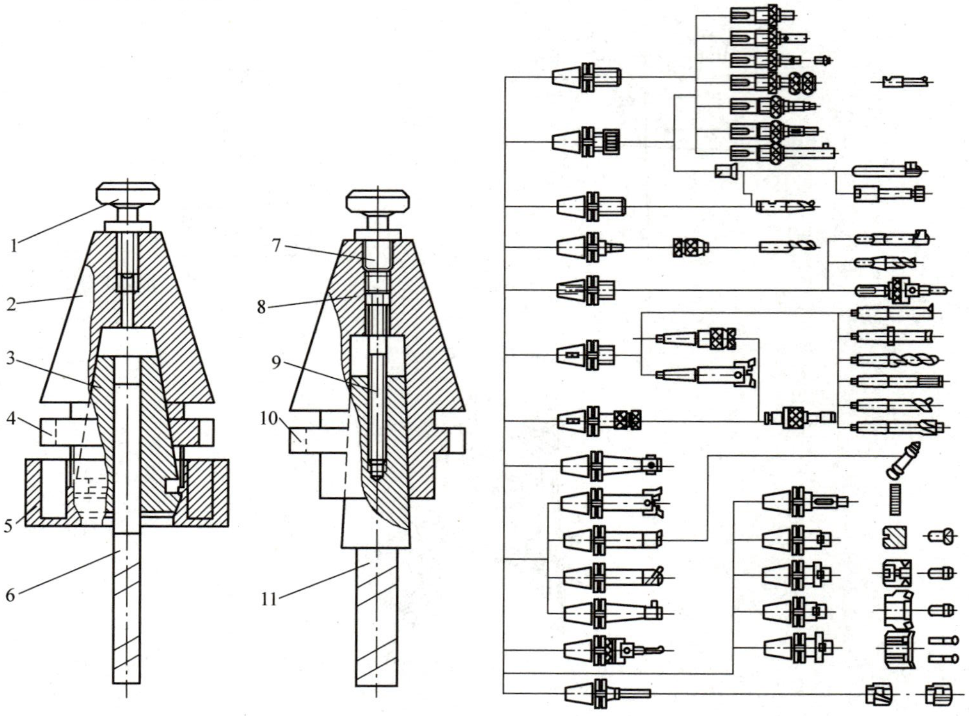

a) 直柄刀具组　　b) 锥柄刀具组　　c) 镗铣工具系统

图0-18　刀具的装卸

1、7—拉钉　2、8—刀柄　3—卡簧　4、10—键槽　5—锁紧螺母
6—直柄刀具　9—内六角吊紧螺钉　11—锥柄刀具

项目〇过程考核卡3

班级＿＿ 姓名＿＿ 学号＿＿ 班组＿＿ 互评学生＿＿ 指导教师＿＿ 组长＿＿ 考核日期＿＿年＿月＿日

序号	项目	评分标准	配分	得分	整改意见
1		安装被加工工件	5		
2		熟练地将刀具组安装在主轴孔内	5		
3	试切获得机床坐标值	熟练地以手动方式用刀具侧刃与工件左右表面接触，获得 X 轴相应的两点坐标值 X_1、X_2	15		
4		熟练地以手动方式用刀具侧刃与工件前后表面接触，获得 Y 轴相应的两点坐标值 Y_1、Y_2	15		
5		熟练地以手动方式用刀具端刃与工件上表面接触，获得 Z 轴相应的坐标值 Z_1	10		
6	设置工件坐标系	根据零件图样中工件坐标系的位置，正确计算其零点偏置，并将相应的零点输入到零点偏置储存器中	20		
7	设置刀具补偿值	正确测量刀具长度、直径几何值和磨损值，并将其输入到相应的刀具补偿储存器中	15		

考核内容

1. 试切对刀测量零点偏置值及设定（图0-19）

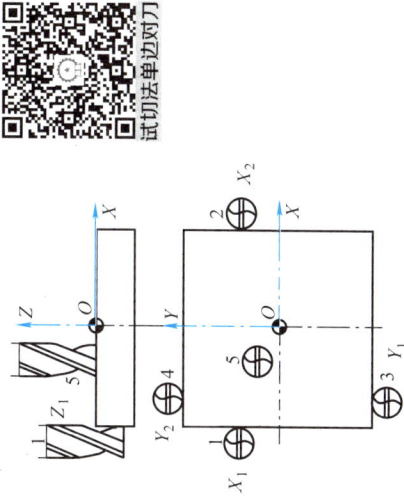

a) 切削位置

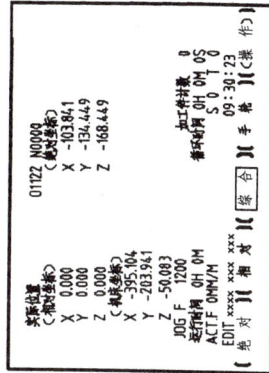

b) 位置画面

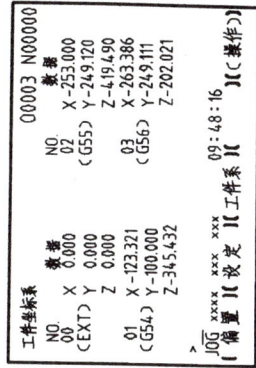

c) 零点偏置画面

图0-19 试切法对刀

19

（续）

20

序号	项目	评分标准	配分	得分	整改意见	考核内容
8	安全操作	按安全规程进行	5			
9	机床的维护保养	按规定进行	5			
10	现场纪律和对刀	遵守现场纪律，对刀有精度感	5			
合　计			100			

2. 刀具补偿数据的测量及设定（图0-20）

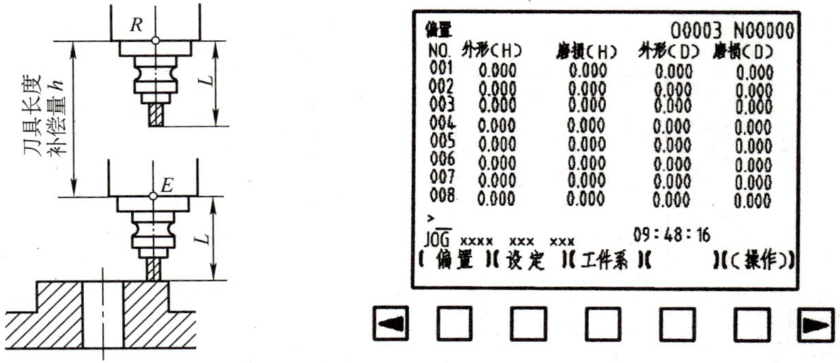

图0-20　刀具补偿值设置

a) 数据测量　　b) 刀具补偿画面

项目一 直线插补编程数控铣削平面模

一、学习目标

● 终极目标：会直线插补编程数控铣削加工。

● 促成目标

1) 会快速定位 G00 编程。

2) 会直线插补 G01 编程。

3) 会用面铣刀铣削平面。

4) 会用立铣刀铣削开口成形槽。

5) 一步一步踏实地走过数控加工必经之路。

二、工学任务

（1）零件图样 XM1-01 平面模，如图 1-1 所示，加工 1 件。

（2）任务要求

1) 用 $\phi80$mm 直角面铣刀、$\phi16$mm 立铣刀，在 100mm×80mm×30mm 的锻铝毛坯上仿真加工或在线加工图 1-1 所示的零件。用 G54、G90、G00、G01 编程并备份正确程序和加工零件的电子照片。

2) 核对或填写"项目一过程考核卡"相关信息。

3) 提交电子和纸质程序、照片以及"项目一过程考核卡"。

三、相关知识

1. 工件坐标系 G53～G59/G53～G59、G153、G500

（1）工件坐标系与工件零点 工件坐标系又称编程坐标系，是编程和加工时用来定义刀具相对工件运动的坐标系。编程时，首先要建立工件坐标系，其目的是：①确定工件安装在机床什么位置；②便于编程时计算坐标尺寸。工件坐标系实际上是不带"'"的机床坐标系的同方向平移，平移的过程和结果称为零点偏置，平移的距离和方向称为零点偏置值（零点偏置值也是工件坐标系原点在机床坐标系中的坐标值）。此值在实际操作时通过对刀获得，并从机床面板输入到零点偏置存储器 G54～G59 保存，断电不会丢失，编程时用工件坐标系 G54～G59 中某个相应的 G 代码调用。工件坐标系符合右手笛卡儿直角坐标系法则，编程时永远假定工件不动，刀具相对于工件运动。工件坐标系的原点也称编程原点或工件零点，建立在工件的合适位置上，在零件图上标记。编程中用到的坐标尺寸，均是指工件坐标系中的坐标尺寸。这样，编程人员在不知道机床具体结构的情况下，就可以依据零件图样确定机床的加工过程，而机床将工件坐标尺寸与零点偏置值的代数和作为运动目标位置。工件坐标系就是这样简化计算编程尺寸的。值得注意的是，装夹工件时，工件坐标系必须同向平行于机床坐标系。

（2）工件坐标系的建立 编程时必须首先确定工件零点。工件零点通常设定在工件或夹具的合适位置上，便于对刀测量、坐标计算，并且若能与定位基准重合可以减少装夹误差。工件零点偏置值由对刀测得。如图 1-2 所示，设工件零点在工件顶面中点 O_1、工件零点偏置值设定在 G54 中，对刀测得工件零点 O_1 的偏置值 $X = -400$，$Y = -200$，$Z = -300$

项目一过程考核卡

班级____ 班组____ 学号____ 姓名____ 互评学生____ 指导教师____ 组长____ 考核日期 __年_月_日

考核内容

任务：数控铣削图1-1所示零件的顶面和开口成形槽，用G54、G90、G00、G01编程。

备料：100mm×80mm×30mm，Ra6.3μm的锻铝。

备刀：φ80mm直角面铣刀、φ16mm立铣刀，并根据具体使用的数控机床组装成相应的刀具组。

量具：游标卡尺，测量范围0～125mm，分度值0.02mm；外径千分尺，测量范围0～25mm；数显深度尺，测量范围0～100mm，分度值0.01mm。

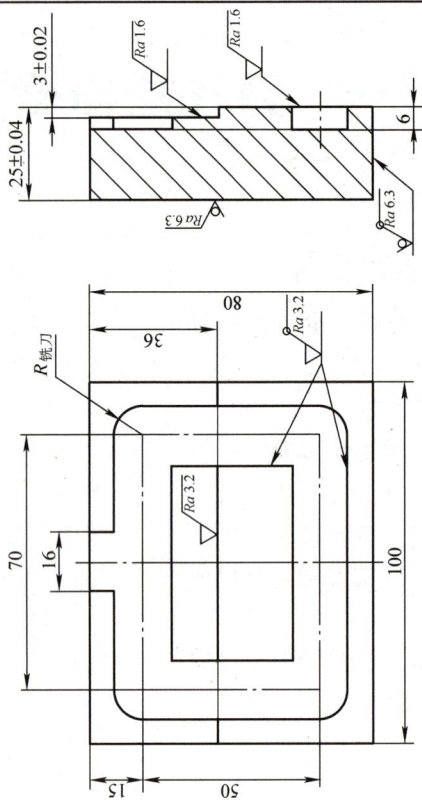

图1-1 XM1-01 平面模

技术要求
棱边倒钝。

评 分 表

序号	项目	评分标准	配分	得分	整改意见
1	模拟刀具路径或空运行程序	各步骤正确无误	5		
2	单程序段运行	各步骤正确无误	3		
3	M01有条件停止	各步骤正确无误	2		
4	/程序段跳读	各步骤正确无误	5		
5	错误查找、修正	各步骤正确无误	10		
6	试切，踏实走过必经之路	各操作环节熟练	10		
7	连续自动加工	各操作环节熟练	10		
8	顶面Ra1.6μm	超一级扣5分	5		
9	台阶面Ra1.6μm	超一级扣5分	5		
10	(25±0.04) mm	超0.02mm扣5分	5		
11	(3±0.02) mm	超0.02mm扣5分	5		
12	台阶宽36mm	超0.5mm扣5分	5		
13	槽宽50mm	超0.5mm扣5分	5		
14	槽长70mm	超0.5mm扣5分	5		
15	槽深6mm	超0.5mm扣5分	5		
16	安全操作	按安全规程进行	5		
17	机床的维护保养	按规定进行	5		
18	遵守现场纪律	遵守现场纪律	5		
	合计（扣分扣完为止，不得负分）		100		

（机床坐标系原点在 O 点）。这些数据通过机床操作面板输入到工件零点偏置存储器 G54 中，编程时用 G54 调用这组数据，便建立了工件坐标系 G54。

（3）可设定工件坐标系 G54～G59　可设定工件坐标系 G54～G59 可以同时设定最多六个互不影响的工件坐标系。G54～G59 相当于存储零点偏置值存储器的代码，在程序中由它们来调用相应的工件零点偏置值。由于偏置值可通过机床面板输入设定，故为"可设定"。

指令格式 $\begin{Bmatrix} G54 \\ \sim \\ G59 \end{Bmatrix} \cdots;$

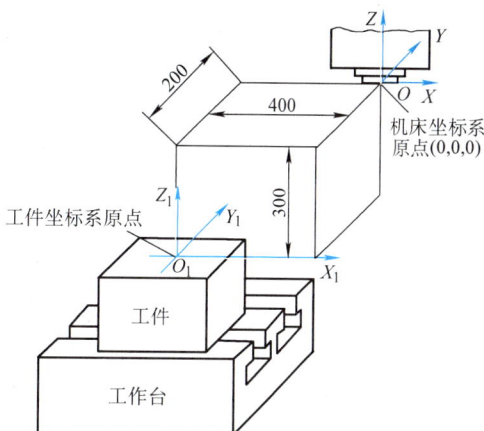
图 1-2　工件坐标系的建立

程序中 G54～G59 后的坐标值就是工件上某一点在该工件坐标系中的坐标值，它们是同组模态 G 代码。机床坐标系与工件坐标系的关系如图 1-3 所示，第一工件坐标系 G54 的原点在机床坐标系中的坐标为（$X20$，$Y20$），第二工件坐标系 G55 的原点在机床坐标系中的坐标为（$X70$，$Y40$），这两组坐标值都是零点偏置值，而不是编程尺寸字。

（4）取消工件坐标系 G53/G53、G153、G500　取消工件坐标系之后，系统返回到机床坐标系，指令格式见表 1-1。

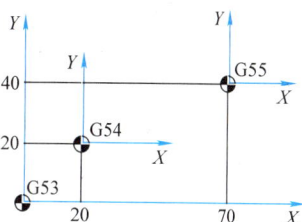
图 1-3　机床坐标系与工件坐标系的关系

表 1-1　取消工件坐标系

FANUC	SIEMENS
G53　X_　Y_　Z_; 取消所有工件坐标系，返回到机床坐标系，X、Y、Z 是机床坐标值。非模态 G 代码	G53　X_　Y_　Z_; 取消可设定、可编程工件坐标、框架，X、Y、Z 是机床坐标系中的坐标值，绝对值。机床坐标系可能是框架。非模态 G 代码
	G153　X_　Y_　Z_; 取消可编程、可设定工件坐标系、框架，回到机床坐标系，X、Y、Z 是机床坐标值，绝对值。非模态 G 代码
	G500　X_　Y_　Z_; 仅取消可设定工件坐标系，X、Y、Z 是机床坐标系的坐标值，绝对值。机床坐标系可能是可编程、框架。模态 G 代码

【促成任务 1-1】　假定 G55 的零点偏置是（X，Y）=（-100，-200），G56 的零点偏置是（X，Y）=（-200，-80），刀具起点在机床坐标系原点处。用 1:10 的比例画出程序 O001（见表 1-2）在 XY 平面上的刀具中心轨迹，并标注坐标尺寸。

表 1-2　促成任务 1-1 程序

段号	FANUC	SIEMENS
	O001;	SMS01. MPF
N10	G90　G01　G55　X-60　Y-100　F100　S800　M03;	G90　G01　G55　X-60　Y-100　F100　S800　M03　L_F
N20	X50　Y50;	X50　Y50　L_F
N30	G56　X50　Y50;	G56　X50　Y50　L_F
N40	G53　X0　Y0;	G53　X0　Y0　L_F
N50	M30;	M30　L_F

23

【解】 机床坐标系用 X_M、Y_M 表示，工件坐标系 G55 用 X_{G55}、Y_{G55} 表示，工件坐标系 G56 用 X_{G56}、Y_{G56} 表示，刀具中心轨迹和坐标尺寸标注如图 1-4 所示。

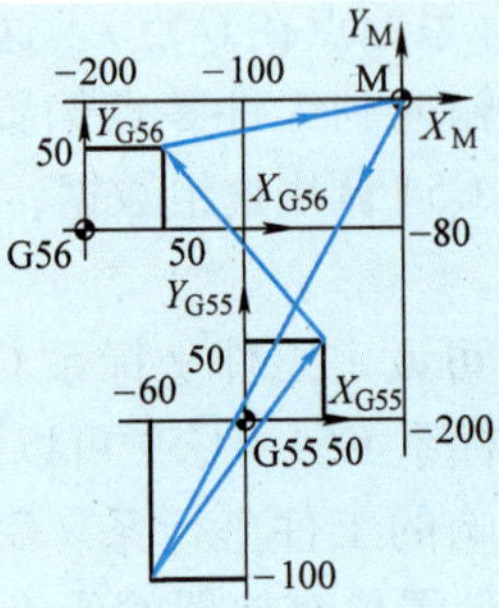

图 1-4 刀具中心轨迹和坐标尺寸

2. 绝对与增量尺寸编程 G90、G91/G90、G91、AC ~ IC

G90、G91 规定坐标尺寸编写格式，它们是同组 G 代码，建议将 G90 设成初始 G 代码。G90 为绝对（值）编程，即编程坐标尺寸是当前工件坐标系中的终点坐标值。G91 为增量（相对）编程，即编程尺寸是终点坐标减去起点坐标，差值为正时表示刀具运动方向与坐标轴正方向相同，为负时表示与坐标轴负方向相同。在图 1-5 所示的工件坐标系 G54 中，刀具从 A 点运动到 B 点，分别用绝对（G90）与增量（G91）的编程见表 1-3。

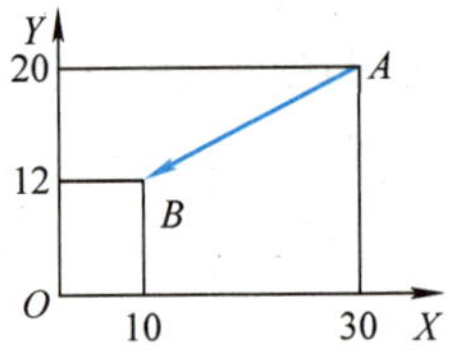

图 1-5 绝对/增量编程

表 1-3 绝对与增量尺寸编程

FANUC	说明	SIEMENS
G54　G90　G01　X10　Y12　F100;	G90 绝对编程	G54　G90　G01　X10　Y12　F100　L_F
G54　G91　G01　X−20　Y−8　F100;	G91 增量编程	G54　G91　G01　X−20　Y−8　F100　L_F
无	AC 绝对编程	G54　G01　X = AC (10)　Y = AC (12)　F100　L_F
	IC 增量编程	G54　G01　X = IC (−20)　Y = IC (−8)　F100　L_F
	AC、IC 混合编程	G54　G01　X = AC (10)　Y = IC (−8)　F100　L_F
		G54　G01　X = IC (−20)　Y = AC (12)　F100　L_F

需要说明的是，由于程序开始运行前，刀具位置不确定，所以第一条加工程序段应该用 G90 编程，而不用 G91 编程。

SIEMENS 系统中，绝对编程 AC 与增量编程 IC 可在同一条程序段出现，即在同一条程序段中，对于不同的坐标值，既可以用绝对编程，也可以用增量编程，有方便尺寸计算的优点，但记忆的指令较多，比较烦琐。

3. 英制与米制转换 G20、G21/G70、G71

英制与米制转换对象有编程坐标尺寸、进给速度的单位（见表 1-4）。可编程零点偏置值等补偿数据的单位由机床参数设定，要注意查看机床使用说明书。

表 1-4 英制与米制的转换

FANUC		说明	SIEMENS	
指令格式			指令格式	
G20…;		长度单位为英寸（in）	G70…　L_F	
G21…;		长度单位为毫米（mm）	G71…　L_F	

G20、G21/G70、G71 是两种系统的同组、模态 G 代码，建议将 G21/ G71 设成初始 G 代码。

4. 快速定位 G00

快速定位 G00 指令刀具以机床参数设定的快速移动速度从起点运动到终点，各种数控系统基本相同。

指令格式　G00　X_　Y_　Z_；

X、Y、Z 是线段终点 B 的坐标，线段起点 A 的坐标是上一程序段的终点坐标。刀具从起点运动到终点的同一程序段有两种路径，如图 1-6 所示的直线路径 AB 或折线路径 ACB。具体是哪一种路径由机床数据设定，建议选用直线路径，以防意外撞刀。

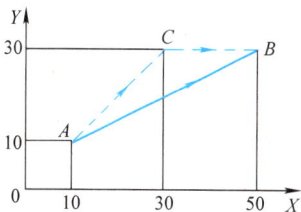

G00 指令的移动速度最快（机床数据设定），一般不允许在移动过程中切削工件，进给功能 F 中无须指定且指定无效，一般情况下是按三个坐标轴各自的速度移动。用 G00 移动刀具接近工件时要防撞，指令格式中机床没有移动的坐标轴，相应坐标也不写在指令格式中。

图 1-6　G00 的两种路径

5. 直线插补 G01

执行 G01 指令，刀具以 F 代码指令的速度沿直线从起点移动到终点，各种数控系统基本相同。

指令格式　G01　X_　Y_　Z_　F_；

G01 为直线插补，模态指令，后加坐标字，使刀具只能做任意斜率的直线运动。X、Y、Z 是终点坐标，起点坐标是上一程序段的终点坐标。进给速度 F 由于是模态量，可以提前赋值，所以该编程格式中不一定要指定 F 值。坐标种数决定了机床联动轴数。

图 1-6 所示 AB 直线程序段是：G90　G01　X50　Y30　F_；或 G91　G01　X40　Y20 F_；

四、相关实践

完成本项目图 1-1 所示的 XM1-01 平面模的数控铣削的加工工艺和程序设计。

1. 铣削平面模的数控加工工艺

（1）分析零件工艺性能　该零件为外形尺寸长×宽×高＝100mm×80mm×25mm、表面粗糙度值达 Ra6.3μm 的形状规整的长方体锻铝零件。

加工内容及精度：铣顶面，尺寸（25±0.04）mm、Ra1.6μm；铣高度（3±0.02）mm×36mm 台阶，台阶底面 Ra1.6μm、台阶侧面 Ra3.2μm；铣宽度 16mm 开口槽，尺寸精度为自由公差，槽侧、底面 Ra6.3μm。

（2）选用毛坯或明确来料状况　实践教学所用毛坯批量不大，从统一课程后续教学项目毛坯尺寸出发，本着节约实习成本的原则，购买市场上锻铝型材最为快捷和方便。市场有相近厚度 50mm、宽度 80mm、长度几米的锻铝棒，切割成 100mm×80mm×50mm 的料块，提供学生实习。

（3）选用数控机床　根据工件的加工内容、尺寸精度及表面质量要求，数控实训基地内三轴联动立式数控铣床/立式加工中心能达到加工要求。

（4）确定装夹方案　定位基准的选择：从来料情况知道，锻铝块的形状精度比较高，也就是说 100mm 尺寸的两长侧面平行且与上下表面垂直、上下表面平行且表面平整，定位

基准选下表面 + 一个长侧面 + 一个短侧面：对下表面限制三个自由度、一个长侧面简化为一条线要求限制两个自由度，一个短侧面简化为一点要求限制一个自由度，工件处于完全定位状态。

夹具的选择：单件生产，零件小、外形规整，选用通用夹具——机用平口虎钳装夹工件。机用平口虎钳找正与夹紧如图0-16所示。

工件的装夹：垫平工件底面、工件上表面高出钳口10mm以上，防止刀具与虎钳干涉，也便于对刀测量。下表面限制一个平移和两个回转共三个自由度，虎钳钳口夹100mm尺寸两长侧面、固定侧一个长侧面简化为一条线限制一个平移和一个回转自由度，一个短侧面用一块挡板与虎钳侧面挡平齐，简化为一点限制一个自由度，共限制六个自由度，工件处于完全定位状态，合理可行。工件的装夹如图0-17所示。

（5）确定加工方案及加工顺序　根据零件形状及加工精度要求，一次装夹完成所有加工内容。因为毛坯厚度尺寸较大，导致加工工件高度尺寸25mm的加工余量实在大，这里就不要求总高尺寸的精度要求，粗、精加工将平面铣出、表面粗糙度要求 $Ra1.6$；粗、精加工铣出直角台阶，控制台阶高度的尺寸精度（3 ± 0.02）mm 及台阶底面表面粗糙度要求 $Ra1.6$、台阶侧面表面粗糙度要求 $Ra3.2$。开口槽的尺寸是自由公差，侧壁及底面的表面粗糙度要求 $Ra6.3$，铣削一次能达到加工要求。先用面铣刀加工工件上表面及直角阶梯，后用立铣刀加工工件的开口槽。

（6）选择刀具　铣上表面及直角台阶选用 $\phi80$mm 可转位直角面铣刀，如图1-7所示。

工件上开口槽是直壁平底结构，宽度为16mm，可选用立铣刀来完成加工。立铣刀通常由3～6个刀齿组成。每个刀齿的主切削刃分布在圆柱面上，呈螺旋线形，其螺旋角为30°～45°之间，这样有利于提高切削过程的平稳性，提高加工精度；刀齿的副切削刃分布在端面上，用来加工与侧面垂直的底平面。立铣刀的主切削刃和副切削刃可以同时进行切削，也可以分别单独进行切削，但由于端面有中心孔或端面刃不到中心而不能做大的轴向切削进给，且端铣的精度比侧铣的精度低，所以立铣刀主要用于侧铣。

图1-7　90°可转位面铣刀

工件上的槽是开口槽，可以在设计走刀加工路径时，让立铣刀在轮廓外部下刀，切深为3～6mm，有效规避了立铣刀做大的轴向切削进给的能力不足问题。槽加工应尽量选用大直径刀，以增加刀具的刚性来提高加工效率和加工精度，考虑现有条件，选用3齿 $\phi16$mm 高速钢直柄立铣刀（图1-8），完成开口槽的加工。

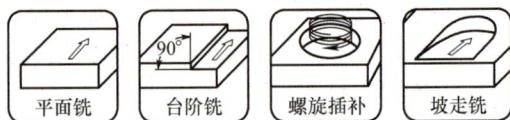

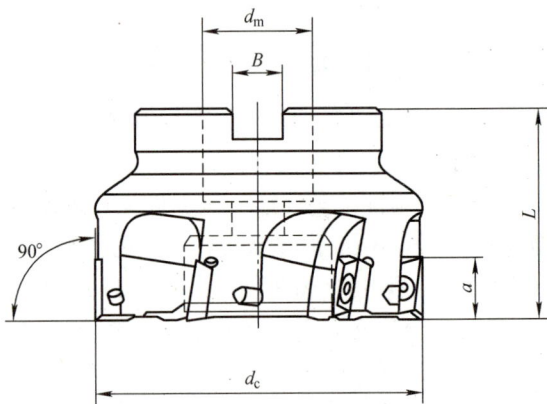

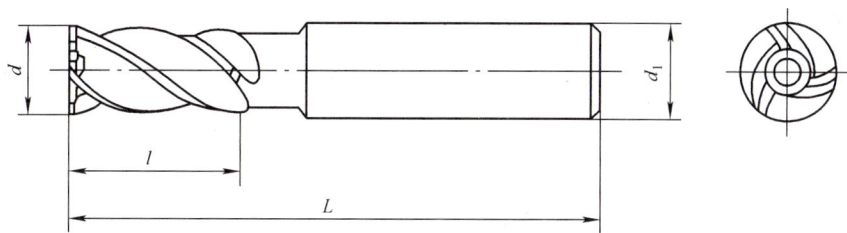

图 1-8　圆柱直柄立铣刀

2. 铣削平面模的程序设计

（1）确定编程方案　用底面 $Ra6.3\mu m$、大小 100mm×80mm×30mm 的锻铝毛坯；上下台阶平面、台阶侧面用 $\phi80mm$ 的直角面铣刀粗、精加工各一次，精加工余量为 0.3mm；槽用 $\phi16mm$ 的高速钢直柄普通立铣刀一次加工完成；先加工面，后加工槽。由于不能自动换刀，只能手工换刀，所以两把刀各编一个程序，即面加工用一个程序，槽加工用另一个程序。

（2）刀具路径

1）面加工刀具路径如图 1-9 所示，工件坐标系建立在工件毛坯顶面中心，用 G54。在点 1 处下刀，粗加工下刀高度 Z－4.7[＝－（30－25）＋0.3]，平面路径 1→2→3→4→5→点 5 下刀 Z－7.7[＝－（30－25＋3－0.3）]，粗加工台阶面→6→点 6 抬刀（Z5）→1；点 1 精加工下刀（高度 Z－5，实测调整），路径 1→2→7→点 7 下刀（Z－8，精加工台阶面）→8→点 8 抬刀（Z200）。

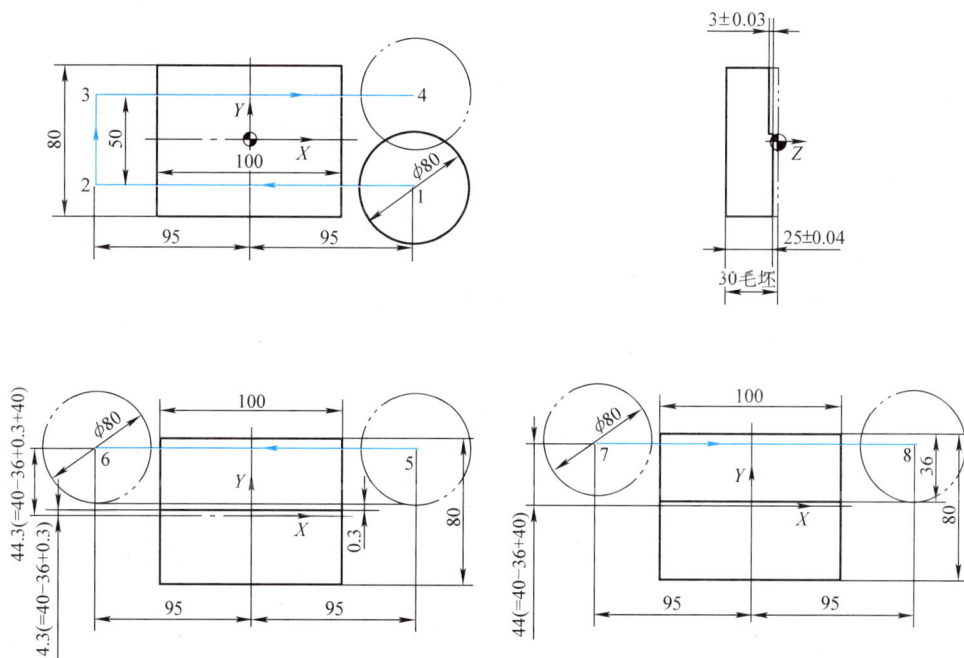

图 1-9　面加工刀具路径

为安全起见，建议下刀时一般不要采用三轴联动方式，应先在 XY 平面内定位，再沿 Z 方向移动接近工件下刀。

2）槽加工刀具路径如图 1-10 所示，工件坐标系建立在工件顶面中心，用 G55。点 1 下刀，高度 $Z-6$，平面路径 $1 \to 2 \to 3 \to 4 \to 5 \to 6 \to 2 \to 1$，点 1 抬刀 Z200。$R_{铣刀}$ 由刀具半径自动形成。

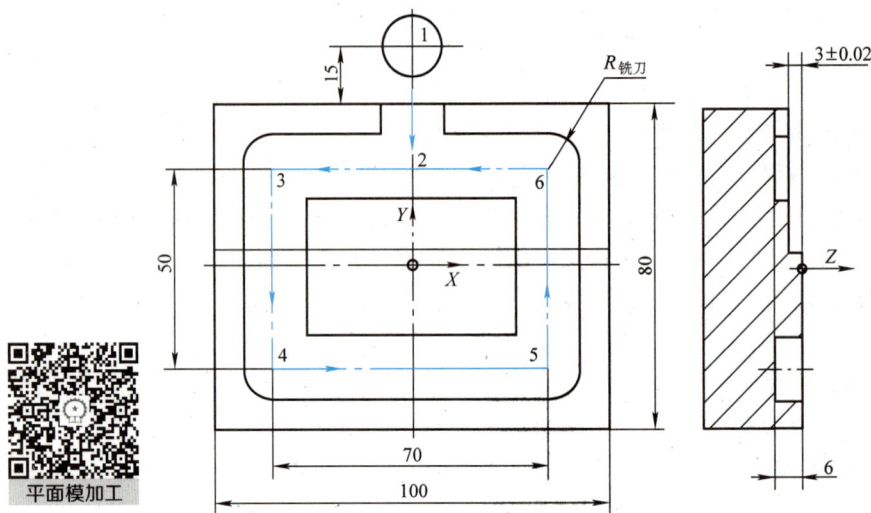

图 1-10 槽加工刀具路径

（3）编制程序 加工图 1-1 所示平面的程序见表 1-5，加工图 1-1 所示槽的程序见表 1-6。

表 1-5 加工图 1-1 所示平面的程序

段号	FANUC	备　　注	SIEMENS
	O11；	程序号（名）	SMS11. MPF
N10	G90 G00 G54 X95 Y-25 S800 M03；	点 1 上方初始化，主轴正转，转速为 800r/min	G90 G00 G54 X95 Y-25 S800 M03 L_F
N20	Z-4.7；	下刀点 1	Z-4.7 L_F
N30	G01 X-95 F250；	点 2，进给速度为 250mm/min，不加切削液，可以适当慢点	G01 X-95 F250 L_F
N40	G00 Y25；	点 3	G00 Y25 L_F
N50	G01 X95；	点 4	G01 X95 L_F
N60	G00 Y44.3；	点 5	G00 Y44.3 L_F
N70	Z-7.7；	点 5 下刀	Z-7.7 L_F
N80	G01 X-95；	点 6	G01 X-95 L_F

（续）

段号	FANUC	备注	SIEMENS
	O11；	程序号（名）	SMS11. MPF
N90	G00　Z5；	点6抬刀	G00　Z5　L_F
N100	X95　Y－25；	点1	X95　Y－25　L_F
N110	M01；	面板控制选择停止，测量工件	M01　L_F
N120	G90　G00　G54　X95　Y－25　S800　M03；	检索，启动	G90　G00　G54　X95　Y－25　S800　M03　L_F
N130	Z－5；	点1下刀，Z－5实测修改	Z－5　L_F
N140	G01　X－95　F150；	点2，进给速度为150mm/min	G01　X－95　F150　L_F
N150	G00　Y44；	点7	G00　Y44　L_F
N160	Z－8；	点7下刀，Z－8实测修改	Z－8　L_F
N170	G01　X95；	点8	G01　X95　L_F
N180	G00　Z200；	点8抬刀	G00　Z200　L_F
N190	M30；	程序结束	M30　L_F

29

表1-6　加工图1-1所示槽的程序

段号	FANUC	备注	SIEMENS
	O12；	程序号（名）	SMS12. MPF
N10	G90　G00　G55　X0　Y55　S600　M03；	点1上方初始化，主轴正转，转速为600r/min	G90　G00　G55　X0　Y55　S600　M03　L_F
N20	Z－6；	下刀点1	Z－6　L_F
N30	G01　Y25　F150；	点2，进给速度为150mm/min，不加切削液，可以适当慢点	G01　Y25　F150　L_F
N40	X－35　Y25；	点3，Y25可略	X－35　Y25　L_F
N50	X－35　Y－25；	点4，X－35可略	X－35　Y－25　L_F
N60	X35　Y－25；	点5，Y－25可略	X35　Y－25　L_F
N70	X35　Y25；	点6，X35可略	X35　Y25　L_F
N80	X0；	点2	X0　L_F
N90	Y55；	点1	Y55　L_F
N100	G00　Z200；	点1抬刀	G00　Z200　L_F
N110	M30；	程序结束	M30　L_F

思考与练习题

一、填空题

1. 编程时，必须首先确定（　），零点偏置值是不带"'"的机床坐标系平移的（　），待操作加工时具体实测，它决定了（　）与机床的位置关系。

2. G01 的运动轨迹永远是（　），而 G00 的运动轨迹可能是（　）。

3. G90 编程的意思是 X、Y、Z、A、B、C 等坐标值是（　）值；G91 规定坐标值等于（　），正号表示刀具运动方向与坐标轴（　）向。

二、问答题

1. 编程为什么要用工件坐标系？

2. G00 一般是插补运动 G 代码吗？它的运动速度是由编程指定的吗？

3. G54～G59 后的 X、Y、Z、A、B、C 等是坐标值还是零点偏置值？

4. 主轴旋转方向是如何规定的？它与刀具切削刃的方向有何关系？

三、综合题

编程，用 $\phi80$mm 面铣刀、$\phi16$mm 立铣刀数控仿真加工或在线加工图 1-11 所示的零件，仅对图 1-12 所示的零件数控编程。

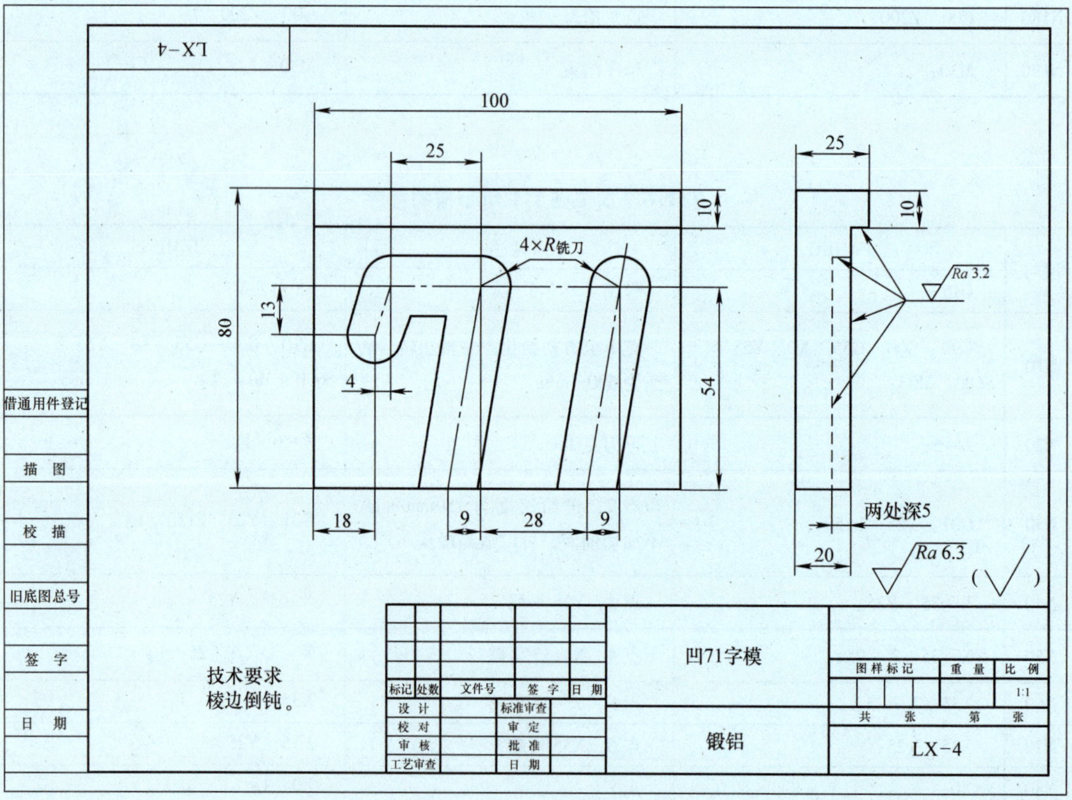

图 1-11　凹71字模

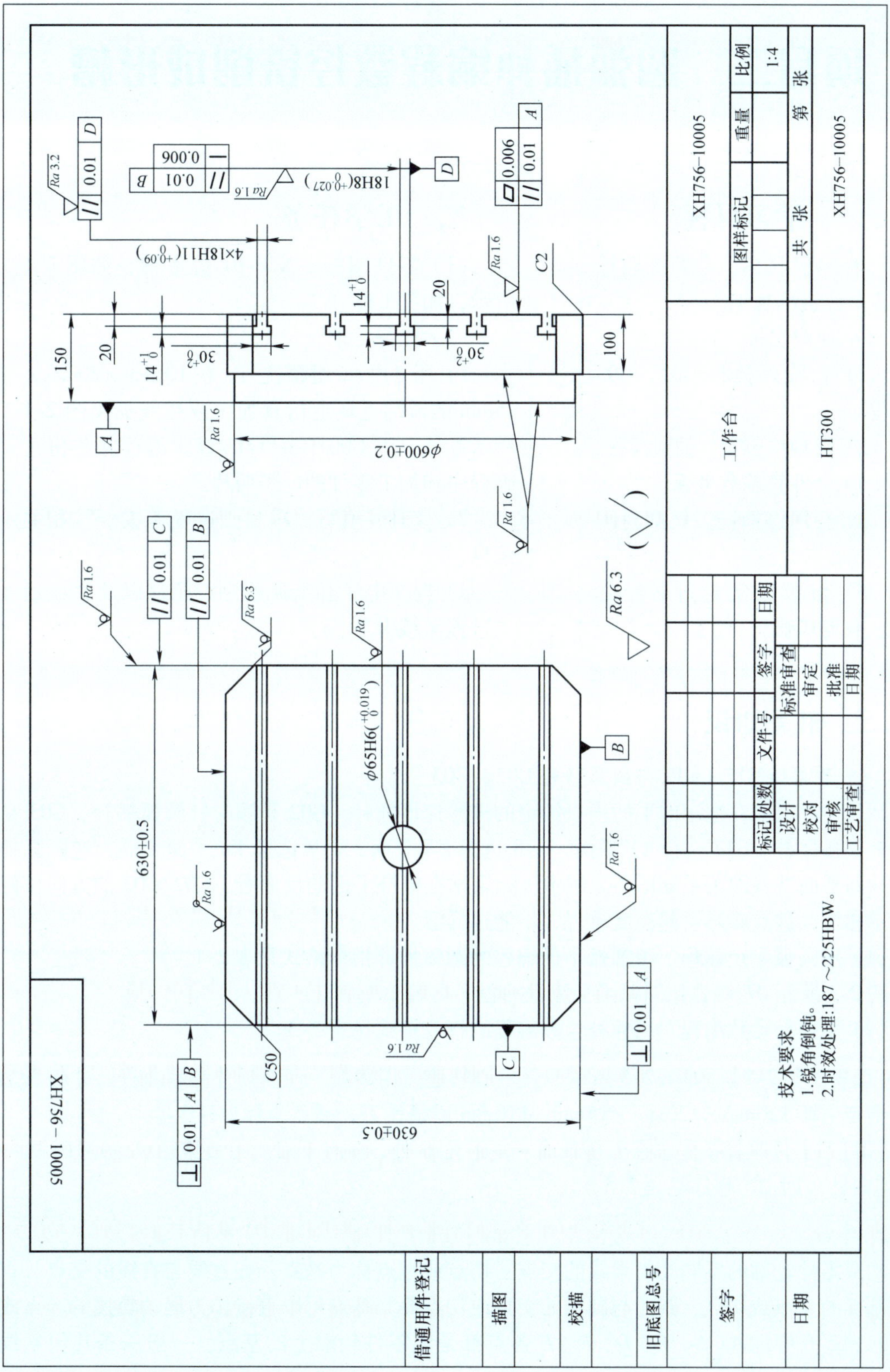

图 1-12 工作台

项目二　圆弧插补编程数控铣削成形槽

一、学习目标

● 终极目标：会圆弧插补编程数控铣削加工。

● 促成目标

1）会圆弧插补 G02、G03 编程。

2）会 G01 倒角、倒圆编程。

3）会计算基点坐标。

4）会用键槽铣刀铣削封闭成形槽。

5）继续踏实走过必经之路、夯实基础。

二、工学任务

（1）零件图样　X20-01 成形槽，如图 2-1 所示，加工 1 件。

（2）任务要求

1）用 $\phi10\text{mm}$ 键槽铣刀，在 $100\text{mm} \times 80\text{mm} \times 25\text{mm}$ 的锻铝毛坯上仿真加工或在线加工图 2-1 所示零件。用 G00/G01/G02/G03 编程并备份正确程序和加工零件的电子照片。

2）核对或填写"项目二过程考核卡"相关信息。

3）提交电子和纸质程序、照片以及"项目二过程考核卡"。

三、相关知识

1. 平面选择 G17～G19 与圆弧插补 G02、G03

圆弧插补只能在选定的平面内以给定的进给速度插补。G02 是顺时针圆弧插补，G03 是逆时针圆弧插补。G17 选择 XY 平面，G18 选择 ZX 平面，G19 选择 YZ 平面。顺、逆圆弧插补方向与平面选择的关系如图 2-2 所示。如果站在插补平面的反面看，G02/G03 的方向正好与图示相反，这点必须引起高度重视，不能这样看。

（1）用圆弧半径编程　用圆弧半径编程的圆弧插补指令格式见表 2-1。

图 2-3 所示 AB 圆弧用圆弧半径编程的程序见表 2-2。

（2）用插补参数编程　用插补参数编程的指令格式见表 2-3。

【促成任务 2-1】　如图 2-5 所示刀具中心轨迹，用圆弧半径、插补参数编程，并仿真加工。给定毛坯 $120\text{mm} \times 120\text{mm} \times 15\text{mm}$，$\phi10\text{mm}$ 键槽铣刀，基点坐标见表 2-4。

【解】　工件坐标系建立在毛坯顶面、左下角 O 处，O 点下刀。刀具路径 $O \rightarrow A \rightarrow B \rightarrow C \rightarrow D \rightarrow$ 逆时针一周 D，程序见表 2-5。

2. 基点

构成零件轮廓的不同几何素线的交点、切点或端点称为基点，如直线与直线的交点、直线与圆弧的交点或切点、圆弧与圆弧的交点或切点等。基点可以直接作为运动轨迹的起点或终点。图 2-6 中的 A、B、C、D、E、F 各点都是该零件轮廓上的基点。一般一条几何素线编写一个程序段。

项目二过程考核卡

班级____　班组____　学号____　姓名____　互评学生____　指导教师____　组长____　考核日期____年_月_日

考核内容

数控铣削图 2-1 所示零件的成形槽，用 G00、G01、G02、G03 编程

备料：100mm × 80mm × 25mm，Ra6.3μm 的锻铝

备刀：φ10mm 键槽铣刀

量具：游标卡尺，测量范围 0～125mm，分度值 0.02mm

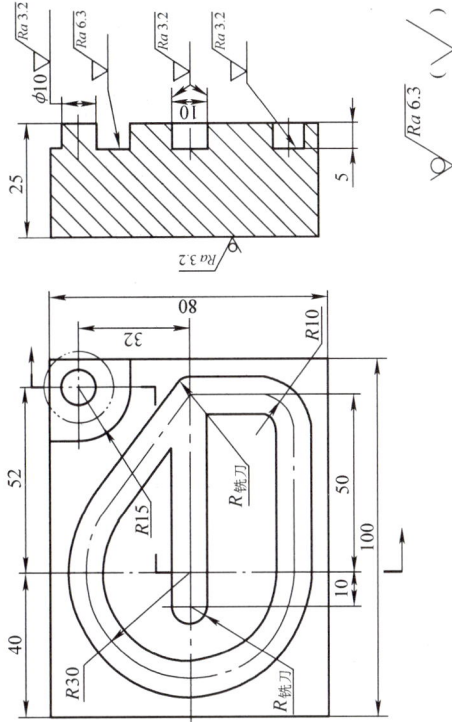

图 2-1　X20-01 成形槽

技术要求

棱边倒钝。

评　分　表

序号	项　目	评分标准	配分	得分	整改意见
1	工件形状	错一处扣 5 分	25		
2	槽宽 10mm	超差 0.03mm 扣 10 分	15		
3	槽两侧 Ra3.2μm	超差一级扣 5 分	10		
4	槽深 5mm	超差 0.05mm 扣 5 分	10		
5	定位尺寸 40mm	超差 0.5mm 扣 5 分	10		
6	必经之路走圆弧	光滑过渡一处粗糙扣 5 分	15		
7	安全操作	正确、安全操作	5		
8	机床保养	机床维护保养	5		
9	遵守纪律	遵守现场纪律	5		
	合　计		100		

33

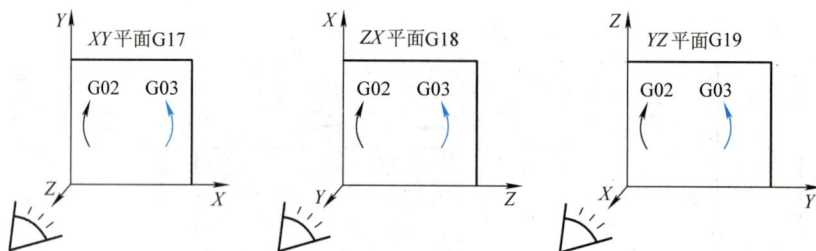

图 2-2 圆弧插补方向与平面选择的关系

表 2-1 用圆弧半径编程的圆弧插补指令格式

系统	FANUC	SIEMENS
格式	G17 $\left\{\begin{array}{l}G02\\G03\end{array}\right\}$ X_ Y_ R_ F_;	G17 $\left\{\begin{array}{l}G02\\G03\end{array}\right\}$ X_ Y_ CR = _ F_ L_F
	G18 $\left\{\begin{array}{l}G02\\G03\end{array}\right\}$ X_ Z_ R_ F_;	G18 $\left\{\begin{array}{l}G02\\G03\end{array}\right\}$ X_ Z_ CR = _ F_ L_F
	G19 $\left\{\begin{array}{l}G02\\G03\end{array}\right\}$ Y_ Z_ R_ F_;	G19 $\left\{\begin{array}{l}G02\\G03\end{array}\right\}$ Y_ Z_ CR = _ F_ L_F
	R 是圆弧半径	CR 是圆弧半径
说明	X、Y、Z 是圆弧终点坐标，用 G90 或 G91 编程。圆弧插补必须两轴联动 圆弧半径 R 有正负之分，α 表示圆弧所对应的圆心角。当 $0 < \alpha < 180°$ 时，圆弧半径 R/CR 取正值；当 $180° \leqslant \alpha < 360°$ 时，圆弧半径 R/CR 取负值；当 $\alpha = 360°$，即整圆时，不能用圆弧半径编程	

表 2-2 图 2-3 所示 AB 圆弧的加工程序

系统	FANUC	SIEMENS
以 C 为圆心	G17 G02 X_ Y_ R $\underline{R_1}$ F_;	G17 G02 X_ Y_ CR = $\underline{R_1}$ F_ L_F
以 D 为圆心	G17 G02 X_ Y_ R $\underline{-R_2}$ F_;	G17 G02 X_ Y_ CR = $\underline{-R_2}$ F_ L_F
说明及图例	圆弧半径与 G90、G91 没有关系 进给速度（F 指令指定）是模态量，可以提前赋值，不一定要在上述格式中出现 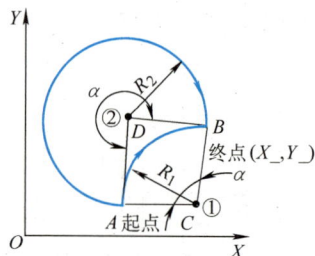 图 2-3 圆弧半径编程	

表 2-3　插补参数编程的指令格式

数控系统	FANUC	SIEMENS
格式	同 G17 $\begin{Bmatrix} G02 \\ G03 \end{Bmatrix}$ X_ Y_ I_ J_ F_;	同 FANUC 数控系统
指令格式	G18 $\begin{Bmatrix} G02 \\ G03 \end{Bmatrix}$ X_ Z_ I_ K_ F_;	
	G19 $\begin{Bmatrix} G02 \\ G03 \end{Bmatrix}$ Y_ Z_ J_ K_ F_;	
说明及图例	X、Y、Z 是圆弧终点坐标，用 G90 或 G91 编程。 插补参数 I、J、K 分别是圆弧起点到圆心的矢量在 X、Y、Z 方向的分量，即插补参数等于圆心坐标减去起点坐标，如图 2-4 所示，这与 G90/G91 无关 当插补参数为正时，表示运动方向与坐标轴正方向相同；为负时，表示运动方向与坐标轴正方向相反；为零时，可以省略不写 用插补参数可以编制任意大小的圆弧插补程序，整圆只能用插补参数编程，也不能写入 X、Y 或 Z 坐标 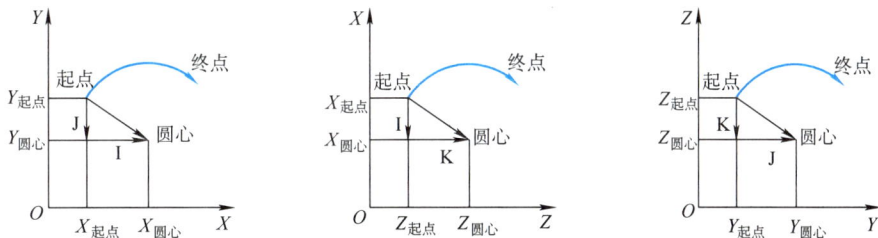 图 2-4　插补参数	

35

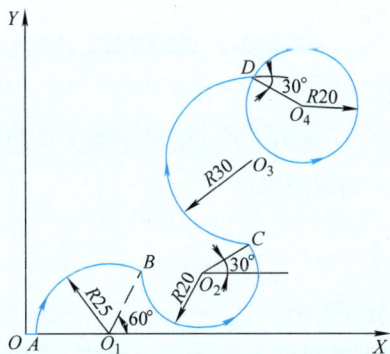

图 2-5　圆弧插补编程

表 2-4　基点坐标

点	X	Y	点	X	Y
O	0	0	O_1	30	0
A	5	0	O_2	62.5	21.651
B	42.5	21.651	O_3	79.821	61.651
C	79.821	31.651	O_4	97.141	81.651
D	79.821	91.651			

表 2-5 促成任务 2-1 程序

段号	FANUC	备 注	SIEMENS
	O211;	程序号（名）	SMS211. MPF
N10	G90 G00 G54 X0 Y0 S2000 M03;	快速定位到 G54 指令工件坐标系中的点 O，主轴正转，转速为 2000r/min	G90 G00 G54 X0 Y0 S2000 M03 L_F
N20	Z5;	安全距离	Z5 L_F
N30	G01 Z-1 F50;	下刀点 O；进给速度为 50mm/min	G01 Z-1 F50 L_F
N40	G01 X5 Y0 F1000;	刀具以 1000mm/min 的速度直线插补到点 A	G01 X5 Y0 F1000 L_F
N50	G02 X42.5 Y21.651 R25 F1200;	刀具以 1200mm/min 的速度顺时针圆弧插补到点 B	G02 X42.5 Y21.651 CR=25 F1200 L_F
N60	G03 X79.821 Y31.651 I20 J0;	刀具沿弧 BC 逆时针到点 C，J0 可略	G03 X79.821 Y31.651 I20 J0 L_F
N70	G91 G02 X0 Y60 R-30;	刀具以增量值沿弧 CD 顺时针到点 D	G91 G02 X0 Y60 CR=-30 L_F
N80	G90 G03 I17.32 J-10;	刀具以绝对值逆时针走整圆	G90 G03 I17.32 J-10 L_F
N90	G00 Z200;	抬刀	G00 Z200 L_F
N100	M30;	程序结束	M30 L_F

一般根据零件图样所给已知条件用代数、三角、几何或解析几何的有关知识，可直接计算出基点坐标值，对于复杂的运算还得借助计算机。在计算时，要注意将小数点后边的位数留够，以保证足够的精度。一般编程尺寸保留的小数点位数是机床最小输入单位的位数，中间计算过程应多保留 1 位小数。

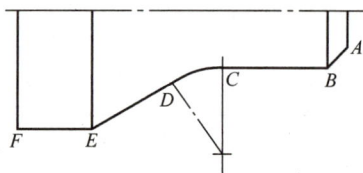

图 2-6 图样轮廓上的基点

用 CAD 绘制二维图时，坐标点的捕捉方便。此外，用 CAD 绘制二维图时，要求尺寸精度设置成 0.001mm、0.0001°（机床最小输入单位），严格按比例绘图，切点、交点、端点要准确，捕捉连接、捕捉测量。

四、相关实践

完成本项目图 2-1 所示的 X20-01 成形槽数控铣削的程序设计。

（1）编程方案 封闭槽宽 10mm 用 φ10mm 的高速钢键槽铣刀一次加工完成；φ10mm 的凸台周围槽宽 15mm - 10mm/2 = 10mm，单边铣削，用 φ10mm 的普通立铣刀加工较平稳，但多一把刀比较麻烦。综合考虑，用一把 φ10mm 的键槽铣刀加工所有内容。

封闭槽和 φ10mm 凸台相互独立，试制和考试时可以合编一个程序，也可以分开编制两个程序。批量生产应合编一个程序，以减少人为干涉，提高效率。

（2）刀具路径　刀具路径如图2-7所示，点1处下刀，沿路径1→2→3→4→5→6→2走完封闭槽，点2抬刀到点7，点7处下刀，沿路径7→8→9→10→8→9→11加工凸台，点11处抬刀。

（3）计算基点坐标　基点3的坐标不能从图中直接观察、心算获得，其他基点坐标容易获得。基点3的坐标计算如图2-8所示。

1）几何法

$\angle O3P = \angle O23$，$\angle 3OP$公用，两直角三角形$\triangle O23$与$\triangle O3P$相似，有

$$\frac{a}{O3} = \frac{O3}{O2}$$

$$a = \frac{O3^2}{O2} = \frac{30^2}{50}\text{mm} = 18\text{mm}$$

$$b = \sqrt{30^2 - 18^2}\text{mm} = 24\text{mm}$$

2）三角函数法

$$\angle 3OP = \arccos\frac{30}{50}$$

$$a = O3\cos\angle 3OP = 30\cos\left(\arccos\frac{30}{50}\right) = 30 \times \frac{30}{50}\text{mm} = 18\text{mm}$$

$$b = O3\sin\angle 3OP = 30\sin\left(\arccos\frac{30}{50}\right)\text{mm} = 24\text{mm}$$

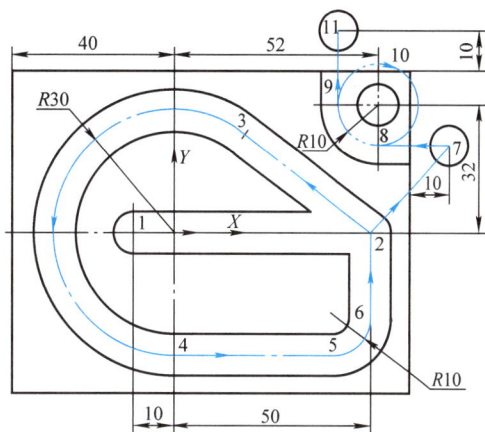

（4）编制程序　工件坐标系建立在工件顶面$R30$圆弧中心，加工程序见表2-6。

图2-7　刀具路径

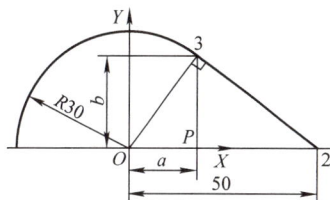

图2-8　基点3坐标计算

表2-6　图2-1所示零件的加工程序

段号	FANUC	备注	SIEMENS
	O21;	程序号（名）	SMS21. MPF
N10	G90　G00　G54　X – 10　Y0　S800　M03;	点1上方初始化	G90　G00　G54　X – 10　Y0　S800　M03　L_F
N20	Z5;	点1上方安全距离	Z5　L_F
N30	G01　Z – 5　F40;	点1下刀	G01　Z – 5　F40　L_F
N40	X50　F70;	点2	X50　F70　L_F
N50	X18　Y24;	点3	X18　Y24　L_F
N60	G03　X0　Y – 30　R – 30;	点4	G03　X0　Y – 30　CR = – 30　L_F
N70	G01　X50　Y – 30，R10;	点5、6间倒圆	G01　X50　Y – 30　RND = 10　L_F
N80	G01　Y0;	点2	G01　Y0　L_F

37

（续）

段号	FANUC	备注	SIEMENS
	O21；	程序号（名）	SMS21. MPF
N90	G00　Z5；	点2抬刀	G00　Z5　L_F
N100	X70　Y22；	点7	X70　Y22　L_F
N110	Z−5；	点7下刀	Z−5　L_F
N120	G01　X52　F70；	点8	G01　X52　F70　L_F
N130	G02　J10；	点8→9→10→8	G02　J10　L_F
N140	G02　X42　Y32　R10；	点9	G02　X42　Y32　CR=10　L_F
N150	G01　Y50；	点11	G01　Y50　L_F
N160	G00　Z200；	抬刀	G00　Z200　L_F
N170	M30；	程序结束	M30　L_F

五、拓展知识

倒角与倒圆 C、R/CHR、RND

倒角与倒圆指令用来在两条线之间插入倒角或倒圆轨迹，刀具从一条边线进入倒圆或倒角，两条程序段用一条程序段完成，从而简化编程，很实用，指令格式见表2-7。

表2-7　倒角、倒圆指令格式

FANUC	说明	SIEMENS
G01　X_ Y_，C_；	直线后插入倒角	G01X_ Y_ CHR = _　L_F
$\begin{Bmatrix} G02 \\ G03 \end{Bmatrix}$X_ Y_ R_，C_；	圆弧后插入倒角	$\begin{Bmatrix} G02 \\ G03 \end{Bmatrix}$ X_ Y_ CR = _CHR = _　L_F
G01　X_ Y_，R_；	直线后插入倒圆	G01X_ Y_ RND = _　L_F
$\begin{Bmatrix} G02 \\ G03 \end{Bmatrix}$X_ Y_ R_，R_；	圆弧后插入倒圆	$\begin{Bmatrix} G02 \\ G03 \end{Bmatrix}$ X_ Y_ CR = _ RND = _　L_F
X、Y表示边线交点坐标，如图2-9所示		
C表示倒角边长	如图2-9a所示	CHR表示倒角边长
R表示倒圆圆角半径	如图2-9b所示	RND表示倒圆圆角半径

注：1. 如果其中一条边线长度不够，则自动削减倒角或倒圆大小。
　　2. 仅在同一插补平面内倒角或倒圆，不能跨插补平面进行。
　　3. 如果连续三条程序段以上没有运动指令，不能倒角、倒圆。

【促成任务2-2】　用倒角、倒圆指令编程，并用 φ5mm 键槽铣刀在 100mm×80mm×25mm 的料上仿真加工，刀具中心轨迹如图2-10所示，为 1→2→3→4→1，Z 向深度5mm。

【解】　工件坐标系建立在工件顶面的点1处，程序见表2-8，仿真过程略。

F①：G01X_Y_,C_;　　　　　　　　F①：G01X_Y_,R_;

S①：G01X_Y_CHR=_L_F　　　　　　S①：G01X_Y_RND=_L_F

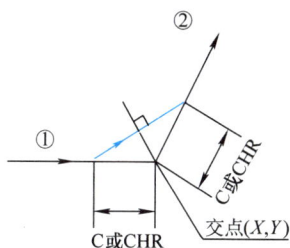

a) 直线间倒角

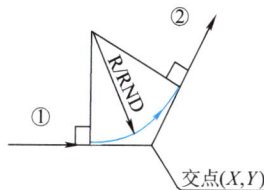

b) 直线间倒圆

图 2-9　倒角与倒圆

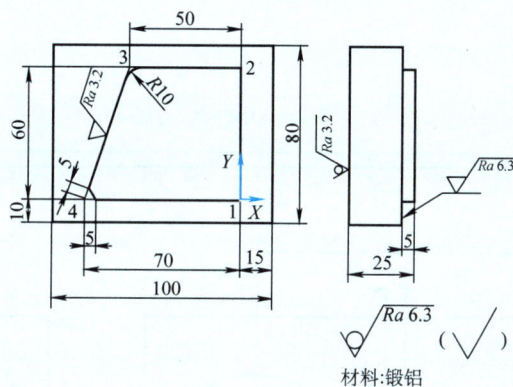

材料:锻铝

图 2-10　倒角和倒圆编程

表 2-8　促成任务 2-2 程序

段号	FANUC	备注	SIEMENS
	O13；	程序号（名）	SMS13. MPF
N10	G90　G00　G54　X0　Y0 S1500　M03；	点 1 定位	G90　G00　G54　X0　Y0　S1500 M03　L_F
N20	Z5；	安全距离	Z5　L_F
N30	G01　Z－5　F200；	下刀点 1，进给速度为 200mm/min	G01　Z－5　F200　L_F
N40	G01　X0　Y60；	点 2	G01　X0　Y60　L_F
N50	G01　X－50　Y60，R10；	点 3 倒圆 R10	G01　X－50　Y60　RND＝10　L_F
N60	G01　X－70　Y0，C5；	点 4 倒角 C5	G01　X－70　Y0　CHR＝5　L_F
N70	G01　X0　Y0；	点 1	G01　X0　Y0　L_F
N80	Z200；	抬刀	Z200　L_F
N90	M30；	程序结束，未考虑刀具半径，加工出来的形状较图样标注小	M30　L_F

思考与练习题

一、填空题

1. 圆弧插补参数 I =（　　　　）、J =（　　　　）、K =（　　　　），它们可编制任意大小的圆弧程序。

2. 用圆弧插补编程时，圆弧半径有（　　　　）之分，（　　　　）不能用编程。

3. 基点是构成零件轮廓的不同几何素线的（　　　）、（　　　）或（　　　），它们可以直接作为刀具运动轨迹的（　　　　　　　）。

4. 在计算基点坐标时，保留的小数点位数应是机床（　　　　），以保证足够的精度。

5. 逆着插补平面法向看插补平面，规定（　　　　）为顺时针运动、（　　　　）为逆时针运动。

6. 如果连续（　　　　）以上程序段没有运动指令，不能倒角、倒圆。

二、综合题

编程、用 φ10mm 的键槽铣刀数控仿真加工、在线加工图 2-11、图 2-12 所示的零件。

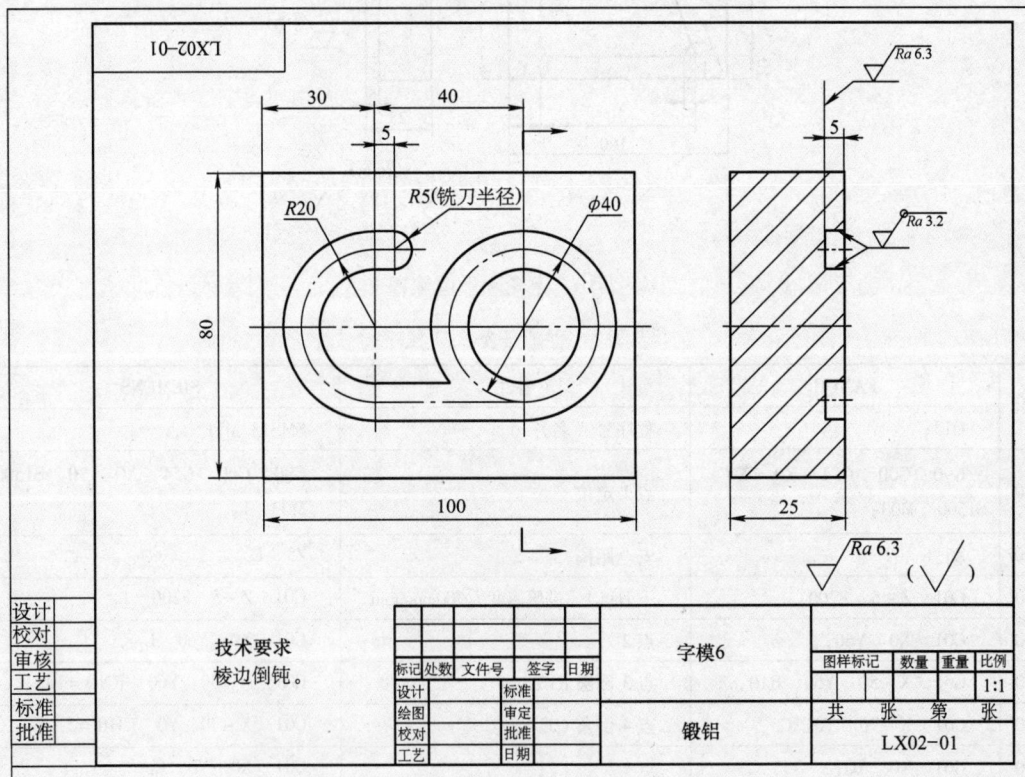

图 2-11　LX02-01 字模 6

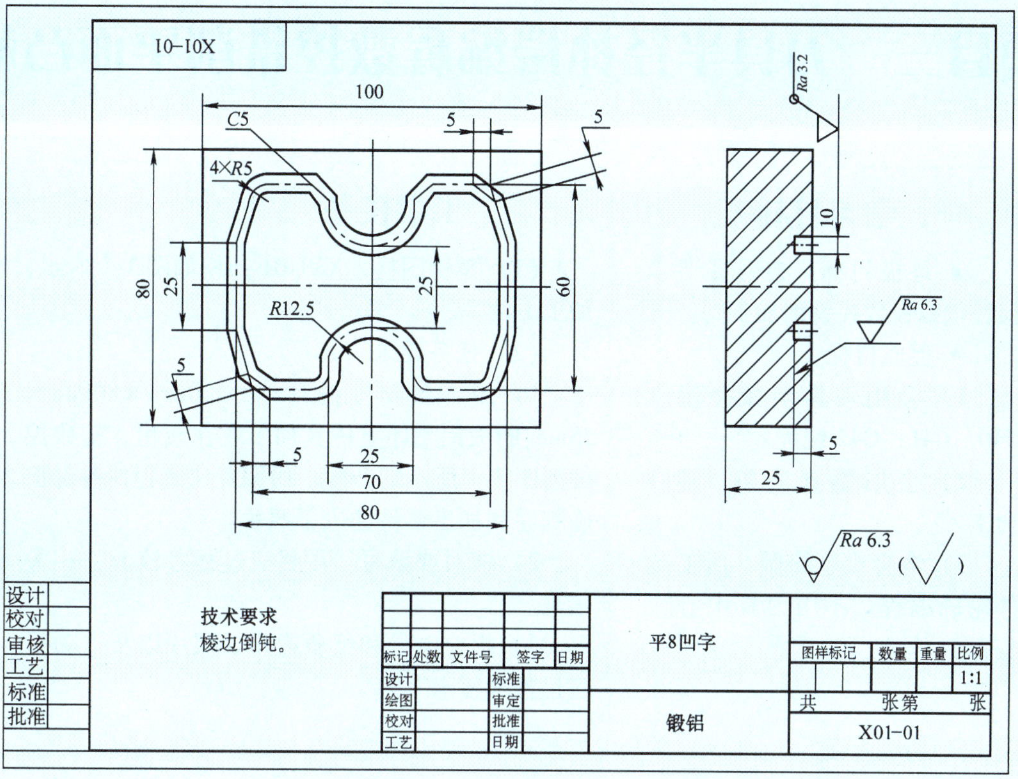

图 2-12 X01-01 平 8 凹字

项目三　刀具半径补偿编程数控铣削平面凸模

一、学习目标

● 终极目标：会刀具半径补偿编程数控铣削加工。

● 促成目标

1）会用刀具半径补偿 G40、G41、G42 编程。

2）会用偏置法粗、精加工。

3）学会难事简做，用工件轮廓编程、不用刀具中心编程。

二、工学任务

（1）零件图样　X30-01 凸模如图 3-1 所示，加工 1 件。

（2）任务要求

1）用 $\phi16mm$ 立铣刀，在 100mm × 80mm × 25mm 的锻铝毛坯上仿真加工或在线粗、精数控铣削图 3-1 所示的凸模。用偏置法编程并备份正确程序和加工零件的电子照片。

2）核对或填写"项目三过程考核卡"相关信息。

3）提交电子和纸质程序、照片以及"项目三过程考核卡"。

三、相关知识

1. 刀具半径补偿 G40 ~ G42

刀具半径补偿功能能使刀具中心轨迹偏离编程轨迹一个给定的数值，这个数值称为刀具半径补偿值。刀具半径补偿值通过机床操作面板 CRT/MDI 设定，存放在刀具半径补偿存储器中，编程时用相应的代码调用即可。用刀具半径补偿功能进行轮廓铣削时，可仍然按照工件轮廓编程，而实际要让刀具中心轨迹偏离工件轮廓多少距离，只要改变刀具半径补偿值，不需要重新编程，从而简化了刀具中心轨迹的计算，这是数控系统逐渐研发完善的重要功能之一。

刀具半径补偿只能在一个给定的坐标平面 G17/G18/G19 中进行，分建立、执行及取消三个过程。

（1）建立　刀具半径补偿建立的指令格式见表 3-1。建立刀具半径补偿程序段只能是折线和直线两种轨迹，即只能用 G00、G01 编程。执行刀具半径补偿程序段后，在工件坐标系的（X，Y）处，刀具中心就偏离了一个与 D 代码相对应的存储器中存放的刀具半径补偿值。直线→直线刀具半径补偿如图 3-2 所示，当执行有刀具半径补偿指令的 AB 程序段后，将在下一程序段的起点 B 处形成一个与直线 BF 垂直的刀具半径补偿矢量 BC，使刀具中心由 A 点移至 C 点，即编程轨迹是 AB 段，刀具中心轨迹是 AC 段。刀具半径补偿矢量 BC 的大小就是刀具半径补偿值，它的方向是从下一程序段的起点作垂线指向刀具中心。沿着编程轨迹上刀具前进方向看，G41 使刀具偏在编程轨迹左侧为左补偿，如图 3-2a 所示；G42 使刀具偏在编程轨迹右侧为右补偿，如图 3-2b 所示。直线→圆弧刀具半径补偿如图 3-3 所示，B 点

项目三过程考核卡

班级＿＿＿　班组＿＿＿　姓名＿＿＿　学号＿＿＿　指导教师＿＿＿　互评学生＿＿＿　组长＿＿＿　考核日期　＿年＿月＿日

考核内容

任务：数控铣削图 3-1 所示的零件，用偏置法和打点法联合编程

备料：100mm×80mm×25mm 的锻铝，$Ra6.3\mu m$

备刀：φ16mm 立铣刀，并根据具体使用数控机床装成相应的刀具组

量具：带表游标卡尺测量范围 0～125mm，分度值 0.02mm

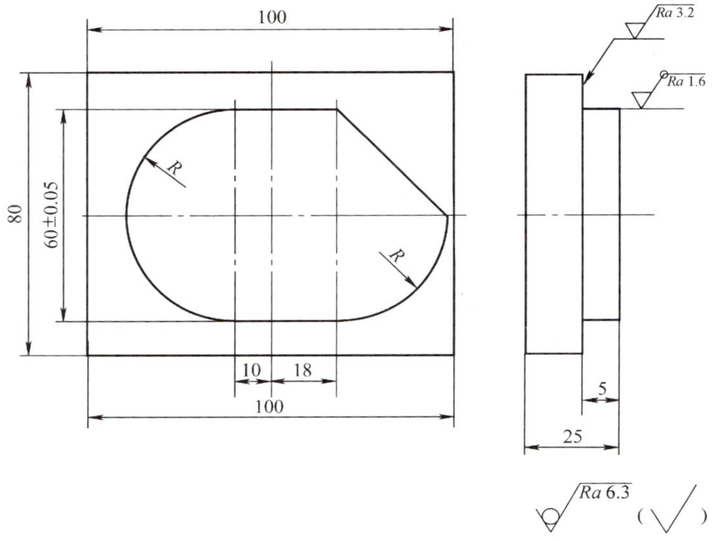

图 3-1　X30-01 凸模

评 分 表

序号	项 目	评分标准	配分	得分	整改意见
1	工件形状	错一处扣 5 分	15		
2	凸台宽 (60±0.05) mm	超差 0.02mm 扣 10 分	15		
3	凸台周边 $Ra1.6\mu m$	超差一级扣 5 分	10		
4	凸台高 5mm	超差 0.5mm 扣 5 分	10		
5	定位尺寸 10mm	超差 0.5mm 扣 5 分	5		
6	定位尺寸 18mm	超差 0.5mm 扣 5 分	5		
7	圆弧过渡光滑	一处粗糙扣 5 分	10		
8	凸台底 $Ra3.2\mu m$	超差一级扣 5 分	10		
9	难事简做	打点法与偏置法结合	5		
10	安全操作	正确、安全操作	5		
11	机床保养	机床维护保养	5		
12	遵守纪律	遵守现场纪律	5		
	合　计		**100**		

43

的刀具半径补偿矢量 *BC* 垂直于过 *B* 点的切线,圆弧上每一点的刀具半径补偿矢量方向总是变化的。

表3-1 刀具半径补偿建立的指令格式

FANUC	说　明	SIEMENS
$G17\ \begin{Bmatrix}G00\\G01\end{Bmatrix}\begin{Bmatrix}G41\\G42\end{Bmatrix}D\_\ \ X\_\ \ Y\_;$	G41 是左补偿 G42 是右补偿 D 是刀具半径补偿存储器地址,后跟数字表示存储器的编号,具体补偿值通过 CRT/MDI 输入到相应的存储器 　(*X*、*Y*) 是点 *B* 坐标,如图 3-2、图 3-3 所示	同 FANUC 数控系统

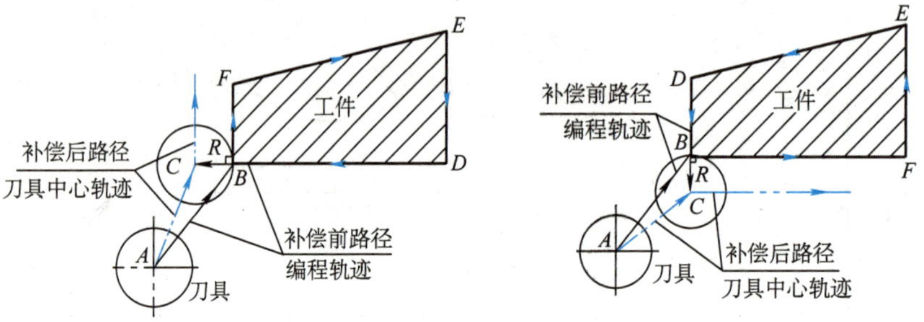

a) 左补偿G41　　　　　　　　b) 右补偿G42

图 3-2　直线→直线刀具半径补偿

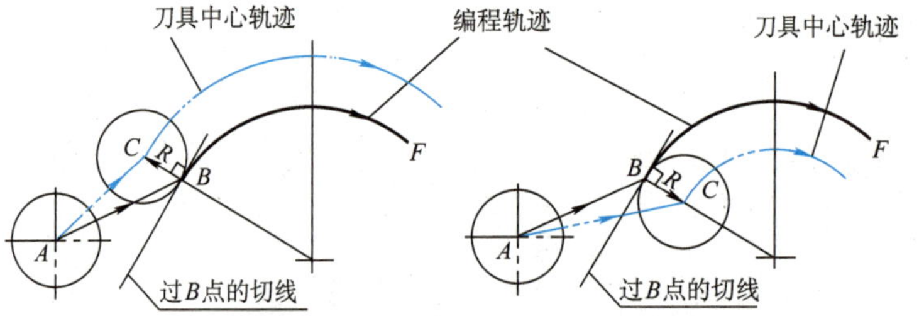

a) 左补偿G41　　　　　　　　b) 右补偿G42

图 3-3　直线→圆弧刀具半径补偿

　　(2)执行　刀具半径补偿建立后,刀具中心轨迹始终偏离编程轨迹一个刀具半径补偿值,类似于 AutoCAD 中的"偏置线"。如图 3-4 所示,双点画线表示刀具中心轨迹,粗实线表示编程轨迹。*P* 点处下刀,*PA* 段建立刀具半径左补偿,沿 *A*→*B*→*C*→*D*→*E*→*F*→*G*→*H*→*I*→*B*→*K* 执行加工零件轮廓,*KP* 段取消刀补。至于刀具半径补偿程序段期间刀具中心如何过渡连接，情况比较复杂，由数控系统自动处理，不需要专门编程。图 3-4 将编程轨迹和刀具中心轨迹均已画出，且轮廓过渡是最简单、最原始的圆弧过渡方式。实际工作时，一般不需要绘制刀具中心轨迹，可直接在带箭头的编程轨迹，即直接在工件轮廓和切入/切出线上进行编程。

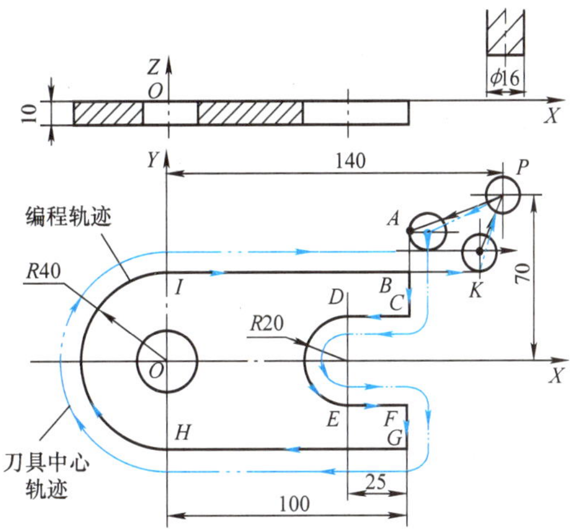

这里需要特别注意的是：刀具处在半径补偿状态期间，如果存在有两段以上没有移动指令或存在非插补平面内坐标轴移动的程序段时，有可能产生刀补不足或刀补超差问题，此时程序发生过切报警，中断自动运行。

（3）取消 最后一段刀具半径补偿轨迹

图 3-4 刀具半径补偿的两种轨迹

加工完成后，与建立刀具半径补偿类似，也应有一直线程序段 G00 或 G01 指令取消刀具半径补偿，指令格式见表 3-2，使刀具中心轨迹与编程轨迹重合，便于安排其他动作（如换刀等）。如图 3-5 所示，AB 段程序取消刀具半径补偿，刀具中心将由 C 点移至 B 点，两种轨迹重合。取消刀具半径补偿的补偿矢量 AC 是过上一程序段编程轨迹 FA 的终点 A 作其垂线，与建立刀具半径补偿不同。

表 3-2 取消刀具半径补偿指令格式

FANUC	说　　　明	SIEMENS
G17 $\begin{Bmatrix} G00 \\ G01 \end{Bmatrix}$ G40 X＿ Y＿；或 G17 $\begin{Bmatrix} G00 \\ G01 \end{Bmatrix}$ D00 X＿ Y＿；	G40 取消刀具半径补偿 D00 与 G40 作用相同 （X、Y）是 B 点坐标，如图 3-5 所示	同 FANUC 数控系统

2. 切入/切出工艺路径

刀补（刀具半径补偿的简称）建立之后，通常要求刀具沿切入、切出点的切线或延长线方向切入/切出工件轮廓，以最大限度地减小接刀痕迹。建立/取消刀补和切入/切出工件轮廓程序段，实际上是编程人员所设计的切入/切出工艺路径。如图 3-6a 所示，铣削外圆轮廓时，切线切入/切出路径是 0→1→2→9→4→2→3→12，其中，0→1 建立刀补，3→12 取消刀补；圆弧过渡切入/切出路径是 11→8→9→4→2→9→10→11，其中，11→8、10→11 分别为建立、取消刀补段；铣削内圆轮廓时，圆弧过渡切入/切出路径是 6→5→4→2→9→4→7→6，6→5、7→6 分别是建立、取消刀补段。如图 3-6b 所示，铣削外轮廓时，延长线切入/切出路径是 12→13→15→9→2→4→15→14→12，12→13、14→12 分别是建立、取消刀补段；铣削外轮廓圆弧过渡切入/切出路径是 11→8→9→2→4→15→9→10→11，11→8、10→11 分别是建立、取消刀补段；铣削内轮廓圆弧过渡切入/切出路径是 6→5→4→15→9→2→4→7→6，6→5、7→6 分别是建立、取消刀补段。刀补的起点与取消刀补的终点重合时可以少算一个基点坐标，用半圆弧过渡可以简化基点坐标计算。

45

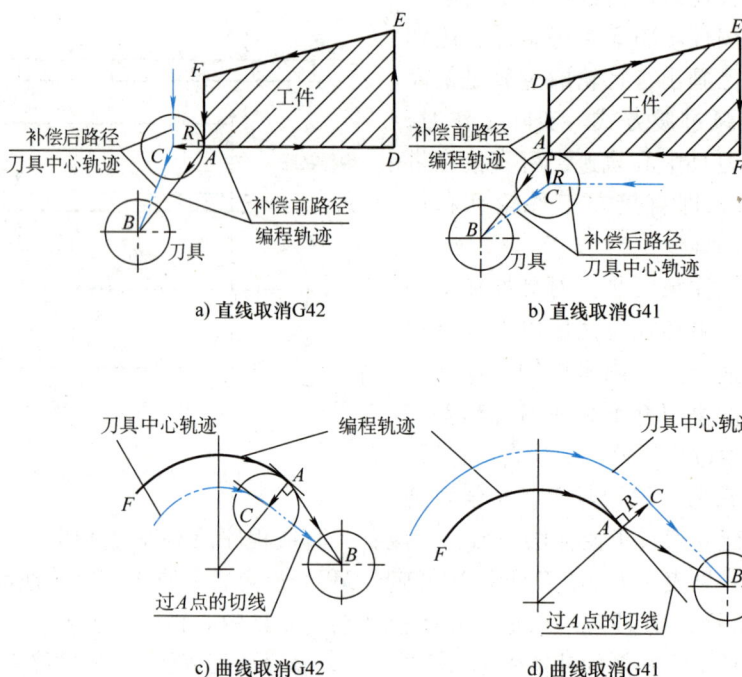

a) 直线取消G42　　　b) 直线取消G41

c) 曲线取消G42　　　d) 曲线取消G41

图 3-5　取消刀具半径补偿

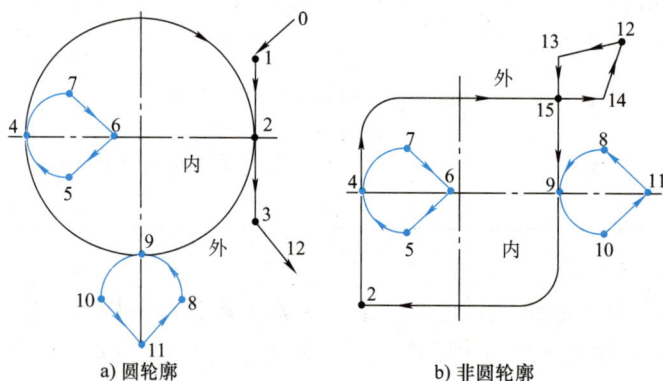

a) 圆轮廓　　　b) 非圆轮廓

图 3-6　切入/切出工艺路径

【促成任务3-1】　用 φ16mm 的立铣刀数控仿真铣削图 3-4 所示零件外轮廓。已知毛坯尺寸 150mm×90mm×10mm，A、K 点坐标分别是 A（100，60）、K（110，40）。要求用刀具半径补偿编程。

【解】　工件坐标系建立在工件顶面 O 点处，在 P 点下刀，刀具路径如图 3-4 所示，程序见表 3-3。

表 3-3　促成任务 3-1 程序

段号	FANUC	备注	SIEMENS
	O34；	程序号（名）	SMS34. MPF
N10	G90　G00　G54　X140　Y70 S1200　M03；	P 点上方初始化	G90　G00　G54　X140　Y70 S1200　M03　L_F
N20	Z－13；	P 点下刀，切深为 13mm	Z－13　L_F
N30	G41　D01　X100　Y60；	建立刀补到 A 点	G41　D01　X100　Y60　L_F
N40	G01　X100　Y20　F100；	C 点，进给速度为 100mm/min	G01　X100　Y20　F100　L_F
N50	X75　Y20；	D 点	X75　Y20　L_F
N60	G03　X75　Y－20　R－20；	E 点	G03　X75　Y－20　CR＝－20　L_F
N70	G01　X100　Y－20；	F 点	G01　X100　Y－20　L_F
N80	Y－40；	G 点	Y－40　L_F
N90	X0；	H 点	X0　L_F
N100	G02　X0　Y40　R－40；	I 点	G02　X0　Y40　CR＝－40　L_F
N110	G01　X110；	K 点	G01　X110　L_F
N120	G00　G40　X140　Y70；	P 点，取消刀补	G00　G40　X140　Y70　L_F
N130	Z200；	抬刀	Z200　L_F
N140	M30；	程序结束	M30　L_F

3. 偏置法编程

偏置法编程指用刀具半径补偿原理，通过改变刀具半径补偿值来放大或缩小工件轮廓而编程轨迹不变的一种编程方法，常用于切除毛坯和粗、精加工轮廓等。

（1）切除毛坯　如图 3-7 所示，编程轨迹不变，偏置的距离作为刀具半径补偿值，每

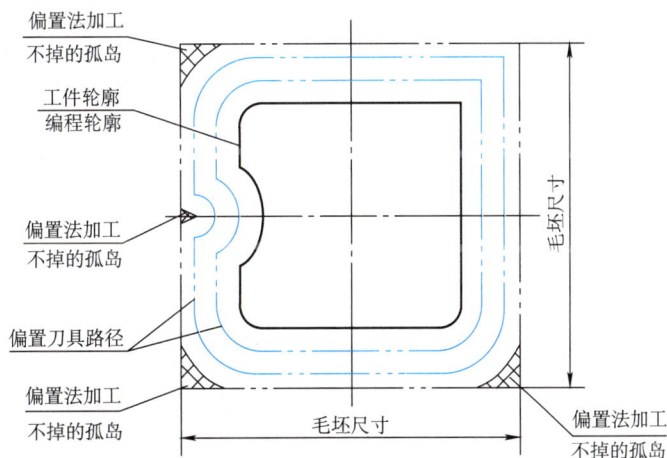

图 3-7　偏置路径

改变一次刀具半径补偿值，自动运行加工一次工件，毛坯就缩小相应的宽度，大大简化了编程工作量。

图 3-7 所示的偏置路径，由于受内圆弧的大小限制，轮廓偏置到一定程度后就不能再偏了。另外，因为毗邻轮廓的距离有限，也不能随心所欲地任意偏置，剩余一点残留量还用偏置法的话，会明显加长刀具路径，影响加工效率。

用偏置法去除多余毛坯时，偏置值的增量值应小于刀具直径，让刀具充分覆盖加工面，不致在两行距间因刀具端刃倒角等留有残余毛坯，如图 3-8 所示。

在这里不要把刀补值与偏置值混淆，刀补值是刀具中心离开编程轨迹的距离，而偏置值是增量值。用偏置法编程加工时，记住以下 11 条，可以避免许多问题。

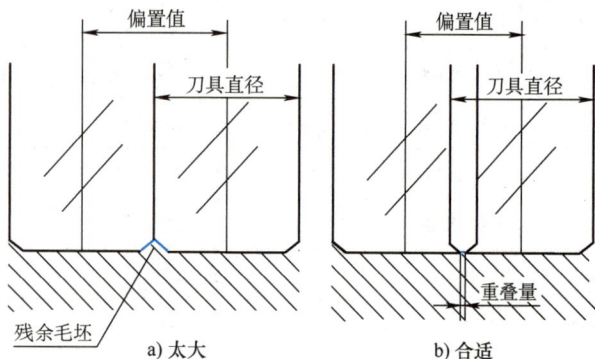

图 3-8　偏置宽度

1）辨清 G41、G42 的方向，否则会误切工件。

2）G40～G42 只能与 G00 或 G01 连用，不能与 G02 或 G03 连用，否则会发生程序错误报警。

3）用 G00 与 G41/G42 连用来建立刀补时，应在刀具与工件毛坯间留有足够的安全距离 Δ，如图 3-9 所示，防止刀具与工件毛坯发生碰撞。

4）建立/取消刀补程序段与下一条程序段轨迹在工件外侧的夹角 90°≤α<180° 时，如图 3-10 所示，可以避免切入/切出时的过切、误切问题。

5）用工艺路径切入/切出工件轮廓，不要直接在工件轮廓上建立和取消刀补，防止误切工件。

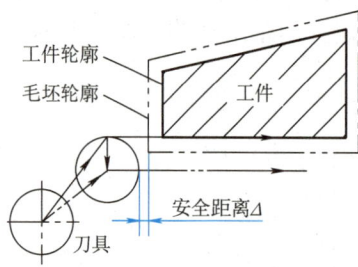

图 3-9　安全距离

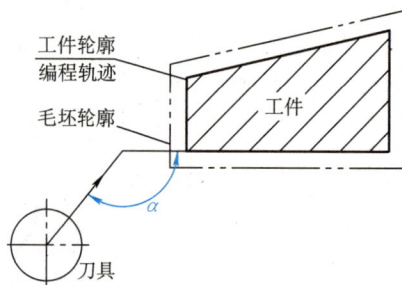

图 3-10　90°≤α<180° 不会发生过切

6）刀具半径应小于或等于内圆弧半径，防止多切。

7）刀具半径补偿值应小于或等于内圆弧半径，否则会发生程序错误报警。

8）刀补建立后，不能在原编程轨迹上来回移动，如图 3-11 所示，否则会发生程序错误报警。

9）刀补建立之后，最好不要连续两段没有插补平面内的坐标移动，包括调用子程序，防止程序错误报警。

10）刀补的建立和取消最好走斜线，且距离大于半径补偿值，让刀补建立或取消充分完成，防止误切工件。

11）刀具半径补偿值由几何值和磨损值两部分组成，如图3-12所示，由同一 D 代码调用，求两者代数和之后综合补偿。要注意防止数据存储位置搞错。

图3-11　来回移动程序会报警

（2）粗、精加工轮廓　刀具半径补偿存储器中存放的刀具半径补偿值是刀具中心偏离编程轨迹的距离，不一定是实际刀具半径，因此，可以将补偿值与实际刀具半径之差作为粗、精加工余量。图3-13所示为用偏置法粗、精加工时加工余量的确定方法，可见

$$\text{刀具半径补偿值 } D_0 = \text{实际刀具半径 } r + \text{加工余量 } \Delta \tag{3-1}$$

在刀具实际半径不变的情况下，精加工余量 $\Delta_精$ 是由粗加工时的刀具半径补偿值 $D_{0粗}$ 给定的，而精加工时的刀具半径补偿值 $D_{0精}$ 通过实测粗加工工件尺寸后计算所得。

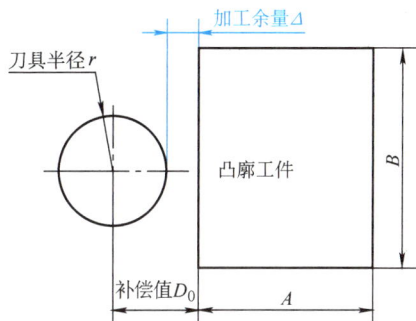

图3-12　刀具半径补偿值的组成

图3-13　粗、精加工时加工余量的确定

【促成任务3-2】　用 $\phi16$mm 的立铣刀粗、精数控仿真铣削图3-13所示凸廓工件四周。已知 $A = 100_{-0.08}^{0}$mm，$B = 120$mm，精加工余量 0.3mm，工件毛坯 110mm × 140mm × 80mm，请计算粗、精加工刀具半径补偿值。

【解】　由式（3-1）得

粗加工刀具半径补偿值：$D_{0粗} = (8 + 0.3)$mm $= 8.3$mm

用刀具半径补偿功能粗加工后，实测工件尺寸若 $A = 100.688$mm，双边比要求尺寸大 100.688mm − (100 − 0.04)mm = 0.728mm，单边比要求尺寸大 0.728 ÷ 2mm = 0.364mm，意味着精加工刀具半径补偿值 $D_{0精}$ 在 $D_{0粗} = 8.3$mm 的基础上缩小 0.364mm，即 $D_{0精} = 8.3$mm − 0.364mm = 7.936mm。

精加工时，刀具半径补偿值 $D_{0精}$ 不是 8mm 而是 7.936mm，是刀具受力、让刀等综合误差因素所致。至于刀具半径补偿值改为 7.936mm 精加工一次，工件精度能否合格还不一定。必要时需逐渐修改刀补值，多试切几次，以防工件报废，最终的精加工刀具半径补偿值由试切确定。

四、相关实践

完成本项目图 3-1 所示的 X30-01 凸模数控铣削的程序设计。

（1）编程方案 由图 3-1 得知，零件尺寸 (60 ± 0.05) mm、表面粗糙度值 $Ra1.6\mu m$，精度较高，分粗、精加工完成；高度 5mm 粗加工完成。精加工时通过刀具半径补偿设置加工余量，凸台周边多余材料用偏置法加工去除，考虑到批量生产，用一个程序加工完毕。工件坐标系建立在工件顶面中心。

（2）刀具路径 铣刀从足够高的空间位置开始在 XY 平面内快速定位至程序开始点 1 上方，从 1 点下刀到要求高度。

XY 平面上用偏置法加工的刀具路径如图 3-14 所示，1→2 点 G00 G41 快速建立左刀补，要求 2 点距工件毛坯边缘留有足够的安全距离（大于刀具半径），防止快速建立刀补时撞刀；R25 是设计的工艺路径，使刀具切向切入/切出工件轮廓，减轻加工表面产生接刀痕，保证零件轮廓光滑。3 点是切入/切出公用点，切入后绕工件轮廓走一周，到 3 点后以圆弧方式切离工件，9→1 点取消刀具半径补偿。用 R25 的半圆，是为了简化基点坐标计算。XY 平面上的完整路径是 1→2→3→4→5→6→7→8→3→9→1。

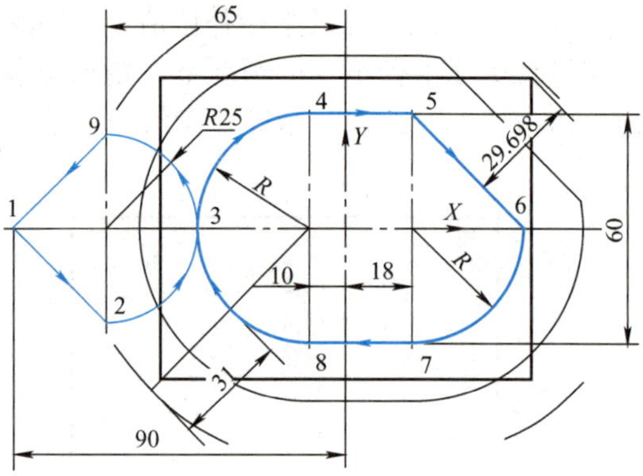

图 3-14　偏置法加工刀具路径

粗加工工件轮廓时，刀补量取 8.3mm，用 φ16mm 的立铣刀加工，表示精加工余量是 0.3mm（半径值）。将刀补量更改为 $(8+15)$ mm = 23mm，用原程序再加工一圈工件轮廓就能够切除所有剩余材料 $[(8+15+8)$ mm = 31mm > 29.698mm]。图 3-14 中，四角不连贯的线段是用 CAD 法作的刀具外轮廓，说明已没有残留量。

（3）编制程序 试切时，经常需要修改刀补量、切削用量、程序错误、精度测量，甚至更换加工刀具等，要求人不离机，所以程序不要太长，以免程序检索、纠错等占用大量时间，通常以一把刀具或连续加工零件某一独立部分编一个程序，见表 3-4。这一部分试制合格后，备份程序，在原程序上修改后，再试制另一部分，考试时最好用这种办法编程加工。

批量生产时，为提高生产效率，一般不人为干预机床停机，保持机床自动连续加工，也为一人看管多台机床提供可能。这就要求一次装夹编一个程序，所以将上述各部分试切程序适当地连接成一个程序，见表 3-5。各部分试切程序连接处是否要改变切削用量、刀补参数或精度检验等要一并考虑进去。表中程序段 "N130 M01；" 就是通过操作面板开关 M01 来控制是否需要修改主轴转速、进给速度、刀具半径补偿量（D02）设计的。增加 "N140 G90 G00 G54 X−90 Y0 S650 M03；" 程序段的一个目的是：让主轴转起来等初始化，以中断程序更改 D02 后，检索程序到此位置，从此位置开始继续加工，没有必要再从程序开头运行。这对提高加工效率很有好处，也能防止刀具不必要的磨损。

表 3-4　试切图 3-1 零件程序

段号	FANUC	备注	SIEMENS
	O31；	主程序	SMS31. MPF
N10	G90　G00　G54　X－90　Y0　S650　M03；	1 点上方	G90　G00　G54　X－90　Y0　S650　M03　L$_F$
N20	G00　Z－5；	1 点下刀	G00　Z－5　L$_F$
N30	G00　G41　D01　X－65　Y－25；	2 点，D01＝8.3mm，留精加工余量 0.3mm，精加工时 D01＝实测计算	G00　G41　D01　X－65　Y－25　L$_F$
N40	G03　X－40　Y0　R25　F150；	3 点，精加工时改为 F100	G03　X－40　Y0　CR＝25　F150　L$_F$
N50	G02　X－10　Y30　R30；	4 点	G02　X－10　Y30　CR＝30　L$_F$
N60	G01　X18　Y30；	5 点	G01　X18　Y30　L$_F$
N70	X48　Y0；	6 点	X48　Y0　L$_F$
N80	G02　X18　Y－30　R30；	7 点	G02　X18　Y－30　CR＝30　L$_F$
N90	G01　X－10　Y－30；	8 点	G01　X－10　Y－30　L$_F$
N100	G02　X－40　Y0　R30；	3 点	G02　X－40　Y0　CR＝30　L$_F$
N110	G03　X－65　Y25　R25；	9 点	G03　X－65　Y25　CR＝25　L$_F$
N120	G00　G40　X－90　Y0；	1 点	G00　G40　X－90　Y0　L$_F$
N130	Z200；	抬刀	Z200　L$_F$
N140	M30；	程序结束	M30　L$_F$

表 3-5　批量加工图 3-1 程序

段号	FANUC	备注	SIEMENS
	O32；	主程序	SMS32. MPF
N10	G90　G00　G54　X－90　Y0　S650　M03；	1 点上方	G90　G00　G54　X－90　Y0　S650　M03　L$_F$
N20	G00　Z－5；	1 点下刀	G00　Z 5　L$_F$
N30	G00　G41　D01　X－65　Y－25；	2 点，D01＝8.3mm，留精加工余量 0.3mm	G00　G41　D01　X－65　Y－25　L$_F$
N40	G03　X－40　Y0　R25　F150；	3 点	G03　X－40　Y0　CR＝25　F150　L$_F$
N50	G02　X－10　Y30　R30；	4 点	G02　X－10　Y30　CR＝30　L$_F$
N60	G01　X18　Y30；	5 点	G01　X18　Y30　L$_F$
N70	X48　Y0；	6 点	X48　Y0　L$_F$
N80	G02　X18　Y－30　R30；	7 点	G02　X18　Y－30　CR＝30　L$_F$
N90	G01　X－10　Y－30；	8 点	G01　X－10　Y－30　L$_F$
N100	G02　X－40　Y0　R30；	3 点	G02　X－40　Y0　CR＝30　L$_F$
N110	G03　X－65　Y25　R25；	9 点	G03　X－65　Y25　CR＝25　L$_F$
N120	G00　G40　X－90　Y0；	1 点	G00　G40　X－90　Y0　L$_F$

51

（续）

段号	FANUC	备注	SIEMENS
	O32；	主程序	SMS32. MPF
N130	M01；	通过 M01 开关修改 D02，操作控制	M01 L_F
N140	G90 G00 G54 X－90 Y0 S650 M03；	1 点	G90 G00 G54 X－90 Y0 S650 M03 L_F
N150	G41 D02 X－65 Y－25；	2 点，D02 ＝实测	G41 D02 X－65 Y－25 L_F
N160	G03 X－40 Y0 R25 F100；	3 点	G03 X－40 Y0 CR ＝25 F100 L_F
N170	G02 X－10 Y30 R30；	4 点	G02 X－10 Y30 CR ＝30 L_F
N180	G01 X18 Y30；	5 点	G01 X18 Y30 L_F
N190	X48 Y0；	6 点	X48 Y0 L_F
N200	G02 X18 Y－30 R30；	7 点	G02 X18 Y－30 CR ＝30 L_F
N210	G01 X－10 Y－30；	8 点	G01 X－10 Y－30 L_F
N220	G02 X－40 Y0 R30；	3 点	G02 X－40 Y0 CR ＝30 L_F
N230	G03 X－65 Y25 R25；	9 点	G03 X－65 Y25 CR ＝25 L_F
N240	G00 G40 X－90 Y0；	1 点	G00 G40 X－90 Y0 L_F
N250	Z200；	抬刀	Z200 L_F
N260	M30；	程序结束	M30 L_F

思考与练习题

一、填空题

1. 刀具半径补偿值应（　　　　）内圆弧半径。

2. 用半径为 r 的同一把立铣刀数控粗铣削工件外轮廓时，双边留精加工余量 Δ，粗加工时的刀具半径补偿值等于（　　　　　　　　　）。

3. 刀具切入/切出工件轮廓时，应沿切入/切出点的（　　　　　）方向进行，能最大限度地减小（　　　　），有利保证切入点和切出点光滑。

4. CAD 法找点时，绘图要（　　　），切点、交点、端点（　　　）要准确，尺寸精度设置成机床（　　　　），比例最好用（　　　）。

5. 刀具半径补偿时，（　　　　　　　）代数和之后综合补偿。

二、问答题

1. 何为刀具半径补偿矢量？

2. 刀具半径补偿值可以是负数吗？

3. 外轮廓铣大了，再用相同刀具的原程序加工时，如何修改刀具半径补偿值？

4. 刀具半径补偿 G41、G42、G40 只能与哪些运动指令 G 代码连用？

5. 何为偏置法编程/加工？

三、综合题

编程、数控仿真加工或在线加工图 3-15、图 3-16 所示的零件。

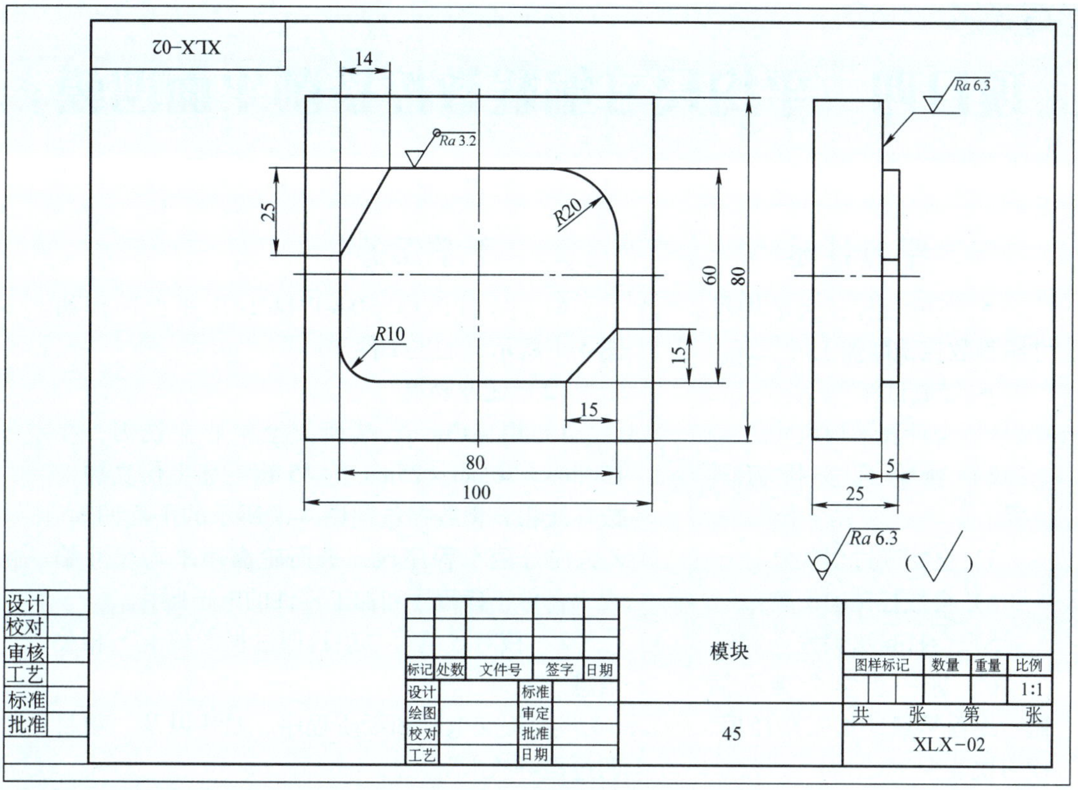

图 3-15 XLX-02 模块

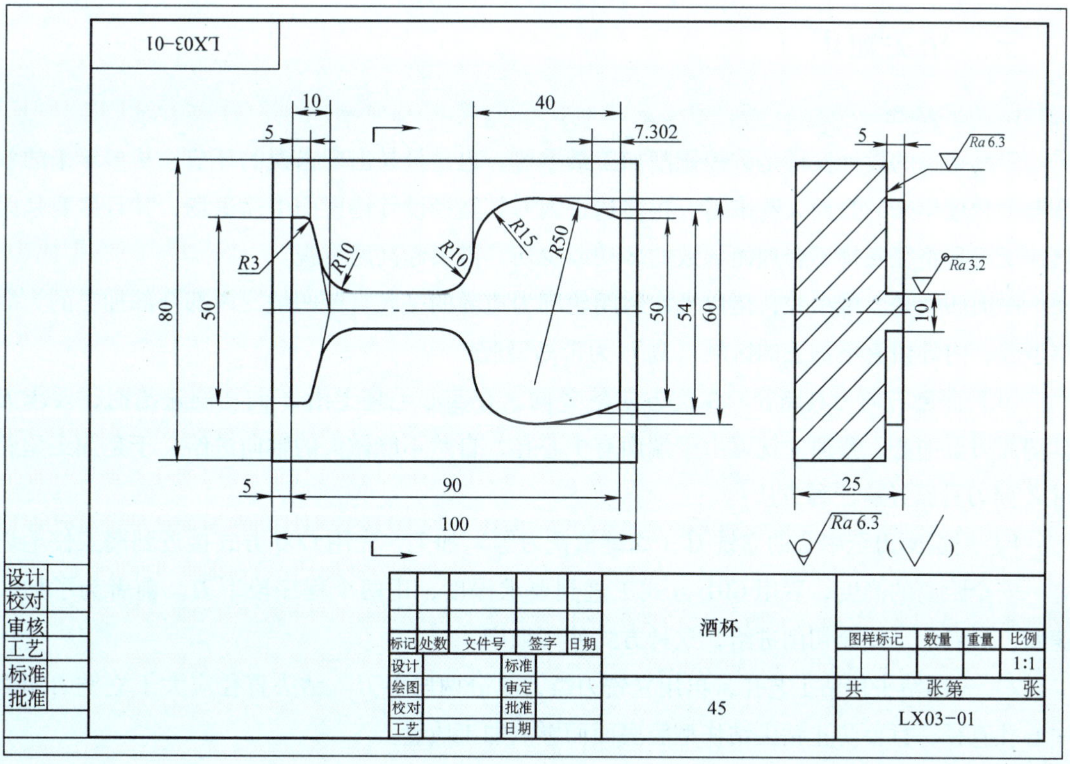

图 3-16 LX03-01 酒杯

项目四　平均尺寸编程数控铣削平面凹模

一、学习目标

● 终极目标：会平均尺寸编程数控铣削加工。

● 促成目标

1）会计算平均尺寸。

2）会合理安排刀具路径。

3）会判断过切现象。

4）会数控铣削型腔。

5）会打点法编程。

6）进一步学会难事简做，编程尽量使加工路径短、换刀次数少。

二、工学任务

（1）零件图样　04-PMAM-01 平面凹模如图 4-1 所示，加工 1 件。

（2）任务要求

1）用 $\phi16$mm、端面刃至中心立铣刀，在 100mm×80mm×25mm 的 45 钢毛坯上仿真加工或在线粗、精数控铣削图 4-1 所示的平面凹模。Z 方向分两个程序段，平面轮廓用平均尺寸编程，备份正确程序和加工零件的电子照片。

2）核对或填写"项目四过程考核卡"相关信息。

3）提交电子和纸质程序、照片以及"项目四过程考核卡"。

三、相关知识

1. 刀具路径

刀具路径的设计安排是数控铣削加工最重要、也是最易出现错误的环节。从多年来的各级考工和近年来的数控大赛来看，很多选手因刀具路径设计错误而中途退场，并且主要是因粗加工刀具路径安排不合理而导致的多切或少切，需引起高度重视。

平面凹模是二维型腔，指以平面封闭轮廓为边界的平底直壁凹坑。内部全部加工的为简单型腔，内部留有不加工的区域（岛）为带岛型腔。

（1）深度方向刀具路径　深度方向是 Z 向，在实心毛坯上沿 Z 向切削进给时，要求刀具端面刃至中心，普通立铣刀由于端面有中心孔，自然不能做大的轴向进给，于是加工型腔时 Z 向刀具路径有三种方法：

1）用端面刃至中心的立铣刀（如键槽铣刀等）加工，先用 G00 方式接近到离工件毛坯有一安全距离的高度，后用 G01 方式工进到要求深度，用两个程序段下刀。前者为了加快速度，后者为了安全切削进给，这种方式使用最广。

2）先用钻头预钻工艺孔，再用立铣刀类刀具分两段下刀。钻头直径应大于立铣刀端面中心孔直径，且要防止钻尖钻伤型腔底面而影响加工质量。

项目四 平均尺寸编程数控铣削平面凹模

项目四过程考核卡

班级＿＿＿ 班组＿＿＿ 学号＿＿＿ 姓名＿＿＿ 互评学生＿＿＿ 指导教师＿＿＿ 组长＿＿＿ 考核日期＿年＿月＿日

评 分 表

序号	项 目	评分标准	配分	得分	整改意见
1	打点法编程	打点法编程正确	5		
2	平均尺寸编程	平均尺寸编程正确	5		
3	刀路优化	难事简做	5		
4	工件形状	错一处扣5分	10		
5	凸台高直径 $\phi20_{-0.033}^{0}$ mm	超差0.03mm扣10分	10		
6	所有 $Ra3.2\mu m$	超差一级扣5分	5		
7	槽深5mm	超差0.5mm扣5分	10		
8	槽长 $90_{-0.054}^{0}$ mm	超差0.03mm扣5分	10		
9	槽宽 $70_{-0.046}^{0}$ mm	超差0.03mm扣5分	10		
10	圆弧过渡光滑	一处粗糙扣5分	10		
11	槽底 $Ra6.3\mu m$	超差一级扣5分	5		
12	安全操作	正确、安全操作	5		
13	机床保养	机床维护保养	5		
14	遵守纪律	遵守现场纪律	5		
	合 计		**100**		

考 核 内 容

任务：数控铣削图4-1所示的零件，用打点法编程，必要时需计算平均尺寸。

备料：45钢100mm×80mm×25mm，$Ra6.3\mu m$。

备刀：$\phi16mm$端面刃至中心立铣刀，并根据具体使用数控机床组装成相应的刀具组。

量具：带表游标卡尺，测量范围0～125mm，分度值0.02mm；内径千分尺，50～100mm。

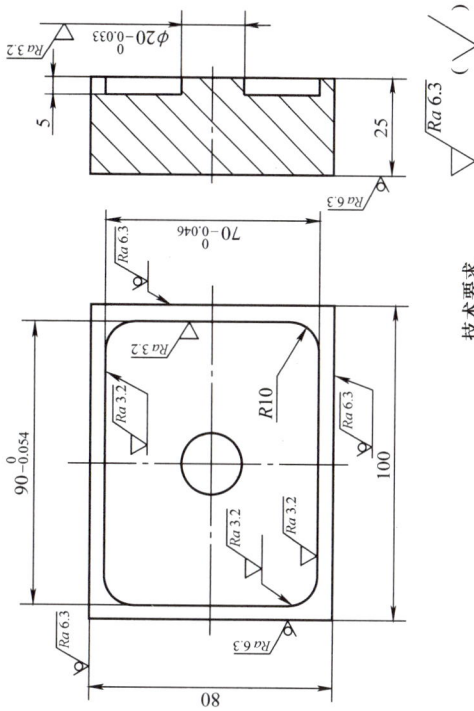

技术要求
棱边倒钝。

图4-1 04-PMAM-01 平面凹模

55

3）用端面刃至中心的立铣刀加工，X、Z 或 Y、Z 或 X、Y、Z 坐标轴联动下刀，这种办法适用于 Z 向加工深度小的场合，否则轴向力很大，机床易振动，严重影响加工质量。

（2）平面刀具路径　XY 平面刀具路径有以下三种。

1）行切法。图 4-2a 所示为行切法，刀具路径最短，型腔表面因非连续加工可能会留有接刀痕迹，接刀痕迹还受行距和刀具直径影响，常用于粗加工。

2）环切法。图 4-2b 所示为环切法，刀具路径最长，型腔表面因连续加工光滑过渡，常用于精加工。

3）行切法 + 环切法。图 4-2c 所示为行切法 + 环切法，综合了行切法和环切法的优点，先用行切法去除中间部分毛坯，最后环切一周，

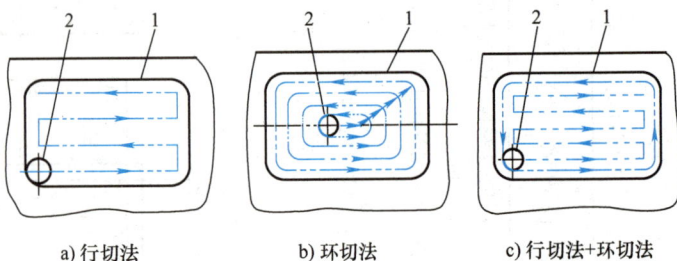

a) 行切法　　b) 环切法　　c) 行切法+环切法

图 4-2　铣型腔的三种进给路线
1—工件轮廓　2—铣刀

总的进给路线较短，还能获得光滑过渡表面。

需要说明的是，上述三种刀具路径，由于没有合理的切入/切出工艺路径，难以用于精加工，并且手工编程时，粗、精加工多数情况下需要分别编程，没有用偏置法加工那么快捷。

根据加工经验，工件轮廓程序最好用刀具半径补偿功能编程，以便控制加工精度；去除多余毛坯时，不建议用刀具半径补偿功能编程，以提高刀具进给的定向性，有助于正确安排刀具路径。加工型腔时，建议 Z 向下刀后再建立或取消刀具半径补偿，防止连续出现两段仅 Z 轴移动而报警，可避免许多程序错误报警。

2. 过切判断

在狭小空间，往往会出现刀具直径选择不当造成的过切现象。如图 4-3 所示，若刀具中心轨迹 $B'C'$ 运动方向与编程轨迹 BC 方向相反，则会造成过切现象。加工 AB 轮廓，左侧过切；加工 BC、CD 轮廓，右侧过切。

用刀具半径补偿功能编程时，数控系统计算并判断出发生过切现象，其自诊断功能会发出程序错误报警而中断自动加工。不用刀具半径补偿功能编程时，不会产生过切报警，这就要求在安排刀具路径时，必须注意不要多切或少切。

3. 平均尺寸

光滑轮廓常用同一把铣刀、相同的刀具半径补偿值连续加工，如果轮廓上某些部位的尺寸误差方向不同，有的是正偏差，有的是负偏差，有的尽管方向相同，但公差带位置和宽度不同，如图 4-4 所示，则编程尺寸需具体分析，不能一概用基本尺寸编程。图 4-4a 用 20mm、45mm 基本尺寸编程，只要检测、控制精度高的尺寸 $20^{+0.05}_{+0.01}$ mm 加工合格，精度低的尺寸 $45^{+0.08}_{+0.01}$ mm 就应该合格。图 4-4b 如果用 20mm、45mm 基本尺寸编程，控制其中一个尺寸合格，另一个尺寸从理论上讲，永远不会合格。这就要解决尺寸误差方向问题，重新确定编程尺寸，具体步骤如下：

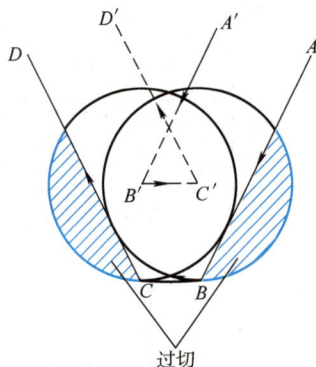

图 4-3　过切判断

1）对高精度尺寸，将基本尺寸（现公差标准中，称公称尺寸，但因数控加工中习惯称基本尺寸编程。故这里也叫基本尺寸）换算成平均尺寸。

2）保持原重要的几何关系，如角度、相切等不变，通过修改低精度尺寸使之协调。

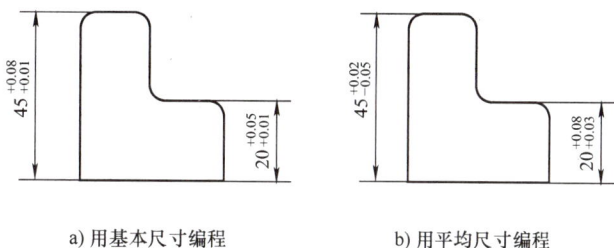

a) 用基本尺寸编程　　　b) 用平均尺寸编程

图 4-4　编程尺寸判定

3）按调整后的尺寸计算有关未知基点的坐标尺寸。

关于平均尺寸的计算，根据"变换后的极限尺寸（最大或最小）= 变换前的极限尺寸（最大或最小）"解一元一次方程即可。

【促成任务 4-1】　计算 $45^{+0.08}_{+0.01}$ mm 的平均尺寸 M。

【解】　变换后的上下极限偏差：$\Delta M = \pm (0.08 - 0.01)$ mm/2 $= \pm 0.035$ mm

根据"变换后的极限尺寸（最大或最小）=变换前的极限尺寸（最大或最小）"列方程

$$M' + 0.035\text{mm} = 45\text{mm} + 0.08\text{mm}$$

或

$$M' - 0.035\text{mm} = 45\text{mm} + 0.01\text{mm}$$

得

$$M' = 45.045\text{mm}$$

$$M = 45.045\text{mm} \pm 0.035\text{mm}$$

图 4-5 所示工件轮廓各处尺寸公差大小，极限偏差位置不同，对编程尺寸产生影响，如用同一把铣刀、同一个刀具半径补偿值编程加工，很难保证各处尺寸均在公差范围之内。经误差分配后，改变了轮廓尺寸并移动了公差带，用括号内的平均尺寸编程就能解决问题。

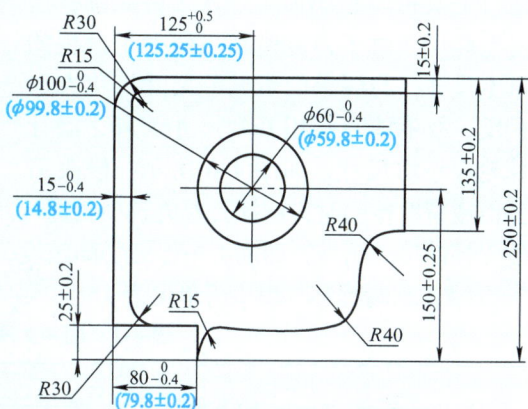

图 4-5　零件尺寸公差对编程尺寸的影响

4. 打点法编程

无法用偏置法加工或用偏置法加工不合算的残留量，根据残留量所处位置，利用人为给定的一些必要的基点坐标编程切除，即所谓的打点法。用打点法去除残留量时，最好不用刀具半径补偿编程，这样刀具路径的定向性好，方便安排进给路线。

四、相关实践

完成本项目图 4-1 所示的 04- PMAM- 01 平面凹模数控铣削的程序设计。

（1）编程方案　由图 4-1 可知，零件型腔长、宽及中间圆柱凸台精度较高，分粗、精加工完成，粗、精加工通过刀具半径补偿设置加工余量。从铣削工艺来讲，粗加工常用逆铣，精加工常用顺铣。这里全部用顺铣，便于程序通用。工件坐标系建立在工件顶面中心。

（2）刀具路径　铣刀从足够高的空间位置开始在 XY 平面内快速定位至程序开始点 1′上方，从程序开始点分两程序段下刀，前一段用 G00 下刀至安全平面，以提高效率，后一段用 G01 下降到要求高度以保证安全切削进给。

　　铣削内、外轮廓时，铣刀应沿轮廓曲线的切线、辅助圆弧或延长线切入/切出，以减轻加工表面接刀痕迹，保证零件轮廓光滑。XY 平面刀具路径是 1′→2→3→4→3→5→6→7→8→9→5→10→1→11→12→13→14→1，如图 4-6 所示，其中，1′→2 建立刀补；10→1 取消刀补；1→11→12→13→14→1 无刀补。

　　由于立铣刀端刃切削性能比侧刃切削性能差，Z 向进给速度一般取 XY 平面进给速度的 $\frac{1}{3} \sim \frac{1}{2}$。

　　（3）计算型腔平均尺寸　孤岛外轮廓尺寸是负偏差，型腔内轮廓尺寸也是负偏差，用同一把刀、相同的刀补值加工，若圆柱凸台尺寸偏大，减小相应刀补值后再运行一次相同程序加工一次工件轮廓，这时型腔尺寸由于刀补值减小而大于编程的基本尺寸，与要求的负偏差尺寸变化方向相反，故不能直接用基本尺寸编程，需计算轮廓平均尺寸，如图 4-6 所示。修改刀补值或精度检验时，选择公差值较小者进行测量（如图 4-6 所示的 ±0.023），便于控制尺寸精度，即加工中保证了高精度，低精度自然能得到保证。

图 4-6　平面刀具路径

　　（4）编制程序　程序清单见表 4-1。

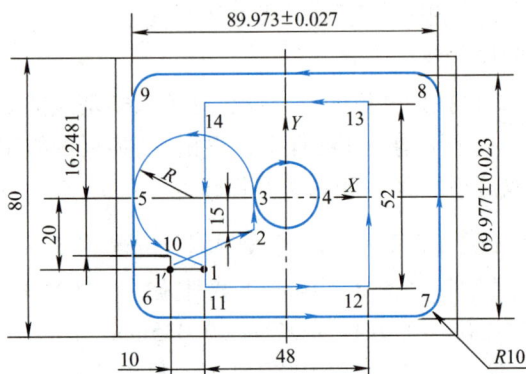

表 4-1　图 4-1 所示零件的加工程序

段号	FANUC	备注	SIEMENS
	O411；	程序号（名）	SMS411. MPF
N10	G90　G00　G54　X－34　Y－20　S450　M03；	1′点上方	G90　G00　G54　X－34　Y－20　S450　M03　L$_F$
N20	Z5　M08；	安全距离，加切削液	Z5　M08　L$_F$
N30	G01　Z－4.9　F30；	下刀，精加工时改为 Z－5	G01　Z－4.9　F30　L$_F$
N40	G01　G41　D01　X－10　Y－15　F60；	2 点，D01＝8.3mm，留精加工余量 0.3mm，精加工 D01＝8　F50	G01　G41　D01　X－10　Y－15　F60　L$_F$
N50	X－10　Y0；	3 点	X－10　Y0　L$_F$
N60	G02　I10　J0；	顺时针铣孤岛圆 φ20mm	G02　I10　J0　L$_F$
N70	G03　X－44.987　Y0　R－17.499；	逆时针铣圆弧 3→5 到 5 点	G03　X－44.987　Y0　CR＝－17.499　L$_F$
N80	G01　X－44.987　Y－34.989，R10；	6 点	G01　X－44.987　Y－34.989　RND＝10　L$_F$
N90	X44.987　Y－34.989，R10；	7 点	X44.987　Y－34.989　RND＝10　L$_F$
N100	X44.987　Y34.989，R10；	8 点	X44.987　Y34.989　RND＝10　L$_F$
N110	X－44.989　Y34.989，R10；	9 点	X－44.989　Y34.989　RND＝10　L$_F$
N120	G01　X－44.989　Y0；	5 点	G01　X－44.989　Y0　L$_F$
N130	G03　X－34　Y－16.248　R17.494；	10 点	G03　X－34　Y－16.248　CR＝17.494　L$_F$
N140	G01　G40　X－24　Y－20；	1 点	G01　G40　X－24　Y－20　L$_F$
N150	G01　Y－26；	11 点	G01　Y－26　L$_F$

（续）

段号	FANUC	备注	SIEMENS
	O411；	程序号（名）	SMS411.MPF
N160	X24；	12 点	X24　L_F
N170	Y26；	13 点	Y26　L_F
N180	X－24；	14 点	X－24　L_F
N190	Y－20；	1 点	Y－20　L_F
N200	G00　Z200　M09；		G00　Z200　M09　L_F
N210	M30；		M30　L_F

思考与练习题

一、问答题

1. 在何种情况下可用基本尺寸编程？

2. 在何种情况下需要用平均尺寸编程？

二、名词解释

1. 过切。

2. 平均尺寸。

3. 环切法。

三、综合题

编程、数控仿真加工、在线层优先加工图 4-7、深度优先加工图 4-8 所示的零件。

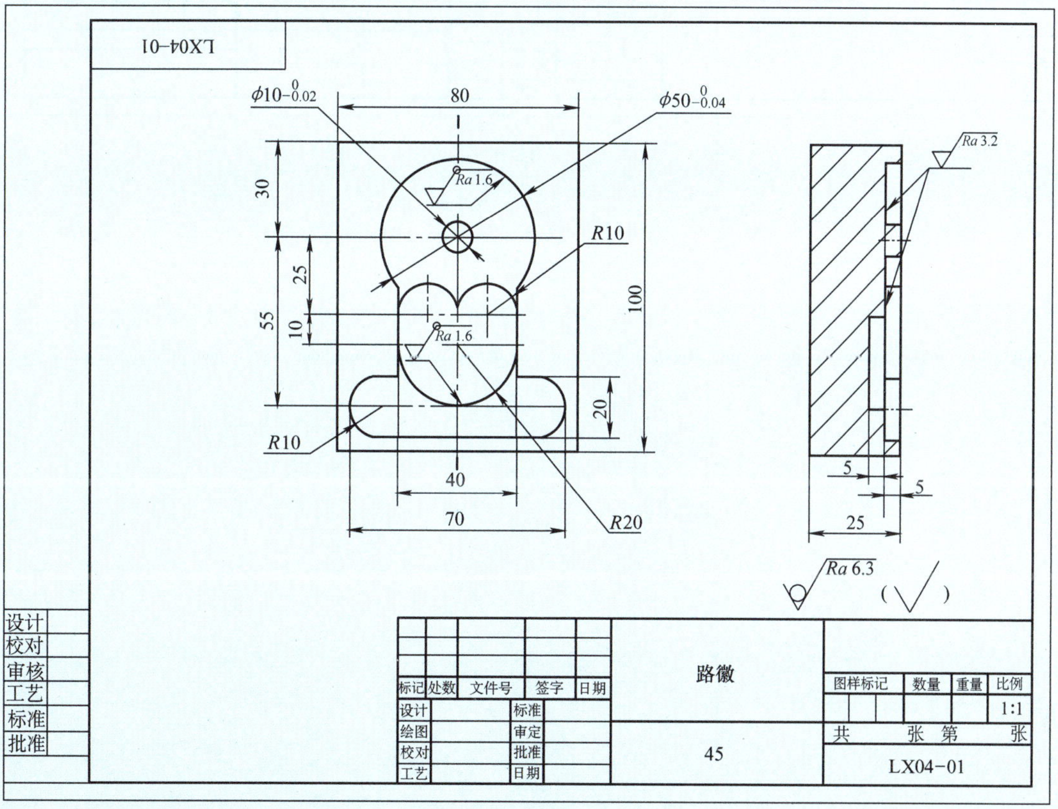

图 4-7　LX04-01 路徽

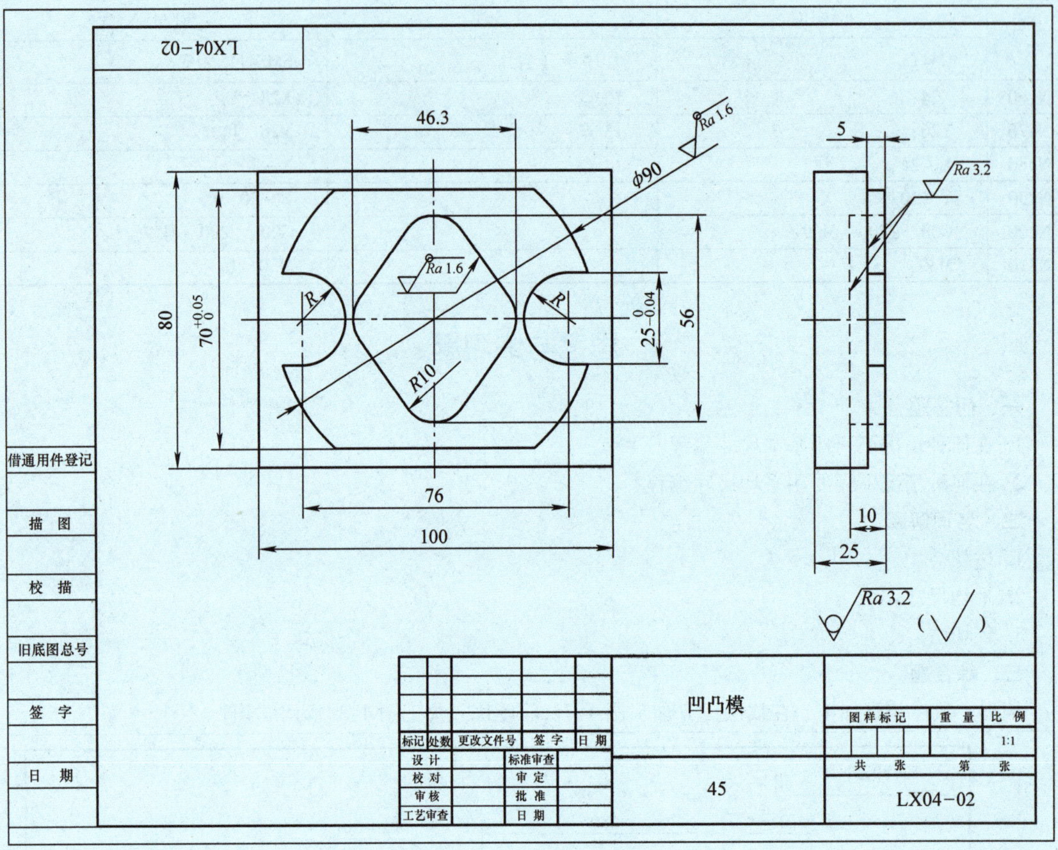

图 4-8 LX04-02 凹凸模

项目五 子程序编程数控铣削腰形级进凸模

一、学习目标

● 终极目标：会子程序编程数控铣削加工。

● 促成目标

1）会用子程序平移铣削编程。

2）会用子程序分层铣削编程。

3）会用子程序编程数控铣削级进模。

4）会用子程序编程简化程序。

5）学会找规律、循途守辙。

二、工学任务

（1）零件图样 05-LCM-01 腰形级进凸模如图 5-1 所示，加工 1 件。

（2）任务要求

1）用 $\phi16$mm 的高速钢普通立铣刀，在 100mm×80mm×30mm 的 45 钢毛坯上粗、精数控铣削或仿真加工图 5-1 所示的零件，用子程序平移和分层铣削联合编程。

2）核对或填写"项目五过程考核卡"相关信息。

3）提交电子和纸质程序、照片以及"项目五过程考核卡"。

三、相关知识

1. 子程序

在一个加工程序中，如果其中某些加工内容完全相同，为了简化程序，可以把这些重复的程序段单独列出，并按一定的格式编写成子程序。主程序在执行过程中如果需用某一子程序，通过调用指令来调用该子程序，子程序执行完后又返回到主程序，继续执行后面的主程序段。

（1）子程序结构三要素 和主程序一样，子程序结构也由程序号（名）、加工程序段和程序结束符号三要素组成，但程序结束符号不同（见表 5-1）。

（2）子程序调用 子程序不能单独运行，须由主程序调用，指令格式见表 5-2。

（3）子程序嵌套 为了进一步简化程序，子程序中还可以调用另一个子程序，称为子程序嵌套，图 5-2 所示为四级子程序嵌套。FANUC 系统与 SIEMENS 系统子程序嵌套意义相同。

（4）子程序的执行 子程序像主程序一样，需以单独的程序从机床面板输入数控系统。执行时，从主程序中调用子程序或由子程序调用下一级子程序，如图 5-3 所示。

主程序执行到 N30 后转去执行子程序 O1016，重复执行 2 次后返回到主程序 O1015 接着执行 N40 程序段，在执行 N50 后又转去执行 O1016 子程序 1 次，再返回到主程序 O1015 后继续执行 N60 及其后面的程序段。从子程序中调用子程序与从主程序调用子程序时的执行情况相同。

项目五过程考核卡

班级＿＿＿　班组＿＿＿　学号＿＿＿　姓名＿＿＿　互评学生＿＿＿　指导教师＿＿＿　组长＿＿＿　考核日期＿＿年＿月＿日

评 分 表

序号	项　目	评分标准	配分	得分	整改意见
1	找规律	定编程方案	10		
2	工作形状	错一处扣 5 分	10		
3	凸台宽度 10mm±0.02mm	超差 0.02mm 扣 10 分	10		
4	所有 Ra3.2μm	超差一级扣 5 分	10		
5	凸台高 15mm	超差 0.5mm 扣 5 分	10		
6	凸台长 60mm	超差 0.5mm 扣 5 分	10		
7	凸台间距 30mm	超差 0.5mm 扣 5 分	10		
8	圆弧过渡光滑	一处粗糙扣 5 分	10		
9	凸台底部 Ra6.3μm	超差一级扣 5 分	5		
10	安全操作	正确、安全操作	5		
11	机床保养	机床维护保养	5		
12	遵守纪律	遵守现场纪律	5		
	合　计		100		

考核内容

任务：数控铣削图 5-1 所示的零件，用子程序平移、分层数控粗铣，平移一层精铣。

备料：45 钢，100mm×80mm×25mm，Ra3.2μm。

备刀：φ16mm 立铣刀，并根据具体使用数控机床装组成相应的刀具组。

量具：带表游标卡尺，测量范围 0～125mm，壁厚千分尺，分度值 0.02mm；壁厚千分尺，0～25mm。

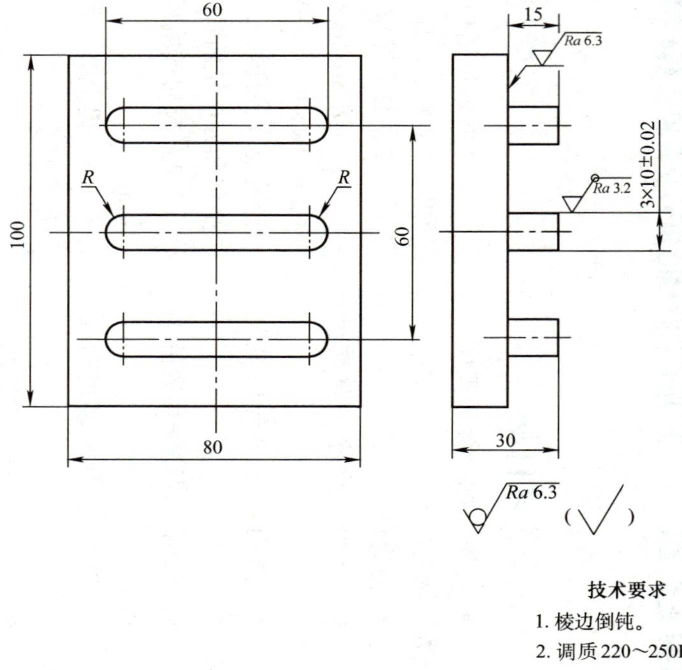

图 5-1　05-LCM-01 腰形级进凸模

技术要求
1. 棱边倒钝。
2. 调质 220～250HBW。

表 5-1　子程序结构

数控系统	FANUC	SIEMENS
子程序格式	O××××； … M99；	L×××××× 或 *.SPF … M17　L_F
程序号（名）	地址 O 后规定子程序号××××，最多用 4 位数字表示，导零可以省略，书写方式完全同主程序	子程序名有两种写法： 1）字母 L 后跟最多 7 位数字，导零不能略，无扩展名。这种命名方法直观、方便，建议采用 2）子程序名开始两个符号必须是字母，其他符号是字母、数字或下横线；字符间不能有分隔符，字符总量≤16。*.SPF 是扩展名，不能省略
加工程序段	同主程序	
程序结束符号	M99 为子程序结束指令，M99 不一定要单独使用一个程序段，如"G00　X_　Y_　M99；"也是允许的	M17 或 RET。RET 是单段指令，返回上级程序时不会中断 G64 连续切削方式 M17 类似于 M99

表 5-2　子程序调用

系统	FANUC	SIEMENS
格式	M98　P△△△△××××；	L××××××　P△△△△ 或　*　P△△△△ L_F
说明	△△△△ 为重复调用的次数，系统允许重复调用次数为 9999 次。如果省略了重复次数，则默认次数为 1 次，导零可略 ×××× 为被调用的子程序号，如果调用次数多于 1 次时，须用导零补足 4 位子程序号；如果调用 1 次时，子程序号的导零可略 子程序调用要求占用一个单独的程序段	△△△△ 为重复调用的次数，系统允许重复调用的次数为 9999 次。如果省略了重复次数，则默认次数为 1 次，导零可略 ×××××× 为被调用的子程序名，导零不能省略 *为子程序名，不带扩展名 子程序调用要求占用一个单独的程序段
举例	M98　P32000；表示连续调用 3 次子程序 O2000 M98　P30002：表示连续调用 3 次子程序 O2 M98　P2：表示调用 1 次子程序 O2	KL785　L_F 表示调用一次子程序 KL785 L01　L_F 表示调用一次子程序 L01 KL785　P3　L_F 表示调用 3 次子程序 KL785 L785　P3　L_F 表示调用 3 次子程序 L785

SIEMENS 系统中子程序的执行过程同 FANUC 系统。

（5）使用子程序的注意事项　用子程序编程时需注意下面三条：

1）主、子程序中的 G、M、F、S 代码功能具有继承性。主程序中的代码功能在调用子程序时能传入子程序中，子程序结束返回主程序时，能将代码功能转入主程序，故调用子程序时需特别注意代码状态，以防出现混乱。

2）最好不要在刀具补偿状态下调用子程序，因为一旦在刀补状态下调用子程序，就要连续执行子程序调用指令和子程序号两段无移动指令的程序段。如果调用子程序前后刀补矢量的方向和大小保持不变，程序可以正常运行；如果调用子程序前后刀补矢量的方向或大小

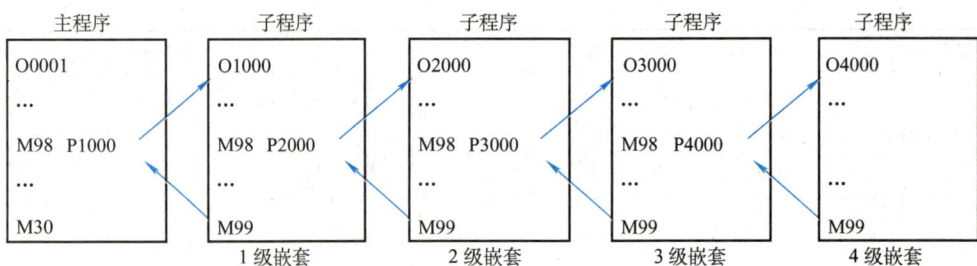

图 5-2 四级子程序嵌套

因发生了变化而丢失，程序会报警，中断正常运行。

3）M98 和 M99 必须成对出现，且不在同一编号的程序段内。SIEMENS 的子程序调用指令和子程序的结束指令不同。

2. 子程序平移编程

同一平面上等间距排列的相同轮廓，由一个等间距的"头"或"尾"连接成子程序"模型"，把模型用增量尺寸（G91）编制成子程序，由子程序调用次数来复制这个模型的编程方式称为子程序平移编程。子程序平移编程的特点是前一模型的终点是后一模型的起点。

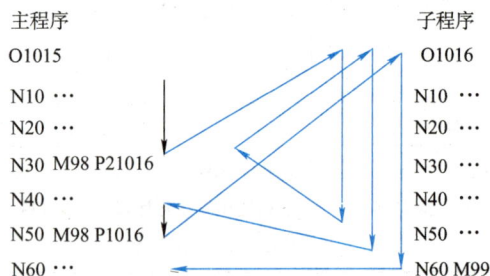

图 5-3 子程序执行过程

【促成任务 5-1】 用 $\phi16mm$ 的立铣刀端铣 100mm × 80mm 锻铝大平面。

【解】 这是用小刀铣削大平面的加工问题，图 5-4a 所示为设计的行切刀具路径，图 5-4b 所示是子程序模型，用 G91 编成子程序。行距 2→3 的大小由刀具直径大小和总加工宽度决定，$\phi16mm$ 的立铣刀，行距取 14mm，不会存在残留量。1 点下刀，4 点→5 点是"尾"，取其长度为 14mm，保证所有行距相同。由总加工宽度和子程序模型宽度计算子程序调用次数，3 次能覆盖整个加工平面。工件坐标系建立在毛坯顶面左下角，程序清单见表 5-3。

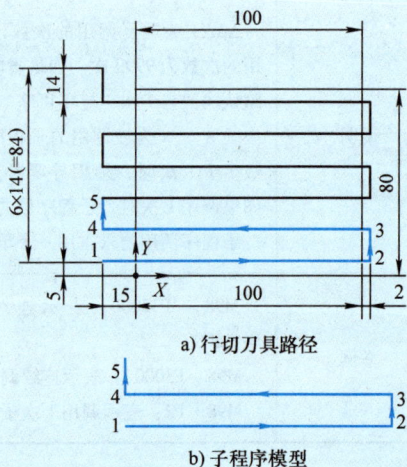

图 5-4 子程序平移编程刀具路径及模型

3. 子程序分层编程

深度方向每一层的轮廓相同，分层间距相等，层与深度"头"或"尾"连接成子程序"模型"，模型的"头"或"尾"用增量尺寸（G91）编制成子程序，层内如何编程由具体情况决定，用子程序调用次数来复制这个模型的编程方式称为子程序分层编程。子程序分层编程中，层内的下刀点必须与结束点重合，形成封闭刀具路径。

表5-3 促成任务5-1程序

段号	FANUC	备注	SIEMENS
	O521;	子程序（名）	L521
N10	G91 G01 X117 Y0 F200;	2点，拟定刀具在1点	G91 G01 X117 Y0 F200 L_F
N20	Y14;	3点	Y14 L_F
N30	X－117;	4点	X－117 L_F
N40	Y14;	5点	Y14 L_F
N50	M99;	子程序结束	M17 L_F
段号	O52;	主程序	SMS52. MPF
N10	G90 G00 G54 X－15 Y5 S700 M03;	初始化	G90 G00 G54 X－15 Y5 S700 M03 L_F
N20	Z－2;	下刀	Z－2 L_F
N30	M98 P30521;	调用3次子程序O521	L521 P3 L_F
N40	G90 G00 Z200;	抬刀	G90 G00 Z200 L_F
N50	M30;	主程序结束	M30 L_F

四、相关实践

完成本项目图5-1所示的05-LCM-01腰形级进凸模的程序设计。

（1）编程方案 子程序平移和分层联合编程。工件坐标系G54建立在工件中心的上表面，凸台高15mm，较厚，Z方向粗加工分三层铣削，每次的切削深度为5mm，留精加工余量0.3mm。精加工时，为保证表面光滑及尺寸精度，一次加工完毕。

三个凸台用子程序平移编程。三个凸台的形状和加工精度要求完全相同，间距相等。如图5-5所示，将第一个凸台的刀具路径1→2→3→4→5→6→2确定为子程序平移模型，编程时只需作X向偏移，用G91增量编程，将子程序平移模型调用3次完成三个凸台X向等距平移加工。图5-5中1→2的路径实际上就是凸台间距，可以作为图示的"头"，也可以作为"尾"，类似于"桥梁"，起连接作用，必须要有，这也是子程序平移加工编程的关键。平移凸台模型子程序见表5-4。

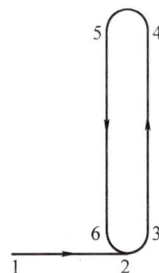

图5-5 凸台平移模型

（2）XY平面子程序 子程序平移加工不到的地方，用打点法覆盖切除掉，并且在加工平面内强迫刀具路径的起点和终点重合。如图5-6所示，XY平面路径0→1→2→…→5→6→2→2'→…→7→8→…→11→0，将这一加工平面内的所有刀具路径编成另一个子程序，这里暂且标记为XY平面子程序，见表5-5。

表5-4 平移凸台模型子程序

段号	FANUC	备注	SIEMENS
	O511；	拟定刀具在1点	L511
N10	G91 G01 X30 F40；	2点	G91 G01 X30 F40 L$_F$
N20	G03 X5 Y5 R5；	3点	G03 X5 Y5 CR＝5 L$_F$
N30	G01 Y50；	4点	G01 Y50 L$_F$
N40	G03 X－10 Y0 I－5；	5点	G03 X－10 Y0 I－5 L$_F$
N50	G01 Y－50；	6点	G01 Y－50 L$_F$
N60	G03 X5 Y－5 R5；	2点	G03 X5 Y－5 CR＝5 L$_F$
N70	M99；	子程序结束	RET L$_F$

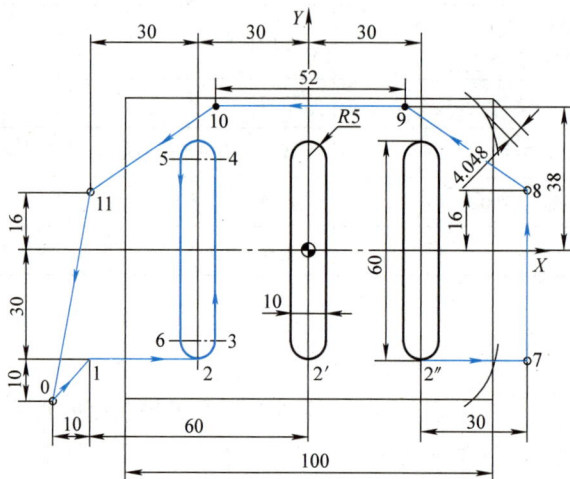

图5-6 XY平面子程序路径

表5-5 XY平面子程序

段号	FANUC	备注	SIEMENS
	O512；	子程序	L512
N10	G90 G00 G42 D01 X－60 Y－30；	拟定刀具在0点，建立刀补到1点，精加工时修改刀补 D01	G90 G00 G42 D01 X－60 Y－30 L$_F$
N20	M98 P30511；	调用3次凸台子程序，在XY平面平移铣削3个凸台	L511 P3 L$_F$
N30	G90 G01 X60；	7点，还带有刀补，注意切削边齐	G90 G01 X60 L$_F$
N40	G00 Y16；	8点	G00 Y16 L$_F$
N50	G01 X26 Y38；	9点	G01 X26 Y38 L$_F$
N60	G01 X－26；	10点	G01 X－26 L$_F$
N70	G01 X－60 Y16；	11点	G01 X－60 Y16 L$_F$
N80	G00 G40 X－70 Y－40；	0点，取消刀补，与起点重合	G00 G40 X－70 Y－40 L$_F$
N90	M99；	子程序结束	M17 L$_F$

（3）分层子程序　XY 平面子程序加一个（头——桥梁）"G91　Z－5；"组成分层子程序，在上一级程序中用子程序调用次数分层加工，即 Z 方向下降一个深度 5mm（厚度）后，加工一层 XY 平面多余材料。分层子程序见表 5-6。

表 5-6　分层子程序

段号	FANUC	备注	SIEMENS
	O513；	子程序	L513
N10	G91　Z－5；	粗加工一层厚度 5mm，拟定分 3 层；精加工改为 Z－15，在上一级程序中调用	G91　Z－5　L$_F$
N20	M98　P512；	调用 XY 平面子程序	L512　L$_F$
N30	M99；	子程序结束	M17　L$_F$

分层厚度乘以调用次数就是总加工厚度。编程时，每层厚度必须相同，调用次数必须是整数，如果调用次数不能整除总加工厚度，可用下刀点高度来调节。如槽深 15mm，下刀点高度从高出槽口平面 1mm 计算，分 4 层加工完，即每层厚度 4mm，层厚计算如图 5-7 所示，利用这一办法预留精加工余量非常方便。

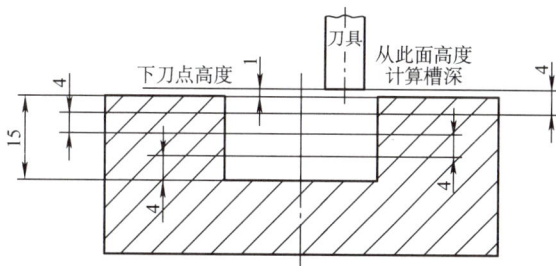

图 5-7　层厚计算简图

（4）主程序　本项目主程序见表 5-7。

表 5-7　主程序

段号	FANUC	备注	SIEMENS
	O51；	主程序	SMS51. MPF
N10	G90　G54　G00　X－70　Y－40　S450　M03；	初始化	G90　G54　G00　X－70　Y－40　S450　M03　L$_F$
N20	Z0.3　M08；	粗加工，Z 向留 0.3mm 精加工余量；精加工时改为 Z＝0	Z0.3　M08　L$_F$
N30	M98　P30513；	Z 向分三层粗加工，精加工时改为 1 次，O513 中的 Z 改为－15	L513　P3　L$_F$
N40	G90　Z200　M09；	抬刀	G90　Z200　M09　L$_F$
N50	M30；	程序结束	M30　L$_F$

五、拓展知识

局部坐标系 G52/可编程零点偏置 TRANS、ATRANS

G52/TRANS、ATRANS 的使用，有可能让这些坐标系原点与设计基准重合，极大简化了坐标计算，提高程序的可读性。

如果工件上分布有间距不等而形状、大小相同的加工部位时，将其中一个形状编成子程序，用局部坐标系 G52/可编程零点偏置 TRANS、ATRANS 编程，可大大简化程序，指令格式见表 5-8。

表 5-8　局部坐标系 G52/可编程零点偏置 TRANS、ATRANS 编程指令格式

FANUC	SIEMENS
G52　X_Y_Z_；建立局部坐标系	TRANS　X_Y_Z_　L_F 可编程零点偏置，删除原来的可编程零点偏置、旋转、比例缩放、镜像指令 ATRANS　X_Y_Z_　L_F 附加可编程零点偏置，即附加于原来的可编程零点偏置、旋转、比例缩放、镜像指令之上
G52　X0　Y0　Z0；取消局部坐标系，回到工件坐标系	TRANS；不带数据，取消可编程零点偏置和附加可编程零点偏置
X、Y、Z 是局部坐标系原点在工件坐标系中的坐标值或上个局部坐标系中的坐标值，相当于把工件坐标系原点偏置到局部坐标系原点。尽管 G52 是非模态 G 代码，但它是存储器、非运动性指令，遇到运动指令后才生效。如图 5-8 所示，在工件坐标系中编制的位置 1 上的 O5，通过指令 G52 X_Y_偏置到位置 2	TRANS 中的 X、Y、Z 是工件坐标系偏置距离和方向，或称局部坐标系原点在工件坐标系中的坐标值 ATRANS 中的 X、Y、Z 是在平移、旋转等后，再平移的增量值 TRANS、ATRANS 是单程序段指令 如图 5-9 所示，在工件坐标系中编制的位置 1 上的 L5，通过指令 TRANS X_Y_偏置到位置 2 处，再用指令 ATRANS X_Y_可偏置到位置 3 处

图 5-8　局部坐标系

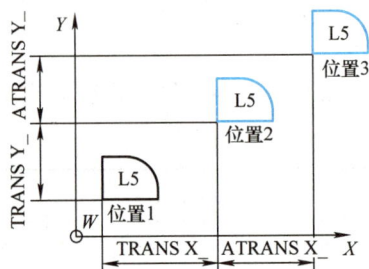

图 5-9　可编程零点偏置

【促成任务 5-2】　用可编程零点偏置编程数控仿真或在线加工图 5-10 所示的锻铝零件 A、B、C、D 共 4 个凸台，用 φ10mm 键槽铣刀加工，不得有残留量。

【解】　编程方案是将 A 凸台按图 5-10 所示的路径编成子程序，调用子程序加工 A 凸台；再将零点偏移至 2、3、4 点调用子程序分别加工 B、C、D 凸台，最后按路径 5→6→7→8→9 加工残留量。工件坐标系建立在毛坯左下角顶面，其加工程序见表 5-9。可见，如果将一个封闭的子程序块移动到另一位置加工时，G52/TRANS 后的坐标值应该用增量值。

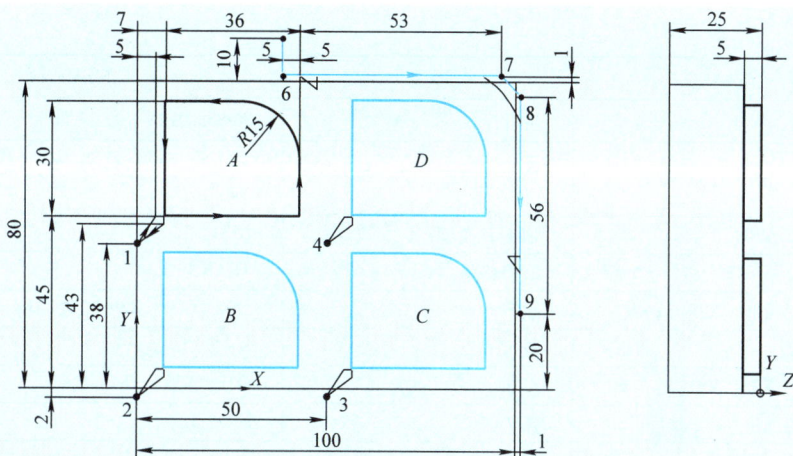

图 5-10　加工零件图样

表 5-9　促成任务 5-2 程序

段号	FANUC	备注	SIEMENS
	O531；	子程序（名）	L531
N10	G90　G00　X0　Y0；	子程序起点	G90　G00　X0　Y0　L$_F$
N20	G01　Z－5；	拟定刀具在点1，下刀	G01　Z－5　L$_F$
N30	G42　D01　X5　Y7；	A 轮廓	G42　D01　X5　Y7　L$_F$
N40	X43；		X43　L$_F$
N50	Y22；		Y22　L$_F$
N60	G03　X28　Y37　R15；		G03　X28　Y37　CR＝15　L$_F$
N70	G01　X7；		G01　X7　L$_F$
N80	Y5；		Y5　L$_F$
N90	G40　X0　Y0；	与起点重合，形成封闭路径	G40　X0　Y0　L$_F$
N100	G00　Z5；	抬高，比下刀高，安全	G00　Z5　L$_F$
N110	M99；	子程序结束	M17　L$_F$
段号	O53；	主程序	SMS53. MPF
N10	G90　G00　G54　X0　Y38　S600　M03；	初始化，点1	G90　G00　G54　X0　Y38　S600　M03　L$_F$
N20	Z5；		Z5　L$_F$
N30	G52　X0　Y38　Z0；	局部坐标系点1	TRANS　X0　Y38　Z0　L$_F$
N40	G01　Z0　F150；		G01　Z0　F150　L$_F$
N50	M98　P531；	加工 A 轮廓	L531　L$_F$
N60	G52；	取消零点偏移	TRANS　L$_F$
N70	G52　X0　Y－2　Z0；	局部坐标系点2	TRANS　X0　Y－2　Z0　L$_F$
N80	M98　P531；	加工 B 轮廓	L531　L$_F$
N90	G52；	取消零点偏移	TRANS　L$_F$
N100	G52　X50　Y－2　Z0；	局部坐标系点3	TRANS　X50　Y－2　Z0；或 ATRANS　X50　Y0　Z0　L$_F$
N110	M98　P531；	加工 C 轮廓	L531　L$_F$
N120	G52；	取消零点偏移	TRANS　L$_F$

69

（续）

段号	FANUC		备注	SIEMENS
	O53；		主程序	SMS53. MPF
N130	G52 X50 Y38 Z0；		局部坐标系点4	TRANS X50 Y38 Z0；或 ATRANS X0 Y40 Z0 L$_F$
N140	M98 P531；		加工 D 轮廓	L531 L$_F$
N150	G52；		取消偏移	TRANS L$_F$
N160	G90 G00 X38 Y90；		点5	G90 G00 X39 Y90 L$_F$
N170	Z–5；		点5下刀	Z–5 L$_F$
N180	G01 X38 Y81；		点6	G01 X38 Y81 L$_F$
N190	X96；		点7	X96 L$_F$
N200	X101 Y76；		点8	X101 Y76 L$_F$
N210	Y20；		点9	Y20 L$_F$
N220	G90 G00 Z200；		抬刀	G90 G00 Z200 L$_F$
N230	M30；		主程序结束	M30 L$_F$

70

思考与练习题

一、问答题

1. 子程序能单独运行吗？

2. 何为子程序嵌套？

3. 为什么最好不要在刀具补偿状态下调用子程序？

4. 子程序平移加工的关键编程技术是什么？

二、综合题

1. 假定刀具起点在工件坐标系 G54 原点处，用 1:10 的比例画出表 5-10 中的程序在 XY 平面上的刀具中心路径，并标注坐标尺寸。

表 5-10　综合题程序

段号	FANUC	SIEMENS
	O552；	SMS552. MPF
N10	G90 G00 G54 X0 Y0 S800 M03；	G90 G00 G54 X0 Y0 S800 M03 L$_F$
N20	Z5；	Z5 L$_F$
N30	G01 Z–2 F100；	G01 Z–2 F100 L$_F$
N40	G52 X0 Y–200；	TRANS X0 Y–200 L$_F$
N50	G01 X–200 Y0；	G01 X–200 Y0 L$_F$
N60	X0 Y–200；	X0 Y–200 L$_F$
N70	G52 X0 Y–400；	ATRANS X0 Y–200 L$_F$
N80	G01 X200 Y200；	G01 X200 Y200 L$_F$
N90	G52 X0 Y0；	TRANS L$_F$
N100	G01 X0 Y0；	G01 X0 Y0 L$_F$
N110	G00 Z200；	G00 Z200 L$_F$
N120	M30；	M30 L$_F$

2. 编程加工

数控加工图 5-11、图 5-12 所示的零件。

图 5-11　LX05-01 腰形级进凹模

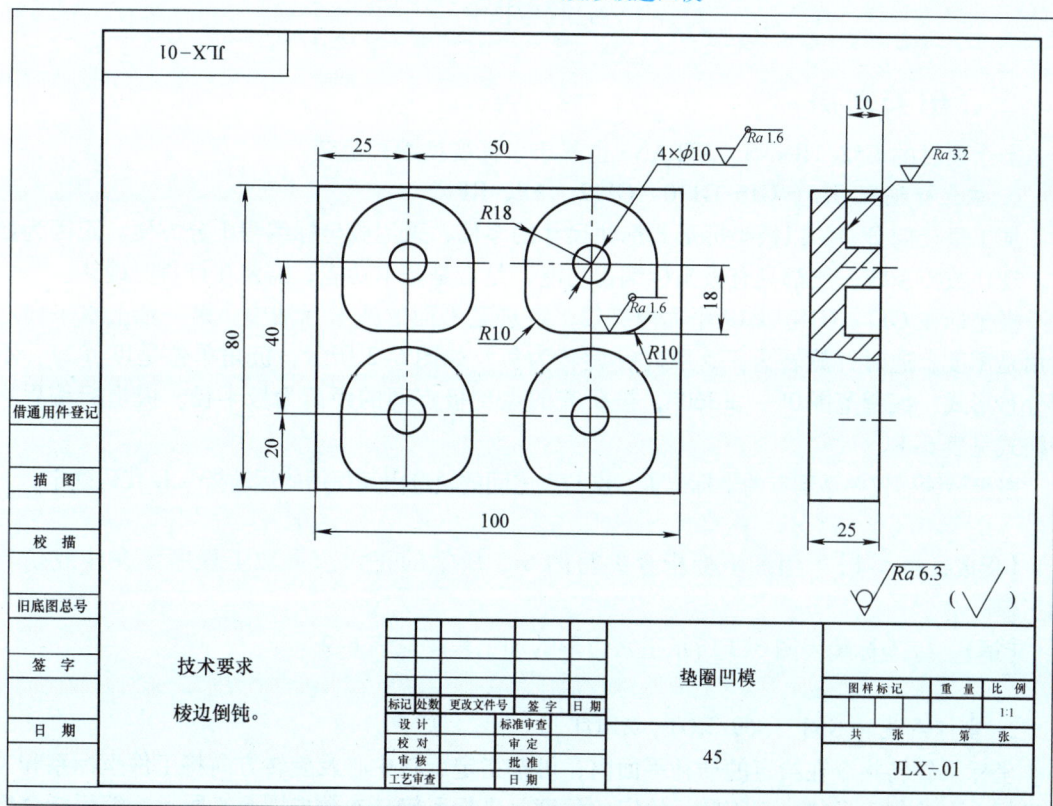

图 5-12　JLX-01 垫圈凹模

71

项目六 坐标变换编程数控铣削五角形模

一、学习目标

● 终极目标：会坐标变换编程数控铣削加工。

● 促成目标

1）会极坐标编程。

2）会坐标系旋转编程。

3）会比例缩放编程。

4）会用坐标变换方式编程简化程序。

5）学会万物互联、用数学方法简化编程。

二、工学任务

（1）零件图样　06-TXM-01 五角形模如图 6-1 所示，加工 1 件。

（2）任务要求

1）用 $\phi16$mm 立铣刀，在 100mm×80mm×25mm 的 45 钢毛坯上仿真加工或在线加工图 6-1 所示的零件。用极坐标、坐标系旋转等坐标变换方式编程并备份正确程序和加工零件的电子照片。

2）核对或填写"项目六过程考核卡"相关信息。

3）提交电子和纸质程序、照片以及"项目六过程考核卡"。

三、相关知识

上个项目的 G52/TRANS、ATRANS 也属于坐标变换编程范畴。

1. 极坐标编程 G15、G16/G110～G112、AP、RP

加工呈径向分布、以极坐标形式标注尺寸的零件，采用极坐标编程十分方便。正因为如此，现代数控系统一般都具有极坐标编程功能，是否是基本功能，需要在订货时确认。

极坐标在 G17、G18、G19 平面内有效。在选定平面的两坐标轴中，第一轴上水平向右极角是零度，逆时针旋转为正，顺时针旋转为负。如图 6-2 所示，极角单位是度（°），不用分秒形式，编程范围 0°～±360°，被研究的点到极点间的距离为极半径。极坐标编程指令格式见表 6-1。

极坐标编程仅关系到点的坐标位置，点与点之间的轨迹由编程用的运动指令 G 代码确定。

【促成任务 6-1】 用极坐标指令编写图 6-3 所示的正六边形加工程序并在线或仿真加工。

【解】 极坐标编程图 6-3 所示正六边形的加工程序见表 6-2。

2. 坐标系旋转 G68、G69/ROT、AROT

坐标系旋转指令在给定的插补平面内，可按指定旋转中心及旋转方向将工件坐标系和工件坐标系下的加工形状一起旋转一给定的角度。坐标系旋转参数如图 6-4 所示，编程指令格式见表 6-3。

项目六过程考核卡

班级_____　班组_____　学号_____　姓名_____　互评学生_____　指导教师_____　组长_____　考核日期____年__月__日

考核内容

任务：数控铣削图 6-1 所示的零件，用子程序、极坐标、坐标系旋转编程

备料：45 钢 100mm × 80mm × 25mm，Ra6.3μm

备刀：φ16mm 立铣刀，并根据具体使用数控机床装成相应的刀具组

量具：游标卡尺测量范围 0～125mm，分度值 0.02mm

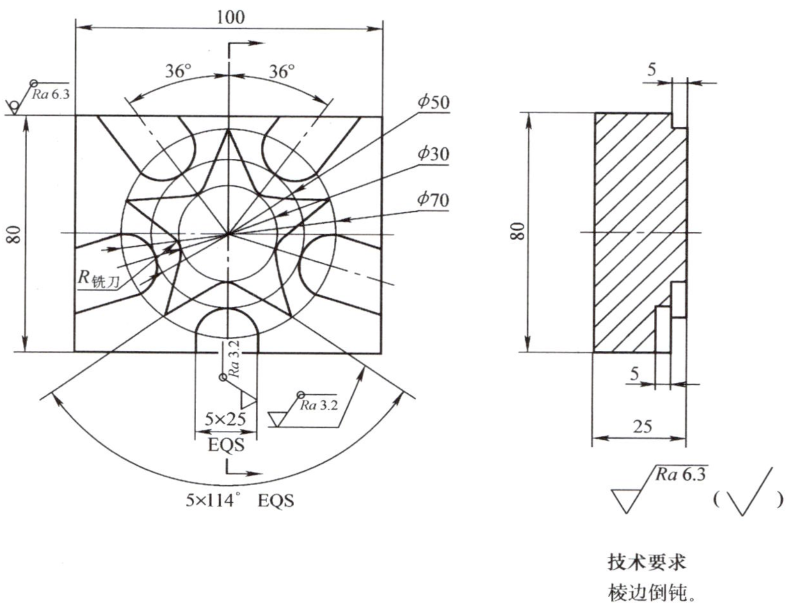

图 6-1　06-TXM-01　五角形模

技术要求

棱边倒钝

评 分 表

序号	项目	评分标准	配分	得分	整改意见
1	找图形规律	万物互联形定具体坐标变换方式	15		
2	槽宽 25mm	超差 1mm 扣 5 分	5		
3	所有 Ra3.2μm	超差一级扣 10 分	10		
4	凸台高 5mm	超差 0.5mm 扣 5 分	5		
5	槽深 5mm	超差 0.5mm 扣 5 分	5		
6	无残留量	有一处扣 5 分	10		
7	圆弧过渡光滑	一处粗糙扣 5 分	10		
8	凸台面 Ra 6.3μm	超差一级扣 5 分	5		
9	安全操作	正确、安全操作	5		
10	机床保养	机床维护保养	5		
11	遵守纪律	遵守现场纪律	5		
12	工件形状	错一处扣 5 分	20		
合　计			100		

表 6-1 极坐标编程指令格式

系统	FANUC	SIEMENS
建立	G16 $\begin{Bmatrix} G17 \\ G18 \\ G19 \end{Bmatrix} \begin{Bmatrix} X\_ & Y\_ \\ Z\_ & X\_ \\ Y\_ & Z\_ \end{Bmatrix}$; ↓ ↓ 极半径 极角	RP = _ AP = _ ; 或柱面坐标 RP = _ AP = _ Z = _ ; ↓ ↓ 极半径 极角
取消	G15…;	不用 RP、AP，直接用 X、Y、Z 编程
说明	G16 仅仅是点的坐标位置的表达形式之一 用绝对值 G90 程编时，极点位置为工件零点，工件零点到极坐标点之距为极半径 用增量值 G91 编程时，极角、极半径遵循终点坐标减去起点坐标规则 建议用绝对值编程 极半径永远为正，用绝对值编程，是模态量 极角可以用 G90/G91 编程，极角单位是（°），范围是 0° ~ ±360°，可以是小数，但不可以是度分秒的形式	极点定义： G110/G111/G112 $\begin{Bmatrix} X\_ & Y\_ \\ Z\_ & X\_ \\ Y\_ & Z\_ \end{Bmatrix}$; G110 ~ G112 是单段、存储型、非运动型、模态 G 代码。如果没有定义极点，默认当前工件坐系原点为极点位置 G110 相对于当前位置定义极点，当前位置等于上一程序段终点位置，X、Y 或 Z 是极点在以当前位置为坐标原点中的坐标值 G111 相对于当前工件坐标系原点定义极点，X、Y 或 Z 是极点在当前工件坐标系中的坐标值 G112 相对于前一个极点位置定义新极点，X、Y 或 Z 是以前一个极点为原点的坐标系中的坐标值，第一次定义极点用 G112，功能等价于 G111 极半径永远为正，极角可以用绝对值、增量值编程，极半径是模态量

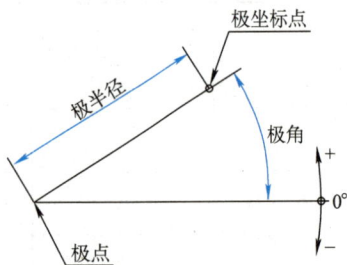

图 6-2 极坐标

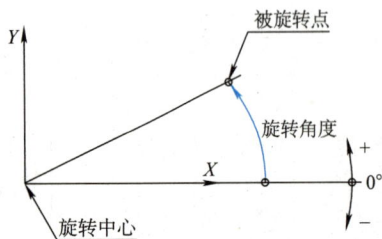

图 6-4 坐标系旋转参数

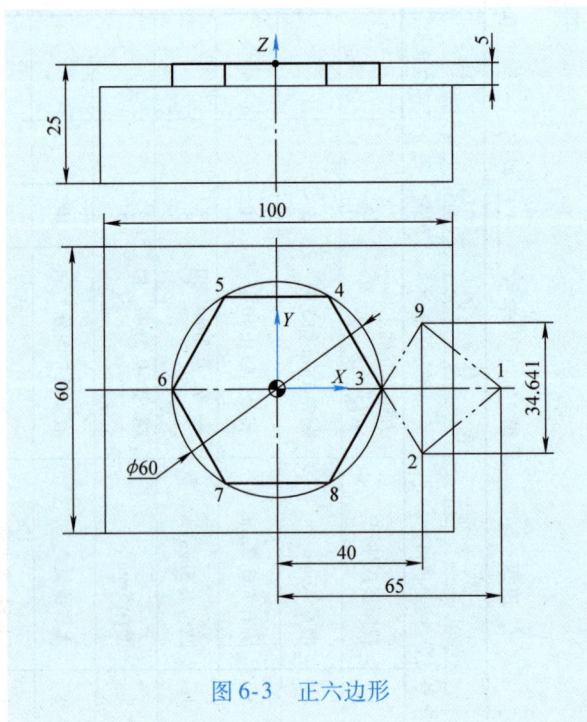

图 6-3 正六边形

表 6-2　图 6-3 所示正六边形的加工程序

段号	FANUC	备注	SIEMENS
	O63；	程序号（名）	SMS63. MPF
N10	G90　G00　G54　X65　Y0 S800　M03；	1 点，初始化	G90　G00　G54　X65　Y0 S800　M03　L_F
N20	Z－5；	下刀深度 5mm	Z－5　L_F
N30	G01　G42　D01　X40　Y－17. 321 F200；	建立右刀补，2 点。实际上用半圆轨迹切入／切出计算更简单	G01　G42　D01　X40　Y－17. 321 F200　L_F
N35		当前工件坐标系原点为极点	G111　X0　Y0　L_F
N40	G01　G16　X30　Y60；	极坐标编程，直线插补到 4 点	G01　RP＝30　AP＝60　L_F
N50	Y120；	5 点	AP＝120　L_F
N60	Y180；	6 点	AP＝180　L_F
N70	Y240；	7 点	AP＝240　L_F
N80	Y300；	8 点	AP＝300　L_F
N90	G15　X40　Y17. 321；	9 点	G01　X 40　Y17. 321　L_F
N100	G40　X65　Y0；	取消刀补，1 点	G40　X 65　Y0　L_F
N110	G00　Z200；	抬刀	G00　Z200　L_F
N120	M30；	程序结束	M30　L_F

表 6-3　坐标系旋转指令格式

系统	FANUC	SIEMENS
旋转	$G68\begin{cases}G17\\G18\\G19\end{cases}\begin{cases}X\_\quad Y\_\\Z\_\quad X\_\\Y\_\quad Z\_\end{cases}R\_;$	①ROT　RPL＝＿　L_F 删除以前的偏移、旋转、比例缩放和镜像指令后旋转坐标系 ②AROT　RPL＝＿　L_F 附加于当前偏移、比例缩放和镜像指令上的坐标系旋转
取消	G69…；	ROT　L_F 删除以前的偏移、旋转、比例缩放、镜像、旋转指令
说明	X、Y、Z 为旋转中心坐标，模态量，绝对坐标值。当 X、Y、Z 省略时，G68 指令认为当前刀具中心位置即为旋转中心。G68 所在程序段要指令两个坐标才能确定旋转中心 　　R 为旋转角度，模态量，绝对值，单位是度（°），最小输入单位是 0. 001°，编程范围是 0°～±360°，第一坐标轴正方向水平向右为零度，逆时针旋转为正，顺时针旋转为负 　　G68 用绝对值编程。如果紧接着 G68 后的一条程序段为增量值编程，那么系统将以当前刀具的坐标位置为旋转中心，按 G68 给定的角度旋转坐标系。不在插补平面内的坐标轴不旋转 　　G68 编程技巧是：G68 和其下一条程序段用 G90 编程（指具有 X、Y 的程序段），从第三条起用 G91 编程，计算基点坐标反倒容易	RPL 是旋转角度，单位度（°），编程范围 0°～±360°，用绝对值或增量值编程 　　ROT、AROT 是单程序段指令，ROT 的旋转中心是工件坐标系原点，AROT 的旋转中心是当前坐标系原点。如果先有 TRANS、ATRANS，则旋转中心是 TRANS、ATRANS 后相应的坐标原点

【促成任务6-2】 读解图6-5所对应的程序（见表6-4）。

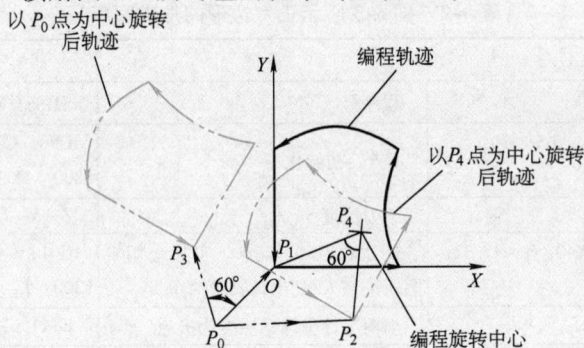

图6-5 坐标系旋转图例

【解】 表6-4加工程序解析说明见表6-5。

表6-4 图6-5的加工程序

段号	FANUC		备注	SIEMENS	
	O62；		程序号（名）	SMS62. MPF	
N10	G90 G00 G54 X－5 Y－5 F100 S2000 M03；		刀具到 P_0（－5，－5） 点，初始化	G90 G00 G54 X－5 Y－5 F100 S2000 M03 L_F	
N20	Z－5；		下刀深度为5mm	Z－5 L_F	
N30	G68 X7 Y3 R60；		坐标系绕旋转中心点 P_4 转60°	N28	TRANS X7 Y3 L_F
				N29	AROT RPL＝60 L_F
N40	G90 G01 X0 Y0；		P_1 点，按旋转前编程， 下同	G90 G01 X0 Y0 L_F	
N45	（G91 G01 X5 Y5；）			N46	TRANS X－5 Y－5 L_F
				N47	AROT RPL＝60 L_F
				N48	G91 G01 X5 Y5 L_F
N50	G91 X10；		逆时针围绕编程轨迹一 周回到 P_1 点	G91 X10 L_F	
N60	G02 Y10 R10；			G02 Y10 CR＝10 L_F	
N70	G03 X－10 I－5 J－5；			G03 X－10 I－5 J－5 L_F	
N80	G01 Y－10；			G01 Y－10 L_F	
N90	G90 G00 G69 X－5 Y－5；		取消旋转方式且刀具回 到在 P_0 点	ROT L_F	
				G90 G54 G00 X－5 Y－5 L_F	
N100	Z200；		抬刀	Z200 L_F	
N110	M30；		程序结束	M30 L_F	

工件加工轮廓斜置、与第一坐标轴（水平轴）成任意夹角时，轮廓上各点坐标计算烦琐，如果将这个斜置的轮廓旋转成水平或垂直位置编程，在执行这部分程序时，先以相同角度逆向旋转工件坐标系相同角度，后执行这部分程序，就能大大简化坐标计算问题，这是坐标系旋转编程的常用技巧。被旋转轮廓部分还可以编成子程序。

3. 比例缩放 G51、G50/SCALE、ASCALE

各轴比例因子相等的缩放指令格式见表6-6。

表 6-5　表 6-4 加工程序解析

FANUC	共同点	SIEMENS
若在 G68 之后的第 1 段用绝对值编程（用 N40，不用 N45），则以 P_4 点为编程旋转中心旋转 60°，刀具从没有坐标旋转前的 $P_0 \rightarrow P_1$ 改为坐标旋转后的 $P_0 \rightarrow P_2$ 若在 G68 之后的第 1 段用增量值编程（不用 N40，用 N45），以 G68 程序段时刀具所在位置 P_0 为旋转中心，按旋转 60° 后轨迹加工，刀具从 $P_0 \rightarrow P_3$	插补平面内的刀具半径补偿功能同样同步旋转，但不在插补平面内的坐标轴不旋转	不用 N46、N47、N48，则以 P_4 点为编程旋转中心旋转 60°，刀具从没有坐标旋转前的 $P_0 \rightarrow P_1$ 改为坐标旋转后的 $P_0 \rightarrow P_2$ 不用 N28、N29、N40，刀具所在位置 P_0 为旋转中心，按旋转 60° 后轨迹加工，刀具从 $P_0 \rightarrow P_3$

表 6-6　比例因子相等的缩放指令格式

系统	FANUC	SIEMENS
缩放	G51　X_Y_P_;	①SCALE　X_Y_　L_F 比例缩放，删除以前的偏移、旋转、比例缩放和镜像指令 ②ASCALE　X_Y_　L_F 比例缩放，附加于当前指令上
取消	G50_;	SCALE; 删除以前的偏移、旋转、比例缩放和镜像指令
缩放中心	X、Y 为比例缩放中心坐标，绝对值，若省略 X、Y，刀具现在位置为比例缩放中心	比例缩放中心由当前的坐标系决定，这与 FANUC 的 G51、G50 不同
比例因子（系数）	P 为缩放比例因子，指定范围为 0.001～999.999。比例因子>1 放大，比例因子<1 缩小；若不指定比例因子 P，可由 MDI 预先设定	X、Y 坐标轴比例缩放系数，系数>1 是放大，系数<1 缩小，正圆各轴的比例缩放系数必须相等
说明	在 G51 指令有效期间，不能使用 G52，但在 G52 有效期间，可以使用 G51	SCALE、ASCALE 是单程序段指令，且该指令不涉及比例缩放中心

【促成任务 6-3】　用 φ16mm 的普通立铣刀，数控铣削或仿真加工图 6-6b 所示的粗实线凸台，锻铝毛坯 100mm×80mm×25mm，要求将双点画线轮廓放大 1.6 倍编程。

【解】　比例缩放与偏置法不同，图 6-6a 所示的粗实线图形是其双点画线图形偏置放大 14mm 后的图形，图 6-6b 所示的粗实线图形是图 6-6a 相同双点画线图形比例放大 1.6 倍后的图形。

比例缩放时，要注意选择合适的切入/切出点位置，否则可能达不到预期效果，甚至出现误切。按图 6-6b 所示 1 点下刀，刀具路径 1→2→3→4→5→6→7→8→6→9→4→10→11→1→12→13→14→15，15 点抬刀，将双点画线轮廓用刀具半径补偿法编成子程序，6 点是切入/切出点，也是特别选择的比例缩放中心，这一点缩放前后位置不变，方便比例切换与刀路变换的衔接。多余毛坯在主程序内用打点法编程，一次铣削完毕，加工程序见表 6-7。

77

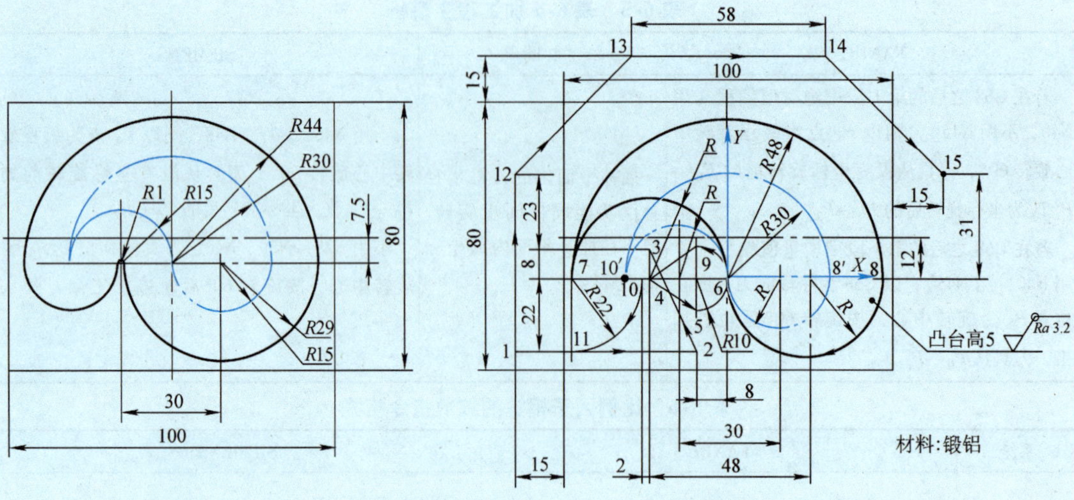

a) 偏置 b) 比例缩放

图 6-6 图形偏置与比例缩放

表 6-7 加工图 6-6b 程序

段号	FANUC	备注	SIEMENS
	O641；	双点画线轮廓子程序，假定刀具处在6点	L641
N10	G90 G03 X-30 Y0 R-15；	6点到10'点	G90 G03 X-30 Y0 CR=-15 L_F
N20	G02 X30 Y0 I30；	8'点	G02 X30 Y0 I30 L_F
N30	G02 X0 Y0 I-15；	回到6点	G02 X0 Y0 I-15 L_F
N40	M99；		M17 L_F
段号	O64；	主程序	SMS64. MPF
N10	G90 G00 G54 X-65 Y-22 F50 S450 M03；	1点	G90 G00 G54 X-65 Y-22 F50 S450 M03 L_F
N20	Z-5；	下刀	Z-5 L_F
N30	G01 X-8；	2点	G01 X-8 L_F
N40	X-24 Y8；	3点	X-24 Y8 L_F
N50	Y0；	4点	Y0 L_F
N60	G41 D01 X-10 Y-10；	5点	G41 D01 X-10 Y-10 L_F
N70	G03 X0 Y0 R10；	6点	G03 X0 Y0 CR=10 L_F
N80	G51 X0 Y0 P1.6；	比例缩放系数1.6	SCALE X1.6 Y1.6 L_F
N90	M98 P641；	调用点双画线轮廓子程序刀具回到6点	L641 L_F
N100	G50；	取消比例缩放	SCALE L_F
N110	G03 X-10 Y10 R10；	9点	G03 X-10 Y10 CR=10 L_F
N120	G01 G40 X-24 Y0；	4点	G01 G40 X-24 Y0 L_F
N130	X-26 Y0；	10点	X-26 Y0 L_F
N140	G02 X-48 Y-22 R22；	11点	G02 X-48 Y-22 CR=22 L_F

（续）

段号	FANUC		备注	SIEMENS
	O64；		主程序	SMS64. MPF
N150	G01	X - 65 Y - 22；	1 点	G01 X - 65 Y - 22 L_F
N160	G00	X - 65 Y31；	12 点	G00 X - 65 Y31 L_F
N170	G01	X - 29 Y67	13 点	G01 X - 29 Y67 L_F
N180	G00	X29；	14 点	G00 X29 L_F
N190	G01	X65 Y31；	15 点	G01 X65 Y31 L_F
N200	G00	Z200；	抬刀	G00 Z200 L_F
N210	M30；		程序结束	M30 L_F

四、相关实践

完成本项目图 6-1 所示的 06-TXM-01 五角形模数控铣削的程序设计。

（1）确定编程方案　如图 6-7 所示，工件坐标系建立在工件顶面中心，先铣五角形，用极坐标和刀具半径补偿编程，残留量用打点法和取消刀具半径补偿法编程。后铣槽，将下

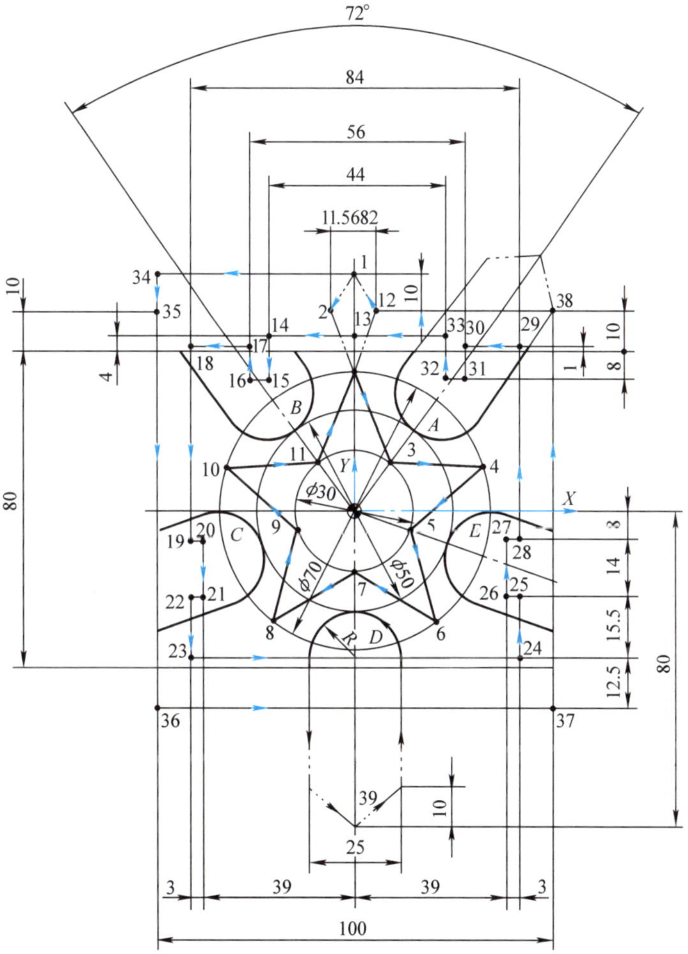

图 6-7　刀具路径及基点坐标

方 D 槽轮廓用刀具半径补偿编法成子程序，再用坐标系旋转功能调用 D 槽子程序依次铣 D、E、A、B、C 槽。零件精度不高，用顺铣一次完成。

（2）刀具路径　用 CAD 绘图，画出铣五角形刀具路径 1 点下刀，1→2→3→4→5→6→7→8→9→10→11→12→1→13→14→15→16→17→18→19→20→21→22→23→24→25→26→27→28→29→30→31→32→33→13→1→34→35→36→37→38，D 槽子程序 39 点下刀，找出基点坐标，如图 6-7 所示。D 点位置确保旋转后铣削最长的槽的长度足够。

（3）编制程序　加工程序见表 6-8。

表 6-8　图 6-1 所示典型模的加工程序

段号	FANUC	备注	SIEMENS
	O611；	D 槽子程序	L611
N10	G90　G00　X0　Y-80；		G90　G00　X0　Y-80　L_F
N20	Z-10；	下刀深度 10mm，刀已处在 39 点	Z-10　L_F
N30	G41　D01　X12.5　Y-70；		G41　D01　X12.5　Y-70　L_F
N40	G01　Y-37.5；		G01　Y-37.5　L_F
N50	G03　X-12.5　Y-37.5 I-12.5；		G03　X-12.5　Y-37.5　I-12.5　L_F
N60	G01　Y-70；		G01　Y-70　L_F
N70	G00　G40　X0　Y-80；	回到 39 点	G00　G40　X0　Y-80　L_F
N80	Z5；	抬刀，防撞	Z5　L_F
N90	M99；	子程序结束	RET　L_F
段号	O61；	主程序	SMS61.MPF
N10	G90　G00　G54　X0　Y60　S450 M03；	1 点	G90　G00　G54　X0　Y60　S450　M03　L_F
N20	Z-5；	下刀	Z-5　L_F
N30	G41　D01　X-5.784　Y50；	2 点	G41　D01　X-5.784　Y50　L_F
N35		极点	G111　X0　Y0　L_F
N40	G16　G01　X15　Y54　F60；	3 点	G01　RP=15　AP=54　F60　L_F
N50	X35　Y18；	4 点	RP=35　AP=18　L_F
N60	X15　Y342；	5 点	RP=15　AP=342　L_F
N70	X35　Y306；	6 点	RP=35　AP=306　L_F
N80	X15　Y270；	7 点	RP=15　AP=270　L_F
N90	X35　Y234；	8 点	RP=35　AP=234　L_F
N100	X15　Y198；	9 点	RP=15　AP=198　L_F
N110	X35　Y162；	10 点	RP=35　AP=162　L_F
N120	X15　Y126；	11 点	RP=15　AP=126　L_F
N130	G15　X5.784　Y50；	12 点	X5.784　Y50　L_F
N140	G40　G00　X0　Y60；	1 点	G40　G00　X0　Y60　L_F
N150	G01　X0　Y44；	13 点	G01　X0　Y44　L_F
N160	X-22　Y44；	14 点	X-22　Y44　L_F
N170	X-22　Y32；	15 点	X-22　Y32　L_F
N180	X-28　Y32；	16 点	X-28　Y32　L_F
N190	X-28　Y41；	17 点	X-28　Y41　L_F
N200	X-42　Y41；	18 点	X-42　Y41　L_F
N210	X-42　Y-8；	19 点	X-42　Y-8　L_F

（续）

段号	FANUC	备注	SIEMENS
	O61；	主程序	SMS61. MPF
N220	X − 39　Y − 8；	20 点	X − 39　Y − 8　L_F
N230	X − 39　Y − 22；	21 点	X − 39　Y − 22　L_F
N240	X − 42　Y − 22；	22 点	X − 42　Y − 22　L_F
N250	X − 42　Y − 37.5；	23 点	X − 42　Y − 37.5　L_F
N260	X42　Y − 37.5；	24 点	X42　Y − 37.5　L_F
N270	X42　Y − 22；	25 点	X42　Y − 22　L_F
N280	X39　Y − 22；	26 点	X39　Y − 22　L_F
N290	X39　Y − 8；	27 点	X39　Y − 8　L_F
N300	X42　Y − 8；	28 点	X42　Y − 8　L_F
N310	X42　Y41；	29 点	X42　Y41　L_F
N320	X28　Y41；	30 点	X28　Y41　L_F
N330	X28　Y32；	31 点	X28　Y32　L_F
N340	X22　Y32；	32 点	X22　Y32　L_F
N350	X22　Y44；	33 点	X22　Y44　L_F
N360	X0　Y44；	13 点	X0　Y44　L_F
N370	X0　Y60；	1 点	X0　Y60　L_F
N380	G00　X − 50　Y60；	34 点	G00　X − 50　Y60　L_F
N390	X − 50　Y50；	35 点	X − 50　Y50　L_F
N400	G01　X − 50　Y − 50；	36 点	G01　X − 50　Y − 50　L_F
N410	X50　Y − 50；	37 点	X50　Y − 50　L_F
N420	X50　Y50；	38 点	X50　Y50　L_F
N430	G90　G00　Z5；	抬刀	G90　G00　Z5　L_F
N440	M98　P611；	加工 D 槽	L611　L_F
N450	G68　X0　Y0　R72；	坐标系和 D 槽整体旋转72°	ROT　RPL = AC（72）　L_F
N460	M98　P611；	加工 E 槽	L611　L_F
N470	G68　X0　Y0　R144；	旋转144°	ROT　RPL = AC(144)　L_F 或 AROT　RPL = 72　L_F
N480	M98　P611；	加工 A 槽	L611　L_F
N490	G68　X0　Y0　R216；	旋转216°	ROT　RPL = AC(216)　L_F 或 AROT　RPL = 72　L_F
N500	M98　P611；	加工 B 槽	L611　L_F
N510	G68　X0　Y0　R288；	旋转288°	ROT　RPL = AC(288)　L_F 或 AROT　RPL = 72　L_F
N520	M98　P611；	加工 C 槽	L611　L_F
N530	G90　G00　Z200；	抬刀	G90　G00　Z200　L_F
N540	M30；	程序结束	M30　L_F

思考与练习题

一、问答题

1. 如何确定极点位置？

2. 如何确定坐标旋转中心和第一个轮廓子程序的旋转角度？

3. 比例缩放与偏置加工的轮廓形状有何不同？

4. 比例缩放会改变刀具半径补偿值吗？

二、综合题

编程、数控仿真加工或在线加工图6-8、图6-9所示的零件。

81

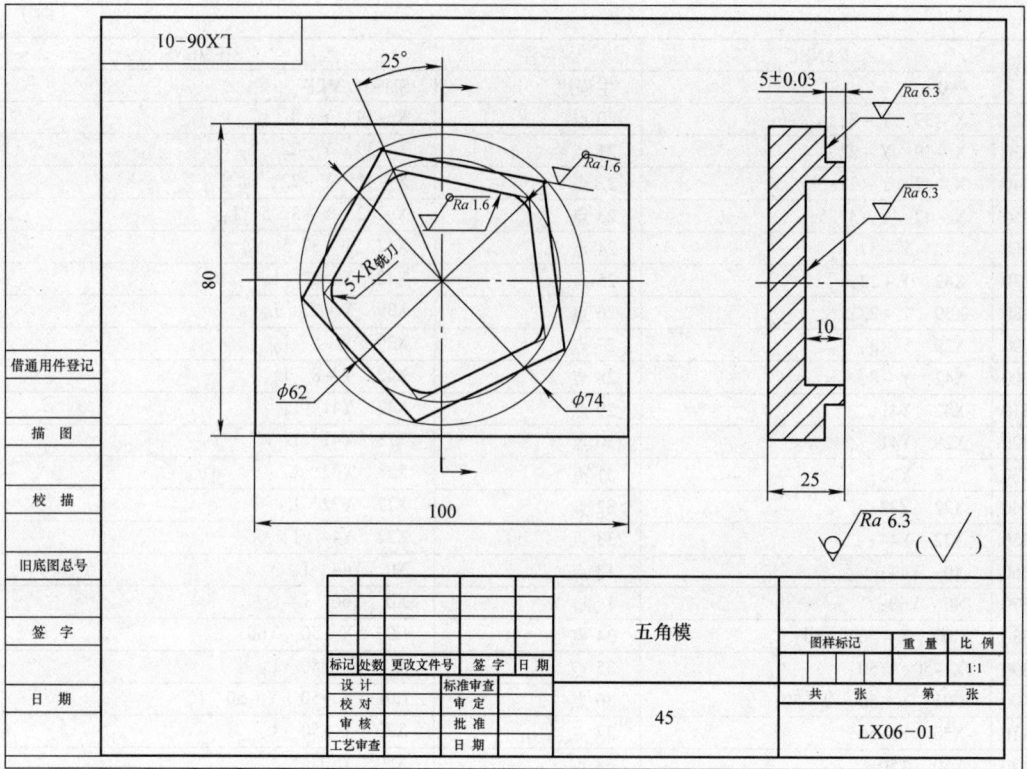

图 6-8 LX06-01 五角模

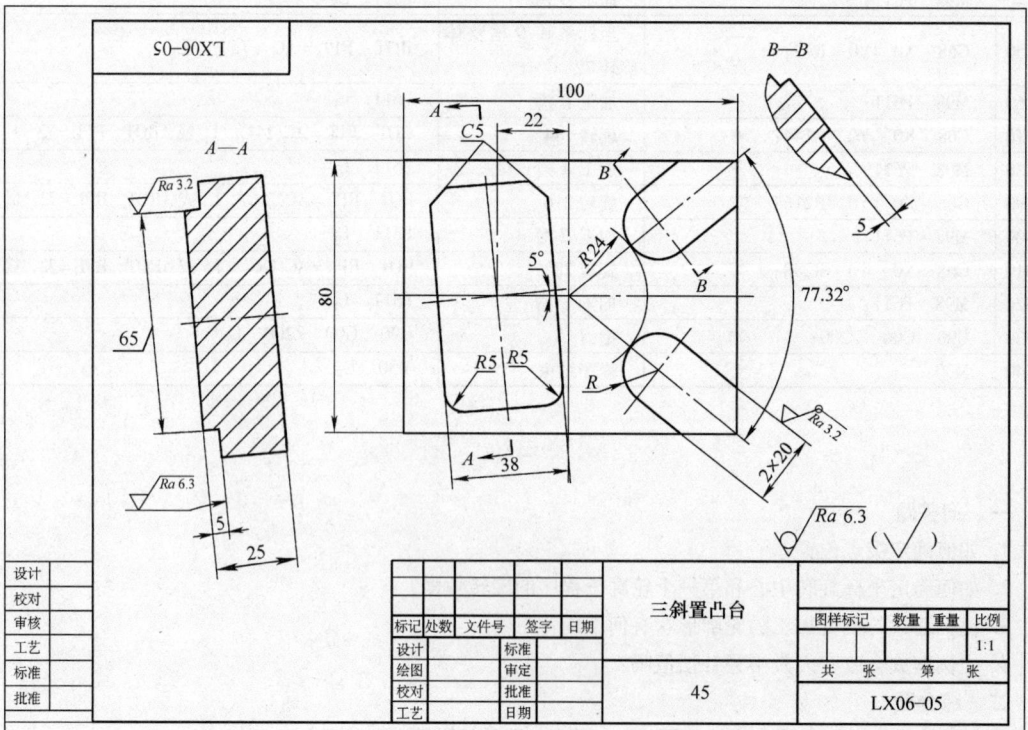

图 6-9 LX06-05 三斜置凸台

项目七　固定循环编程数控镗铣凸块

一、学习目标

- 终极目标：会数控镗铣孔盘类零件。
- 促成目标

1）会用孔加工固定循环编程。

2）会用子程序和固定循环次数编制孔位坐标。

3）会用刀具长度补偿。

4）会换刀省时编程。

5）会用孔加工固定循环编程数控镗铣孔盘类零件。

6）见微知著，推断出用定尺寸刀具加工各种孔的方法。

二、工学任务

（1）零件图样　LX07-01 凸块如图 7-1 所示，加工 10 件。

（2）工艺文件　机械加工工艺过程卡片见表 7-1，数控加工工序卡片见表 7-2，数控加工刀具卡片见表 7-3。

（3）任务要求

1）上道"工序 10 铣"后的半成品，四周、底面已加工完毕，根据所给的工序卡片、刀具和夹具，本工作任务完成"工序 20 数控镗铣"编程、数控仿真加工或立式加工中心加工。用固定循环、子程序、顺序选刀方式编程，并备份正确程序和加工零件的电子照片。

2）核对或填写"项目七过程考核卡 1、2"相关信息。

3）提交电子和纸质程序、照片以及"项目七过程考核卡 1、2"。

三、相关知识

（一）自动换刀

1. 选刀与换刀

加工中心刀库常用的选刀方式有两种：顺序选刀和预先选刀，预先选刀又称随机选刀。

（1）顺序选刀与换刀　顺序选刀与换刀常称顺序换刀，是将当前主轴上的刀具放回刀库原刀套位置后，刀库转动，再选择新刀具，换装在主轴上。刀库中的刀套号和刀具号始终一一对应，保持不变。在机床结构上，一般没有机械手，换刀时由主轴直接与刀库进行交换。顺序选刀与换刀指令格式见表 7-4。

（2）预先选刀与换刀　预先选刀与换刀常称随机换刀，是刀库预先将要换的刀具转到换刀位，当执行换刀指令 M06 时，将主轴上的刀具（也可能无刀）与换刀位的刀具交换。在机床结构上，需要有双臂机械手，如图 7-3 所示。起初往刀库中装刀时，刀套与刀具一一对应，换刀后刀库的刀套号与刀具号不一致了，由 PLC 程序自动记忆刀套和刀具的相对位置，数控加工程序不予考虑。编程时，为使选刀时间与加工时间重合，往往先指令 T 代码选刀，在需要换刀时，再指令 M06 换刀，这样就省去了选刀时间，故随机换刀时间短。选

项目七过程考核卡 1

班级＿＿＿＿ 班组＿＿＿＿ 学号＿＿＿＿ 姓名＿＿＿＿ 互评学生＿＿＿＿ 指导教师＿＿＿＿ 组长＿＿＿＿ 考核日期 ＿年＿月＿日

考核内容

任务：数控镗铣图 7-1 所示的零件，综合编程加工零件，并备份正确程序

备料：100mm×80mm×50mm，锻铝

备刀：见表 7-3

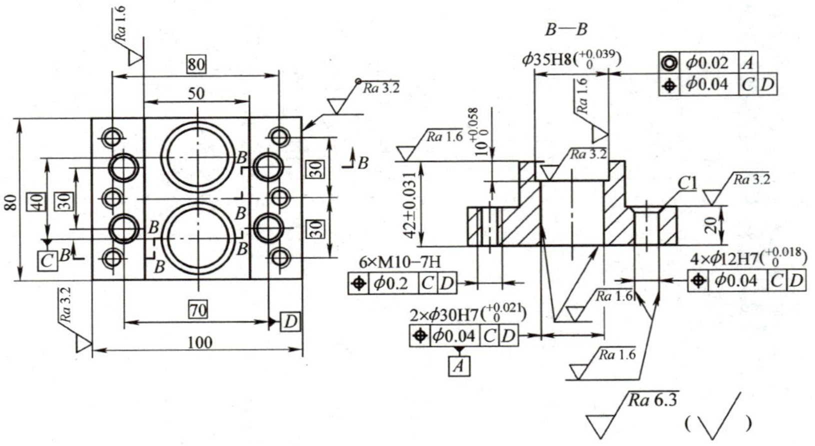

图 7-1　LX07-01 凸块

评分表

序号	项目	评分标准	配分	得分	整改意见
1	$\phi30^{+0.021}_{0}$ mm	超差 0.01mm 扣 5 分	10		
2	$\phi35^{+0.039}_{0}$ mm	超差 0.01mm 扣 5 分	10		
3	$\phi12^{+0.018}_{0}$ mm	超差 0.01mm 扣 5 分	10		
4	沉孔深 $10^{+0.058}_{0}$ mm	超差 0.02mm 扣 5 分	5		
5	凸台厚度 42mm±0.031mm	超差 0.01mm 扣 5 分	10		
6	孔距 30mm±0.04mm	超差 0.01mm 扣 5 分	10		
7	Ra1.6μm	一处超差一级扣 5 分	5		
8	孔距 70mm±0.04mm	超差 0.01mm 扣 5 分	10		
9	螺纹孔距 80mm	超差扣 5 分	5		
10	螺纹孔距 30mm	超差扣 5 分	5		
11	凸台宽度 50mm	超差扣 5 分	5		
12	安全操作	正确、安全操作	5		
13	机床保养	机床维护保养	5		
14	遵守纪律	遵守现场纪律	5		
	合计		100		

表 7-1　机械加工工艺过程卡片

（单位）	机械加工工艺过程卡片		产品型号		项目七	零件图号		LX07-01
			产品名称		数控镗铣孔盘类零件	零件名称		凸块
材料牌号	锻铝	毛坯种类	锻件	毛坯外形尺寸	100mm×80mm×50mm	备注		
工序号	工序名称	工序内容		车间	工段	设备	工艺装备	工时
10	铣	1) 粗、精铣四周，Ra3.2μm，尺寸达图样要求 100mm×80mm 2) 粗铣顶面，Ra6.3μm，厚度达 48mm 3) 粗、精铣底面，Ra1.6μm，厚度达 45mm		机加工实训车间	铣	X52K	200 机用平口虎钳	
20	数控镗铣	1) 粗、精铣顶面，Ra1.6μm，厚度达图样要求 42mm±0.031mm 2) 粗、精铣凸台 50mm，Ra1.6μm，达图样要求 3) 孔加工达图样要求		数控实训基地	加工中心	XH714	200 机用平口虎钳	
30	入库	清理、防锈、入库						
编	制	审	核	批	准	共　页	第　页	

85

表7-2　数控加工工序卡片

（单位）	数控加工工序卡片		产品名称或代号	零件名称	零件图号
			数控镗铣孔盘类零件	凸块	LX07-01
工序号	程序编号	夹具名称	夹具编号	使用设备	材料	量具	备注
20	711/712/713/71	200机用平口虎钳		XH714型立式加工中心	锻铝	带表游标卡尺 测量范围0~125mm 分度值0.02mm；千分尺25~50mm	车间 / 数控实训中心

工步号	工步内容	刀具号	刀具规格/mm	主轴转速/(r/min)	进给量/(mm/min)	背吃刀量/mm	备注
1	粗铣顶面留余量0.2mm	T01	φ80面铣刀	500	200	2.8	
2	精铣顶面控制高度尺寸42mm±0.031mm达Ra1.6μm	T01		600	150	0.2	
3	粗铣凸台留侧余量0.5mm，底余量0.2mm	T02	φ16立铣刀	500	100	21.8	
4	精铣凸台50mm达Ra1.6μm，台阶底20达Ra3.2μm	T02		600	80	0.2	
5	钻6×M10-7H，4×φ12H7，2×φ30H7中心孔	T03	φ2中心钻	1500	120		
6	钻2×φ30H7，4×φ12H7，6×M10-7H至φ8.5mm	T04	φ8.5钻头	700	80		
7	扩4×φ12H7至4×φ11.8mm	T05	φ11.8钻头	500	90		
8	扩2×φ30H7至2×φ19mm	T06	φ19钻头	300	80		
9	加工4×φ12H7，6×M10-7H倒角C1	T06		300	60		

序号	工序内容	刀具号	刀具			量具
10	扩 2×φ30H7 至 φ2×26mm	T07	φ26 钻头	150	50	
11	粗镗 2×φ30H7 至 2×φ29.7mm	T08	φ29.7 镗刀	1100	120	
12	粗镗 2×φ35H8 至 2×φ34.6mm 深9.9mm	T09	φ34.6 平底镗刀	1000	100	游标卡尺 0~200mm 分度值 0.02mm
13	精镗 2×φ35H8 ($^{+0.039}_{0}$)，深 10$^{+0.058}_{0}$ mm，达 Ra1.6μm	T10	φ35H8 平底镗刀	1100	80	内径表 18~35mm 深度尺 0~200mm 分度值 0.02mm
14	精镗 2×φ30H7 ($^{+0.021}_{0}$)，达 Ra1.6μm	T11	φ30H7 镗刀	1300	100	
15	铰 4×φ12H7 ($^{+0.018}_{0}$)，达 Ra1.6μm	T12	φ12H7 铰刀	200	100	内径表 10~18mm 千分尺 0~25mm
16	攻 6×M10-7H 螺纹	T13	M10-H2 丝锥	200	300	螺钉 M10
17	全数检验					
18	清理、防锈、入库					
编制		审核		批准		第 页 共 页

87

工序号	程序编号	夹具名称	产品名称或代号	零件名称	材料	零件图号	（续）
						LX07-01	
20	711/712/713/71	200 机用平口虎钳	数控镗铣孔盘类零件	凸块	锻铝		

数控加工工序卡片

（单位）

夹具编号	使用设备
	XH714 型立式加工中心

车间：数控实训中心

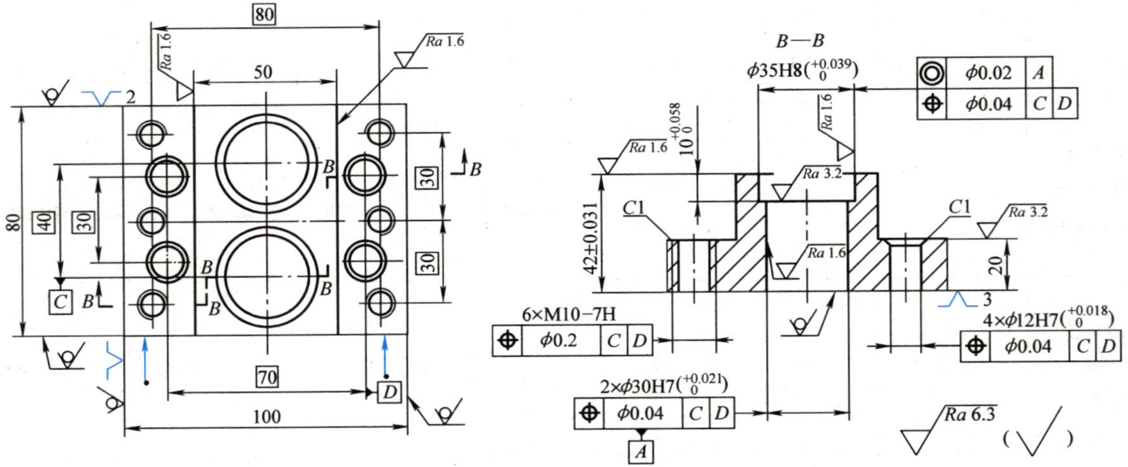

编 制 | 审 核 | 批 准 | 共 页 | 第 页

图7-2 工艺附图

表 7-3　数控加工刀具卡片

（单位）	数控加工刀具卡片		产品名称或代号	数控镗铣孔盘类零件	零件名称	凸块	零件图号	LX07-01
工序号	程序编号	夹具编号		使用设备		材料	车间	
20	711/712/713/71	夹具名称	200 机用平口虎钳	XH714 型立式加工中心		锻铝	数控实训基地	

序号	刀具号	刀具名称	刀具型号	刀杆名称	刀杆型号	规格	备注
1	T01	φ80mm 波形刀片可转位面铣刀	刀体：FM90-80LD15　刀片：LDMT1504P-DSR-27P	套式立铣刀刀柄	BT40-XM27-60	XM27	
2	T02	φ16mm 高速钢直柄立铣刀	φ16mm	强力铣夹头刀柄	BT40-C22-95	C22	卡簧 C22-16
3	T03	φ2mm 中心钻	φ2mm	弹簧卡头刀柄	BT40-ER25-80	ER25	卡簧 ER25-10
4	T04	φ8.5mm 高速钢直柄麻花钻头	φ8.5mm	莫氏短圆锥钻夹头刀柄	BT40-Z16-45	B16	自紧式钻夹头 B16
5	T05	φ11.8mm 高速钢锥柄麻花钻头	φ11.8mm，1 号莫氏	莫氏短圆锥钻夹头刀柄	BT40-Z16-45	B16	自紧式钻夹头 B16
6	T06	φ19mm 高速钢锥柄麻花钻头	φ19mm，2 号莫氏	有扁尾莫氏圆锥孔刀柄	BT40-M2-60	MT2	
7	T07	φ26mm 高速钢锥柄麻花钻头	φ26mm，3 号莫氏	有扁尾莫氏圆锥孔刀柄	BT40-M3-75	MT3	
编制		审核		批准		共　页	第　页

数控编程与加工技术 第4版

（续）

数控加工刀具卡片

（单位）	产品名称或代号 数控镗铣孔盘类零件		零件名称 凸块	零件图号 LX07-01
工序号 20 / 程序编号 711/712/713/71	夹具名称 200 机用平口虎钳	夹具编号	使用设备 XH714 型立式加工中心	车间 数控实训基地

序号	刀具号	刀具名称	刀具型号	刀杆名称	刀杆型号	刀杆规格	备注
8	T08	ϕ29.7mm 粗镗刀	ϕ29.7mm	倾斜型粗镗刀	BT40-TQC25-135	25～38	镗刀头 TQC08-29-45-L
9	T09	ϕ34.6mm 平底粗镗刀	ϕ34.6mm 平底	同上	同上	同上	同上
10	T10	ϕ35mm 平底精镗刀	ϕ35mm，平底	倾斜型微调精镗刀	BT40-TQW29-100	ϕ29～41mm	微调刀头 TQW2
11	T11	ϕ30mm 精镗刀	ϕ30mm	同上	同上	同上	同上
12	T12	ϕ12H7 直柄铰刀	ϕ12H7	弹簧卡头刀柄	BT40-ER25-80	ER25	卡簧 ER25-12
13	T13	机用丝锥	M10-H2	攻螺纹夹头刀柄	BT40-G3-90	M3～M12	攻螺纹夹套 GT3-10

编制　　审核　　批准　　共 2 页　第 2 页

90

刀与换刀方式是由机床制造商的 PLC 程序决定的，而不是由数控系统决定的。如果在选刀过程中突然停电，PLC 会忘记刀套号与刀具号的对应关系，往往会乱刀，这点须注意。

表 7-4　顺序选刀与换刀指令格式

系统	FANUC	SIEMENS
格式	T_M06；	
说明	若主轴上没有刀具，则刀库旋转找到 T_号刀具，由 M06 指令将 T_号刀具换到主轴上；若主轴上有刀，则先将主轴上的刀具换回刀库原刀套内，刀库再旋转找到新刀后换刀	相同
	选刀、换刀方式由 PLC 程序决定，注意查阅机床使用说明书	

【促成任务 7-1】　某加工中心刀库随机选刀，具有双臂机械手换刀装置，请设计省时换刀程序。

【解】　省时换刀程序的目的就是让刀库选刀时间与主轴加工时间重合，即刀库选刀时主轴能同时加工，程序见表 7-5。

图 7-3　双臂机械手示意图

表 7-5　随机选刀省时换刀程序

段号	O72/SMS. MPF；	程序
N10	T01；	刀库选择 T01 号刀到换刀位置
N20	G91　G28　Z0；/G74　Z0；	快速返回换刀点，由机床制造商决定（若换刀点与参考点重合）
N30	M06；	将 T01 号刀换到主轴上
N40	T02；	刀库选择 T02 号刀到换刀位置，此期间后续程序同时运行
N50	G90　G00　G54　X50　Y100　S800 M03；	用 T01 加工
	…	
N	G00　G91　G28　Z0；/G74　Z0；	
N	M06；	将 T02 刀换到主轴上，主轴上 T01 号刀同时换回刀库
N	T50；	选择 T50 刀为下次换刀做好准备，此期间后续程序同时运行
N	G90　G00　G54　X100　Y100　S800 M03；	用 T02 加工
	…	
	G00　G91　G28　Z0；/G74　Z0；	
N	M06；	换 T50 刀，同时 T02 换回刀库
N	T00；	选择 T00 刀即刀库不动，为下次换回 T50 刀做好准备，意味着最后一把刀加工，程序即将结束
N	G90　G00　G54　X200　Y100　S800 M03；	用 T50 加工
N	…	
N	G00　G91　G28　Z0；/G74　Z0；	
N	M06；	T50 换回刀库，主轴上无刀
N	M30；	程序结束

究竟用何种选刀和换刀编程方法，具体需查看机床使用说明书。

2. 刀具长度补偿 G43、G44、G49/T、D

测量基点是刀具大小为零的动点，而实际加工中，测量基点上要装上具有一定直径和长度的切削刀具，前面通过刀具半径补偿解决了刀具直径的编程问题，但由于刀具数量少，将其长度直接累加到工件高度尺寸上了，一并设置为工件坐标系的 Z 向偏置值。数控镗铣需要多刀加工，零点偏置存储器的数量只有 G54～G59 六个，用起来很不方便。数控系统的刀具长度补偿功能可以避免不同刀具长度对加工的影响。

刀具长度补偿有机上测量刀具长度不补偿、机上测量刀具长度补偿、机外测量刀具长度补偿三种方法。

（1）机上测量刀具长度不补偿　机上测量刀具长度就是找正夹紧工件后，将刀具装在主轴（测量基点）上，刀位点接触到 Z 向工件零点平面，看机床坐标（MACHINE）。如图 7-4 所示，Z = -327.227mm，输入到零点偏置存储器（G54～G59）内，这样实际上是把刀具的长度叠加到了工件厚度上了，用 Z 向零点偏置值来综合体现刀具长度和工件坐标系原点位置，间接补偿了刀具长度，但实际刀具长度并不知晓，也没有必要知道。Z 向机上测量刀具长度不补偿指令格式见表 7-6。

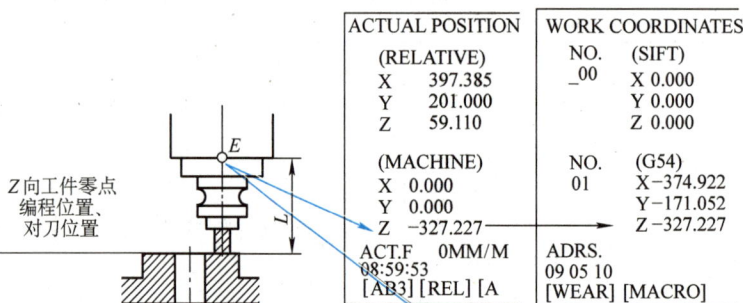

图 7-4　机上测量刀具长度不补偿

前面几个项目的刀具长度都是用这种方法解决的，其优点是对刀简单，Z 向零点偏置测量和刀具长度测量一次同时完成。缺点是：①用几把刀具，就需要占用几个零点偏置寄存器（G54～G59），所以刀具数量多时不方便。②不知道刀具实际长度，更换工件品种轮番加工时，通用刀具也得重新对刀测量，相应地更改零点偏置值。可见机上测量刀具长度不补偿适用于少刀加工场合。

表 7-6　Z 向机上测量刀具长度不补偿指令格式

系统	FANUC	SIEMENS
格式	Z_;	
说明	Z 是 Z 向刀位点运动到工件坐标系中的坐标值，常作为下刀安全高度	
注意	刀具补偿存储器中有无数据不影响编程	刀具补偿存储器中有无数据影响编程

（2）机上测量刀具长度补偿　机上测量刀具长度就是找正夹紧工件，装好要测量刀具（如 T01）后，将刀位点接触到 Z 向工件零点平面，看机床坐标（MACHINE）。如 Z = -327.227mm，输入到刀具补偿存储器中，如图 7-5 所示（图示为 1 号刀具几何长度补偿值的测量与设定），编程时用规定的代码调用即可。可见刀具长度补偿值不会占用零点偏置存储器 G54～G59，而刀具长度补偿存储器很多，足够用，对于加工中心这类多刀自动换刀机床，应用极为方便。但如此测量的刀具长度补偿值是相对值，更换工件品种后，需重新测量对刀；此外机上测量刀具增多，会占用加工时间。

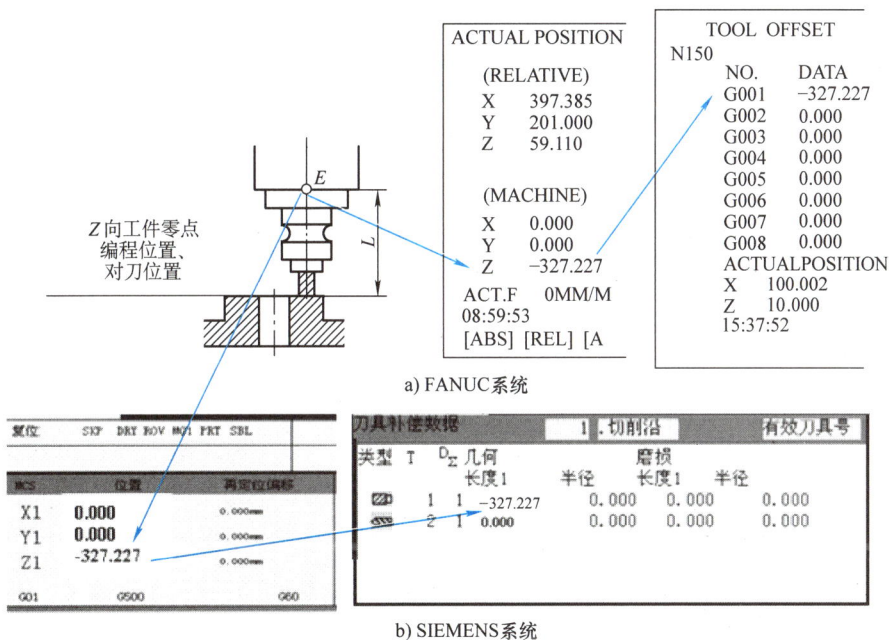

图 7-5　机上测量刀具长度补偿

Z 向零点偏置值的设定：将机床返回参考点时的 Z 坐标值输入到编程所用工件坐标系 Z 向零点偏置存储器，如图 7-6 所示；图示机床返回参考点后，测量基点 E 在机床坐标系中的坐标值 Z = 0，若工件坐标系用 G54，就将 Z_{G54} 设置成 0。机上测量刀具长度补偿指令格式见表 7-7。

Z向参考点 R平面 E 刀位点 L

```
(MACHINE)
X    0.000
Y    0.000
Z    0.000
ACT.F  0MM/M
08:59:53
[ABS] [REL] [ALL]
```

```
NO       (GH)
01   X  -374.922
     Y  -171.052
     Z   0.000
ADRS
09 05 10
[WEAR] [MACRO]  1
```

a) FANUC系统

可设置零点偏移

WCS X	-499.359 mm	MCS X1	0.000 mm
Y	-434.603 mm	Y1	0.000 mm
Z	-288.373 mm	Z1	0.000 mm

	X mm	Y mm	Z mm	X rot	Y rot	Z rot
基本	0.000	0.000	0.000	0.000	0.000	0.000
G54	-499.359	0.000	0.000	0.000	0.000	0.000
G55	0.000	0.000	0.000	0.000	0.000	0.000
G56	0.000	0.000	0.000	0.000	0.000	0.000
G57	0.000	0.000	0.000	0.000	0.000	0.000
G58	0.000	0.000	0.000	0.000	0.000	0.000
G59	0.000	0.000	0.000	0.000	0.000	0.000
程序	0.000	0.000	0.000	0.000	0.000	0.000
缩放	1.000	1.000	1.000			
镜像	0	0	0			
全部	0.000	0.000	0.000	0.000	0.000	0.000

```
复位   SKP DRY ROV M01 PRT SBL

MCS      位置      再定位偏移
X1     0.000       0.000mm
Y1     0.000       0.000mm
Z1     0.000       0.000mm

G01      G500        G60
```

b) SIEMENS系统

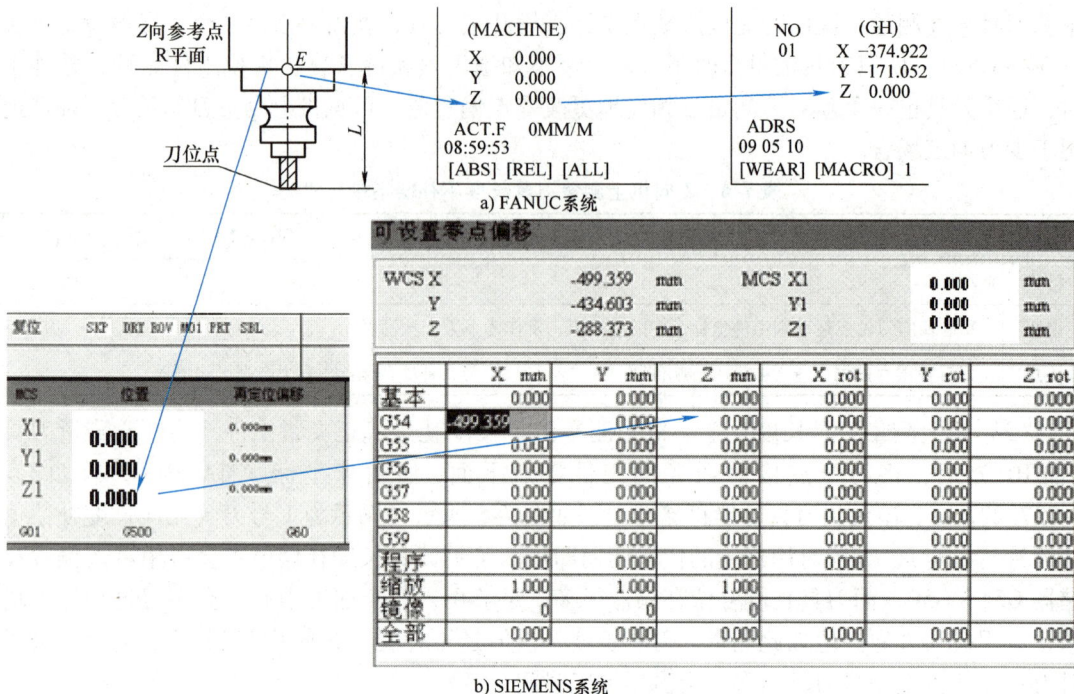

图7-6 机上测量刀具长度补偿零点偏置设定

表7-7 机上测量刀具长度补偿指令格式

系统	FANUC	SIEMENS
补偿	G43/G44 H_ Z_； G43是正（＋）补偿，表示测量基点由系统自动计算移动到刀位点（机床不动），刀位点再运动到工件坐标系中的Z向位置，从此控制刀位点的运动。刀具的移动距离等于刀具长度补偿值加上刀位点在工件坐标系中的终点坐标Z G44是负（－）补偿，即Z轴移动距离是刀具长度补偿量减去指令终点坐标Z，不符合惯例，常不使用。 H代码是存储刀具长度补偿值的存储器的代码，如图7-5a中的具体"No."，通过操作面板设定刀具长度补偿值	1. 用T换刀 T1 L_F 换T1刀，T1默认的D1数据组自动生效 G00 Z_ L_F 刀具长度补偿后，刀位点到达工件坐标系Z坐标位置 T2 D2 L_F 换T2刀，T2的D2数据组自动生效，实际上还是常用D1、不用D2 … G00 D1 Z_ L_F T2的D1数据组生效，实现另一切削刃（刀位点）的刀具长度补偿 2. 用M06换刀 T1 L_F 刀库选T1刀 M06 L_F 换T1刀，T1的D1数据组自动生效 G00 Z_ L_F 刀具长度补偿后，刀位点到达工件坐标系Z坐标位置 … G00 D2 Z_ L_F T1的D2数据组生效，实现另一切削刃（刀位点）的刀具长度补偿 T2 L_F 刀库选T2刀 … T1中的D2数据组仍然生效 M6 L_F 换T2刀，T2的D1数据组自动生效 T3 L_F 刀库选T3刀 … T2中的D1数据组仍然生效 D3 M6 L_F 换T3刀，T3的D3数据组生效。用T换刀还是用M06换刀，由机床制造商决定，本教材随机换刀用M06，顺序换刀用T
	Z是刀位点在工件坐标系中的Z向坐标值	

（续）

系统	FANUC	SIEMENS
取消	G49　Z＿； 或 G43　H00　Z＿；	D00　Z＿　L$_F$
	Z 是测量基点在工件坐标系中的 Z 向坐标值，它的给定应保证机床 Z 轴正向不超程、负向刀位点完全脱离工件，防止后续动作刀具与工件干涉。实际上若机床返回参考点后的坐标值 Z＝0 处于最大行程极限位置，零点偏置 Z＝0，则取消刀具长度补偿后的 Z 必为负值	
说明	刀具长度补偿号 H 和刀具号 T 的关系是编程时才确定的，系统中并没有联系，但为防止混乱，方便刀具管理，实际使用时最好补偿号与刀具号相同，如 T02、H02、T03、H03 等，这样便于记忆。H00 表示刀具补偿无效	D 代码是刀具补偿存储器编号，每个存储器中通过操作面板设定刀具长度、半径补偿等一组数据，长度、半径补偿可以用同一个 D 代码，也可以不同。D 代码中不补偿的数据项不设定（空着）。D 代码不仅与 T 代码有直接关系，还与换刀指令有关。每一个刀具号 T 可以匹配 D1～D9 共 9 个数据组，D1 默认，可以省略不写；D0 表示刀具补偿无效或取消刀具补偿

与刀具半径补偿一样，刀具长度补偿也分为几何补偿和磨损补偿，几何值与磨损值代数和为综合补偿。几何补偿一般为测量值；磨损补偿值一般为切削加工的修正值，修正量为 ±9.999mm。

（3）机外测量刀具长度补偿　这里的刀具长度指刀具的实际长度，数控铣床/加工中心使用的刀具长度、直径如图 7-7 所示。

所谓机外测量刀具，就是用刀具预调仪（又叫对刀仪）测量刀具长度、直径等。对刀仪如图 7-8 所示，定位套 1 与机床主轴锥孔相同，它是测量基准，精度很高，以保证测量与使用的一致性。光源 2 将刀尖 3 放大并投影到屏幕 4 上，定位套 1 回转，光栅动尺（Z 向）5、滑板（X

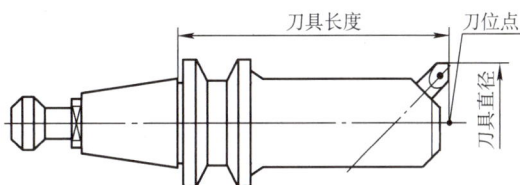

图 7-7　刀具长度、直径

向）移动找出刀尖最高点，目测刀尖与屏幕十字线对准后，显示器 6 上显示的 Z 值是刀具长度，X 值是刀具直径（或半径，由参数设定）。考虑到加工时让刀、刀具磨损、测量误差等，测量的刀具直径比孔径一般应偏大 0.005～0.02mm。

对刀仪上测量的刀具长度要预先通过操作面板输入刀补存储器中，编程时用相应的 H/D 代码调用即可。

机外测量刀具长度补偿的指令格式完全同机上测量刀具长度补偿，见表 7-8，但刀具长度和零点偏置值的测量完全不同。工件坐标系的 Z 向零点偏置值是机床主轴端面回转中心（测量基点）在工件坐标系的 Z＝0 的平面上时的机床坐标值 Z，如图 7-9 所示，这要根据工件装夹情况实测。

机外测量刀具不占用机床，测得的刀具长度、直径都是绝对值，更换被加工零件之后，通用刀具不需要重新对刀，只要重新测量工件零点即可。可见机外测量刀具长度补偿的两大优点是刀具测量不占用机床和通用刀具不需要重新对刀，其缺点是需要购置对刀仪。

95

表7-8　机外测量刀具长度补偿指令格式

系统	FANUC	SIEMENS
补偿	同机上测量刀具长度补偿指令格式（见表7-7）	
取消	G49　Z_；或 G43 H00 Z_；	D00　Z_；
	Z是测量基点在工件坐标系中的 Z 向坐标值，它的给定应保证机床 Z 轴正向不超程、负向刀位点完全脱离工件，防止后续动作刀具与工件干涉	

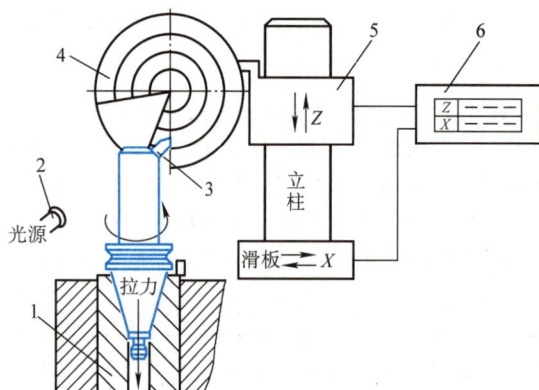

图7-8　对刀仪示意图
1—定位套　2—光源　3—刀尖　4—屏幕
5—光栅动尺　6—显示器

图7-9　主轴端面对刀

（二）参考点编程及进给暂停

1. 参考点编程 G28、G30/G74、G75

参考点编程除手动返回参考点外，还有自动返回参考点功能，指令格式见表7-9。

表7-9　参考点编程指令格式

系统	FANUC	SIEMENS
自动返回参考点	G28　X_Y_Z_； 　X、Y、Z表示中间点在工件坐标系中的坐标值，参考点由机床存储。G28指令刀具快速经中间点自动返回到参考点，经中间点的目的是防止返回参考点时刀具与工件等发生干涉。G28程序段能记忆中间点的坐标值，直至被新的G28中对应的坐标值替换为止 　G28通常用于换刀、装卸工件前，常用G91、G28 X0 Y0 Z0增量编程形式，直接从当前位置返回参考点，至于用几个坐标以安全、方便为宜	G74　X1 = 0　Y1 = 0　Z1 = 0　L_F 用G74指令实现自动返回参考点，每个轴返回参考点的方向和速度存储在机床数据中，所以机床坐标轴名称后的数值不识别，但一定要写数值。G74是单程序段、一次性G代码
	与MDI手动返回参考点效果相同，返回参考点前应先取消刀补	
返回第二参考点/固定点	G30　X_Y_Z_； 　X、Y、Z表示中间点在工件坐标系中的坐标值，第二参考点的位置是由参数来设定的 　G30指令刀具快速经中间点返回第二参考点，在使用G30前应先取消刀补，通常用于自动换刀位置与参考点不同的场合，常用G91、G30的形式	G75　X1 = 0　Y1 = 0　Z1 = 0　L_F 机床坐标轴名称后的数值不识别，但一定要写数值。固定点位置存储在机床数据中 G75以快速移动速度返回到机床中某个固定点（如换刀点） G75是单程序段、一次性G代码

【促成任务7-2】　解释 O83 程序各段意义。

【解】 O83；

N10 G90 G00 G54 X100 Y200 Z100 S300 M03；	刀具到 G54 中（X100，Y200，Z100）位置，初始化
N20　G91　G28　Y0；	刀具快速经中间点 G91　Y0 即 G90　G54　Y200 返回 Y 向参考点，实际上经中间点 G91　Y0 时，机床没有移动，返回参考点时机床才移动。如果这一句改成"N20　G90　G28　Y0；"，刀具先回到 G90　G54　Y0 位置再接着到 Y 向参考点，很有可能在到达 G90　G54　Y0 位置期间与工件干涉，须特别注意
N30　M30；	程序结束

2. 进给暂停 G04

执行该指令期间，机床其他动作照旧执行，但刀具做短时间（几秒钟）的无进给（F = 0）光整加工，常用于锪平、沉孔、尖角等加工，指令格式见表7-10。

表 7-10　进给暂停 G04 指令格式

系统	FANUC	SIEMENS
暂停	G04　X_；或 G04　P_；	G04　F_　L_F 或 G04　S_　L_F
说明	X 为暂停时间，单位为 s	F 为暂停时间，单位为 s
	P 暂停时间，单位为 ms，只能整数	S 为暂停主轴转数
	G04 为一次性、单段 G 代码	

（三）孔加工固定循环

孔加工固定循环指在 XY 平面内快速定位到孔中心位置后，沿 Z 轴经一系列固定动作自动加工孔的一种简便编程方式。

1. 固定循环平面

固定循环中，Z 方向（主轴）到达的一些位置平面有明确定义，见表7-11。

表 7-11　固定循环平面定义

系统	FANUC	SIEMENS
平面定义图	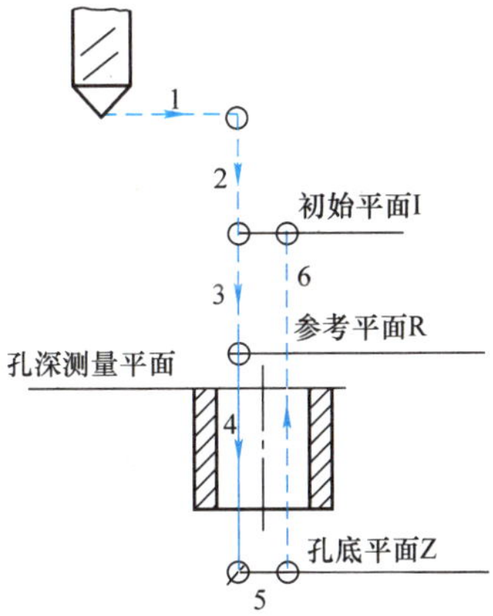 图 7-10　F 固定循环平面	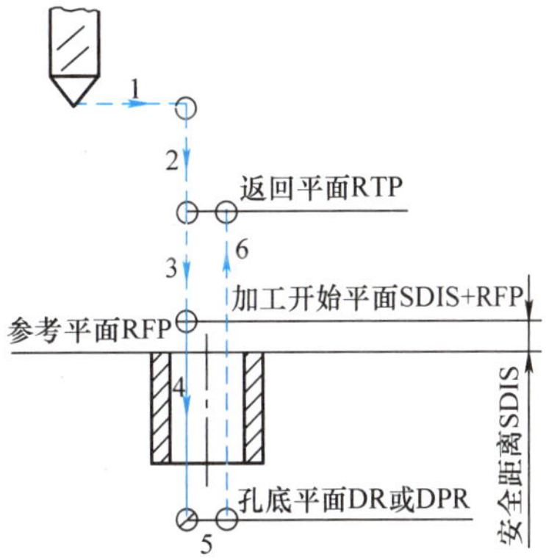 图 7-11　S 固定循环平面

（续）

系统	FANUC	SIEMENS
初始平面	初始平面 I：由固定循环前的最近 Z 坐标决定，实际上不在固定循环内。安全时，可与参考平面 R 相同。初始平面 I 在固定循环前定义、不是在固定循环内定义的	返回平面 RTP：安全时，可与加工开始平面 SDIS + RFP 相同。所有平面在固定循环内定义
	刀具在该平面内任意移动都不会与夹具、工件凸台等发生干涉，在这个平面内或这个平面以上完成孔位快速定位动作 1	
安全平面	参考平面 R	加工开始平面 SDIS + RFP：由数控系统计算不编程
	高于孔深测量平面的安全平面，规定刀具由快进转为工进、完成快进动作的终止平面或工进的开始平面	
孔深测量平面	孔深测量平面：不编程	参考平面 RFP
孔底平面	孔底平面 Z	孔底平面 DP 或 DPR：DP、DPR 只要指令其中一个，如果指令了两个，DPR 有效。使用 DP 程序的可读性好。DP 为绝对坐标值，DPR 是参考平面到孔底平面之距，无正负号
	要考虑刀尖无效长度和通孔的切出量	
返回平面	G98 决定动作 6 返回到初始平面 I，G99 决定动作 6 返回到参考平面 R，二者取一	返回平面 RTP

2. 固定循环指令格式

孔加工固定循环种类较多，但指令格式基本相同，见表 7-12。

表 7-12　孔加工固定循环指令格式

系统	FANUC	SIEMENS
格式	G90/G91　G98/G99　G××　X_　Y_　R_ Z_…　K_　F_; 取消：G80;	X_{x_1} Y_{y_1} L_F 非模态：CYCLE × ×（RTP，RFP，SDIS，DP，DPR，…）L_F 或 模态：MCALL CYCLE × ×（RTP，RFP，SDIS，DP，DPR，…）L_F X_{x_1} Y_{y_1} L_F … 取消模态：MCALL　L_F
绝对值与增量值	G90/G91 决定孔位坐标 X、Y 及固定循环参数 R、Z 的尺寸字 固定循环参数 R、Z 用 G90 编程方便，如图 7-12 所示。 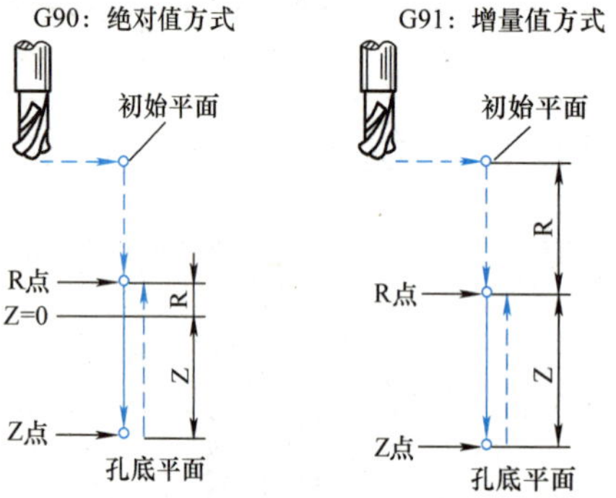 图 7-12　G90/G91 与固定循环参数 R、Z 的关系 如果孔的排列位置没有规律、杂乱无章，X、Y 坐标用 G90 编程方便；如果孔位等距排列，X、Y 坐标用 G91 编程方便	返回平面 RTP、参考平面 RFP、孔底平面 DP 用绝对值编程 安全距离 SDIS、参考平面到孔底平面的距离 DPR 无正负号

（续）

系统		FANUC	SIEMENS
指令		1）G××指孔加工固定循环 G73～G89 共 13 个 G 代码之一，见表 7-13 2）G73～G89 能存储记忆固定循环参数 R、Z、Q、P，什么地方要改变某个参数就在那个程序段中给这个参数重新赋值即可，否则在固定循环期间一直有效，它们是模态量 3）G73～G89 是模态指令，多孔加工时只需指定一次，后续的程序段给定一个位置坐标就执行一次孔加工循环 4）固定循环次数 K＝0，不执行固定循环动作，仅存储记忆固定循环参数 R、Z、Q、P；K＝1，常省略不写；K＞1，后面专门叙述 5）F 是模态量，可以在固定循环前赋值，所以后续固定循环指令中统一不写	1）非模态指令 CYCLE××指孔加工固定循环 CYCLE81～CYCLE89 共 10 个指令之一，见表 7-13。先写孔坐标程序段，后写 CYCLE××指令，每个孔坐标程序段后，均需要写一个 CYCLE××指令 2）（RTP，RFP，…）是固定循环参数列表，其中 RTP、RFP…是固定循环参数（变量），排序已固定，参数间用","分割，参数可以根据需要取舍，但占据位","不能省略不写，即使在最后也不能省略。参数有空、0、正负数值三种状态，空只有占据位；参数是模态量，也可以提前赋值 3）模态调用指多孔加工时只需指定一次固定循环，以后的程序段给定一个孔的位置坐标就执行一次孔加工循环，包括第一个孔坐标也在固定循环指令后写
孔位指定	第一个孔的位置常这样编程	N10　G90　G00　G54　Xx_1　Yy_1；初始化，刀具从未知高空定位到第一个孔的位置（x_1，y_1） N20　G43　H＿＿ Z＿＿；刀具长度补偿到初始平面 I	N10　G90　G00　G54　Xx_1 Yy_1　L$_F$　初始化，刀具从未知高空定位到第一个孔的位置（x_1，y_1） N20　CYCLE××（RTP，RFP，SDIS，DP，DPR，…）　L$_F$　仅能加工 1 个孔
		N30　G98/G99　G××　R＿Z＿P＿Q＿F＿；加工第一个孔（x_1，y_1），存储固定循环参数	N10　G90　G00　G54　L$_F$ N20　MCALL　CYCLE××（RTP，RFP，SDIS，DP，DPR，…）　L$_F$　能加工多个孔 N30　Xx_1 Yy_1　L$_F$　加工第一个孔
		这种方式动作 1 不会发生干涉，安全可靠、动作清晰、程序可读性好	
	后续孔位指定方法	① 杂乱无章分布的、数量不多的孔位，多在主程序中编程，如 N40　Xx_2　Yy_2；加工第二个孔 N50　Xx_3　Yy_3；加工第三个孔	
		② 杂乱无章分布的、数量多的、多刀加工的孔位，在子程序中编程，如： N10　G90　G00　G54　Xx_1　Yy_1…；第一个孔的位置（x_1，y_1） N20　G43　H＿＿ Z＿＿；给定初始平面	N10　G90　G00　G54…　L$_F$

99

（续）

系统	FANUC	SIEMENS
孔位指定 后续孔位的四种给定方法	N40 M98 P××××；调用孔位坐标子程序 O××××加工后续孔，程序简单，不易出错 O××××；孔位坐标子程序 N20 Xx_2 Yy_2；第二个孔 N30 Xx_3 Yy_3；第三个孔 N40 Xx_4 Yy_4；第四个孔 … M99； ③ 等间距分布的孔 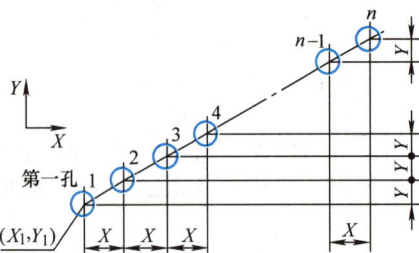 图 7-13 等间距分布的孔 孔的坐标位置用增量方式 G91 编程，固定循环重复次数用 K 来设定，但固定循环参数 R、Z 还是用 G90 编程方便。如： N10 G90 G00 G54 Xx_1 Yy_1；（x_1，y_1）为第一个孔的位置 N20 G43 H_ Z_；给定初始平面 N30 G98/G99 G×× R_ Z_ Q_ P_ F_；加工第一个孔 N40 G91 X_ Y_ K_；依次加工第二、第三…第 K 个孔，K 等于孔的总数 n 减去 1，即 K = $n-1$。R、Z 为模态量，由 N10 知保持绝对值，这也解决了 X、Y 用 G91 编程，R、Z 用 G90 编程的方法问题 ④ 圆周分布的孔 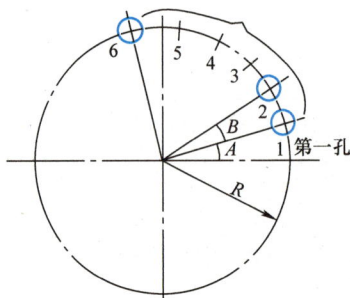 图 7-15 圆周布孔	N40 L××××××× L$_F$ 调用孔位坐标子程序 L××××××× L$_F$ N10 Xx_1 Yy_1 L$_F$ 第一个孔 N20 Xx_2 Yy_2 L$_F$ 第二个孔 N30 Xx_3 Yy_3 L$_F$ 第三个孔 … M17 L$_F$ ③ 等间距分布的孔 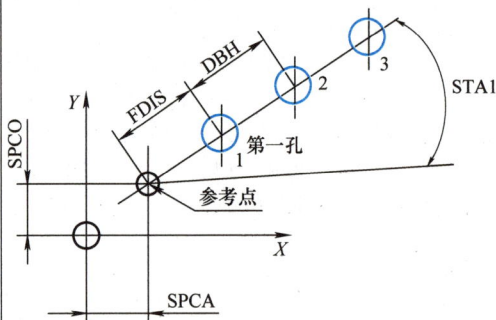 图 7-14 等间距分布的孔 N10 G90 G00 G54 L$_F$ N20 MCALL CYCLE×× (RTP, RFP, SDIS, DP, DPR, …) L$_F$ 孔的位置坐标指令格式： HOLES1 (SPCA, SPCO, STA1, FDIS, DBH, NUM) L$_F$ SPCA——参考点的 X 坐标，绝对值 SPCO——参考点的 Y 坐标，绝对值 STA1——直线与 X 轴的夹角，-180° < STA1 ≤ 180° FDIS——第一孔到参考点的距离，无符号 DBH——孔距，无符号 NUM——孔数 先加工第一个孔还是最后一个孔，数控系统根据最短路径自动计算决定 ④ 圆周分布的孔 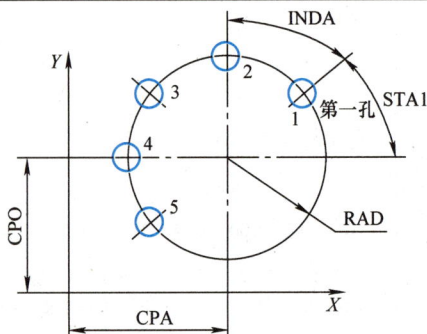 图 7-16 圆周布孔

100

（续）

系统	FANUC	SIEMENS
孔位指定 （后续孔位的四种给定方法）	孔的坐标位置指令格式： N10　G90　G00　G54　G16　X*R*　Y*A*；第一个孔的位置 N20　G43　H_　Z_；给定初始平面 N30　G98/G99　G××　R_　Z_　Q_　P_　F_；加工第一个孔 N40　G91　Y*B*　K_；依次加工第二、第三…第K个孔，K等于孔的总数 n 减去 1，即 K = n − 1 N50　G15　…；	N10　G90　G00　G54　L_F N20　MCALL　CYCLE××（RTP, RFP, SDIS, DP, DPR, …）L_F 孔的坐标位置指令格式： N30　HOLES2（CPA, CPO, RAD, STA1, INDA, NUM）L_F CPA——分布圆圆心的 X 坐标，绝对值 CPO——分布圆圆心的 Y 坐标，绝对值 RAD——分布圆的半径，无符号 STA1——第一个孔与 X 轴的夹角，−180° < STA1 ≤180° INDA——孔间夹角 NUM——孔数

表 7-13　孔加工固定循环指令

FANUC		说明		SIEMENS
G 代码	参数	动作	应用	指令
G81	R_　Z_	工进→快退	钻中心孔、钻孔、粗镗	CYCLE81
G82	R_　Z_　P_	工进→暂停→快退	锪平、钻沉孔、粗镗阶梯孔	CYCLE82
G73	R_　Z_　Q_	渐进→快退到孔内	孔底断屑渐进钻削	CYCLE83
G83		渐进→快退到孔外	孔口排屑渐进钻削	
G74	R_　Z_　P_	工进→主轴逆转→工退，浮动攻螺纹时，用 P0	攻左旋螺纹	CYCLE84 CYCLE840
G84			攻右旋螺纹	
G85	R_　Z_	工进→工退	铰孔	CYCLE85
G76	R_　Z_　P_　Q_	工进→主轴定向让刀→快退→恢复	半精镗、精镗	CYCLE86
G86	R_　Z_	工进→主轴停转→快退→恢复		
G87	R_　Z_　Q_　P_	主轴定向让刀→快进→主轴定心转动→工进→暂停→主轴定向让刀→快退	反镗	
G88	R_　Z_　P_	工进→暂停、主轴停→手动退出	浮动镗	CYCLE87 CYCLE88
G89	R_　Z_　P_	工进→暂停→工退	精铰、精镗沉孔	CYCLE89
G80	—	取消固定循环	—	MCALL

101

3. 固定循环 G73 ~ G89/CYCLE81 ~ CYCLE840

（1）高速钻孔循环 G81/CYCLE81　高速钻孔循环主要用于钻孔、扩孔及脆性材料的铰孔、粗镗等，指令格式及图解见表 7-14。

表 7-14　高速钻孔循环 G81/CYCLE81 指令格式及图解

系统	FANUC	SIEMENS
指令格式	G81　R_　Z_； R——参考平面坐标 Z——孔底坐标	CYCLE81（RTP，RFP，SDIS，DP，DPR）　L_F RTP——返回平面坐标（绝对值） RFP——参考平面坐标（绝对值） SDIS——安全距离（无正负号） DP——孔深参数，孔底坐标（绝对值） DPR——孔深参数，参考平面到孔底平面之距（无正负号）
图解	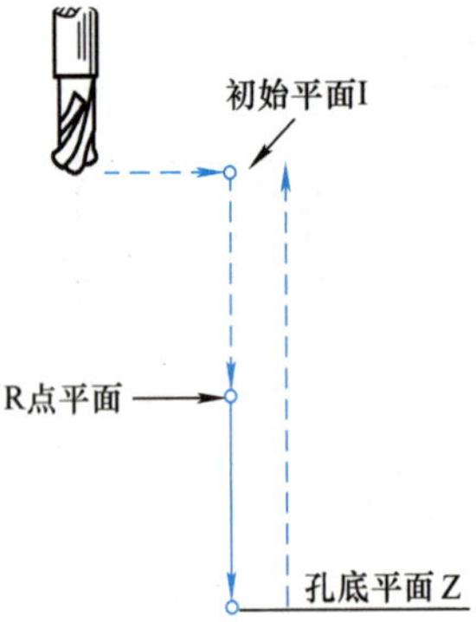 图 7-17　G81 动作分解	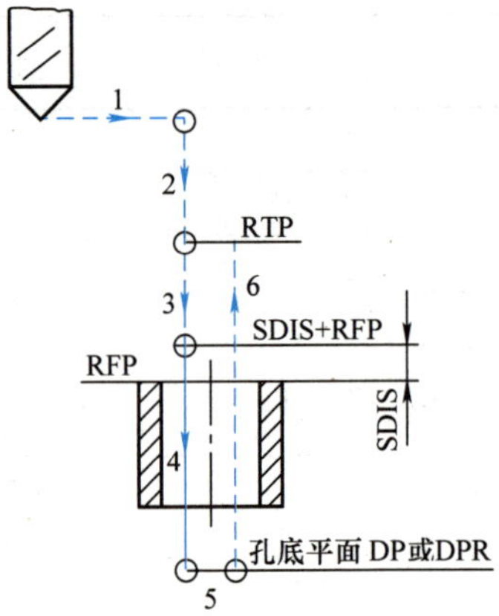 图 7-18　CYCLE81 动作分解
	实线表示工进，虚线表示快进或快退	
说明	G00 到 R 平面→G01 到孔底 Z→G00 到 R 平面或初始平面 I	G00 到（SDIS + RFP）平面→G01 到孔底平面 DP 或 DPR→G00 到 RTP 平面
	动作时序简记为：工进→快退	

（2）锪孔循环 G82/CYCLE82　锪孔循环主要用于锪平、沉孔加工等，指令格式及图解见表 7-15。

（3）渐进钻孔循环 G73、G83/CYCLE83　渐进钻孔循环 G73、G83/CYCLE83 具有断屑功能，主要用于深孔钻削加工，指令格式及图解动作见表 7-16。

表 7-15　锪孔循环 G82/CYCLE82 指令格式及图解

系统	FANUC	SIEMENS
指令格式	G82　R_　Z_　P_； P——孔底进给暂停时间（ms）	CYCLE82（RTP，RFP，SDIS，DP，DPR，DTB）　L_F DTB——孔底进给暂停时间（s） 其余参数同 CYCLE81

（续）

系统	FANUC	SIEMENS
图解	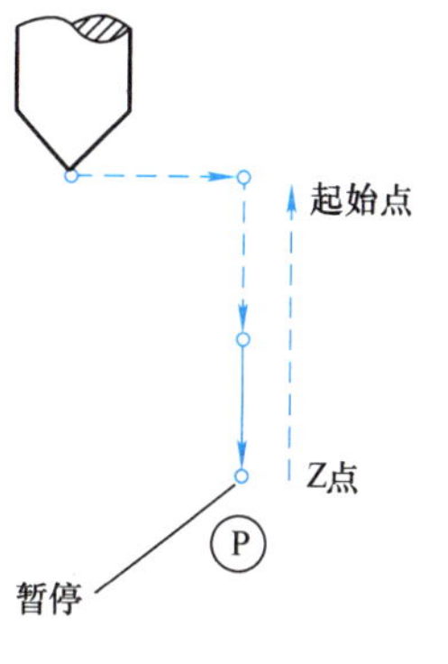 图 7-19　G82 动作分解	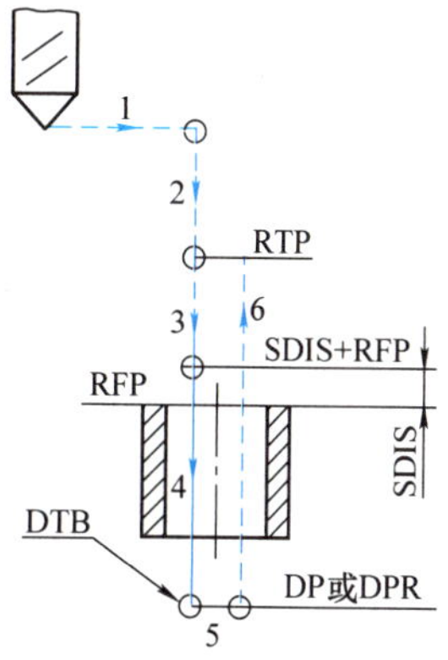 图 7-20　CYCLE82 动作分解
说明	比 G81 多一个进给暂停动作，用于改善孔底平面度等加工质量，动作时序简记为：工进→暂停→快退	

表 7-16　渐进钻孔循环 G73、G83/CYCLE83 指令格式及图解动作

系统	FANUC	SIEMENS
指令格式及图解动作	1）孔底断屑 G73　R_　Z_　Q_； Q——渐进量，即每次加工深度，无符号 其余参数含义同 G81 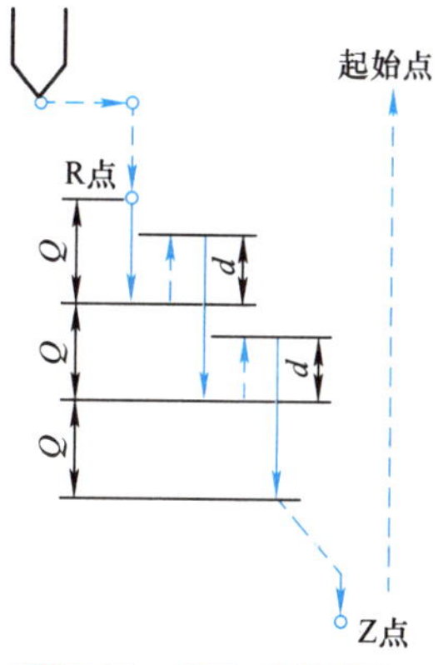 图 7-21　G73 动作分解 动作时序：G00 到 R 平面→G01 到 Q 深度→G00 退 d 距离→G01 到（Q + d）距离→G00 退 d 距离→重复此前两步到孔底 Z→G00 到 R 平面或 I 平面，简记为：渐进→快退→断屑	CYCLE83（RTP，RFP，SDIS，DP，DPR，FDEP，FDPR，DAM，DTB，DTS，FRF，VARI）L_F DAM——钻孔深度渐进量，增量值，无符号 FDEP——首次钻孔深度，绝对值 FDPR——相对于参考平面的首次钻孔深度，增量值，无符号。FDEP、FDPR 设定其中任一个即可 DTS——开始加工平面处排屑进给暂停时间，常取 0 FRF——首次钻孔深度期间的进给速度系数，取值 0.001 ~ 1 其余参数含义同 CYCLE81 1）VARI = 0 孔底断屑 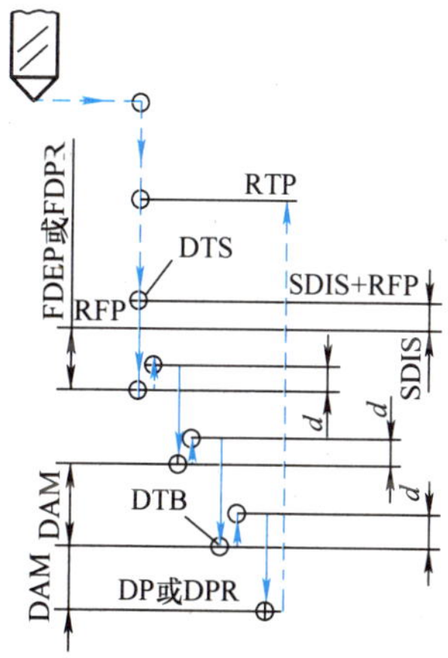 图 7-22　CYCLE83_VARIO 动作分解 动作时序：G00 到（SDIS + RFP）平面→G01（FDEP 或 FDPR）深度→G00 退 d 距离→G01 进（DAM + d）距离→重复此前两步→G00 到 RTP 平面，简记为：渐进→快退→断屑

103

（续）

系统	FANUC	SIEMENS
指令格式及图解动作	2）孔口排屑 G83 R_ Z_ Q_; 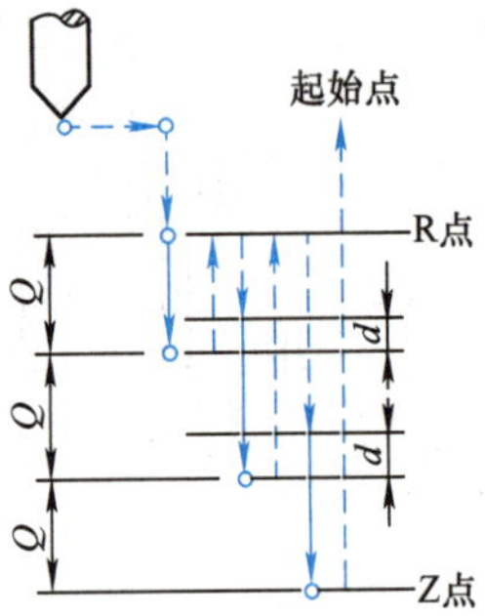 图7-23 G83 动作分解 动作时序：G00 到 R 平面→G01 到 Q 深度→G00 退到 R 平面→G00 到上一（Q−d）平面→G01（Q+d）距离→G00 退到 R 平面→重复此前两步到孔底 Z→G00 到 R 平面或 I 平面，简记为：渐进→快退→排屑	2）VARI=1 孔口排屑 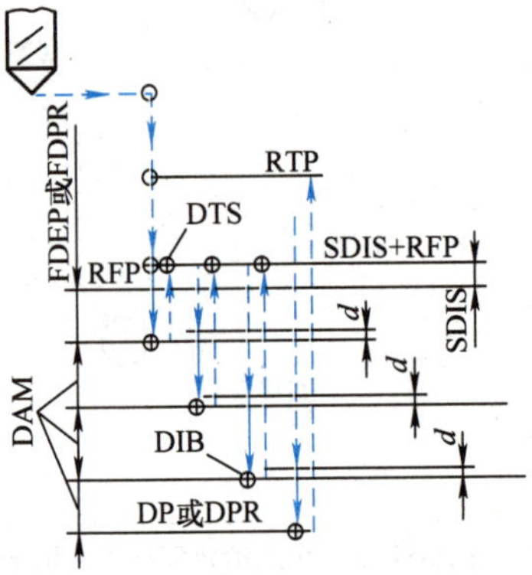 图7-24 CYCLE83_VARI1 动作分解 动作时序：G00 到（SDIS+RFP）平面→G01（FDEP 或 FDPR）深度→G00 退到（SDIS+RFP）平面→G00 进到（FDEP−d）或（FDPR−d）平面→G01 进（DAM+d）距离→G00 退到（SDIS+RFP）平面→G00 到上一（DAM+d）平面→G01 进（DAM+d）距离→G00 退到（SDIS+RFP）→重复此前三步→G00 到 RTP 平面，简记为：渐进→快退→排屑
d	回退量，为防止顶刀而设置的，由机床参数设定，常为 0.5～1mm	
说明	1）当剩余孔深大于一倍渐进量小于二倍渐进量时，系统自动除以 2，分两次加工完毕 2）孔口排屑中途返回到参考平面 R/SDIS+RFP，孔底断屑中途返回一个 d 3）孔底断屑主要用于钻削塑性材料、用立式机床钻削脆性材料深孔等场合。孔口排屑主要用于卧式机床钻削深孔和立式机床钻削塑性材料深孔。立式机床钻脆性材料时，要特别防止碎屑倒灌入孔内，以防钻头挤断	

【促成任务7-3】 编制并数控仿真加工或在线加工图 7-25 所示的多孔板零件。

【解】 总体看，左侧三列孔位和右侧沿圆周分布的孔位有规律，编程有捷径，见表7-17。

（4）攻螺纹循环 G74、G84/CYCLE84、CYCLE840 攻螺纹前，先要加工好螺纹孔底孔直径、孔口倒角等，再用丝锥和指令编程加工螺纹孔。常用圆柱螺纹底孔钻头选用见表7-18。

攻螺纹时，主轴转速、进给速度与螺距的关系是

$$v_f = nP$$

式中 P——单线螺纹的螺距（mm）；

n——主轴转速（r/min），对应 S 指令；

v_f——进给速度（mm/min），对应 F 指令。

攻螺纹期间，进给和主轴倍率开关、单程序段方式无效。

项目七过程考核卡2

班级＿＿＿＿ 班组＿＿＿＿ 学号＿＿＿＿ 姓名＿＿＿＿ 互评学生＿＿＿＿ 指导教师＿＿＿＿ 组长＿＿＿＿ 考核日期＿＿年＿月＿日

考核内容

任务：数控钻削图7-25所示的零件，用固定循环环K、极坐标、排孔、圆周布孔编程，并备份正确程序

备料：100mm×80mm×25mm锻铝

备刀：φ8.5mm直柄钻头，并根据具体使用数控机床组装成相应的刀具组

量具：125mm±0.02mm游标卡尺

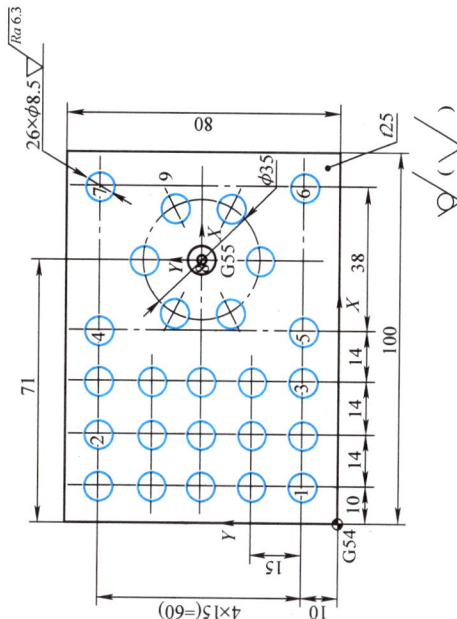

图7-25 多孔板

材料：锻铝

评 分 表

序号	项目	评分标准	配分	得分	整改意见
1	孔位置	错一处扣5分	20		
2	钻孔直径 φ8.5mm	超差0.5mm扣5	10		
3	攻螺纹 M10		5		
4	扩孔 φ11.8mm	超差0.1mm扣5	5		
5	铰孔 φ12 $^{+0.018}_{0}$ mm	超差0.01mm扣5分	20		
6	Ra6.3μm	超差一级一处扣5分	28		
7	安全操作	正确、安全操作	5		
8	机床保养	机床维护保养	2		
9	遵守纪律	遵守现场纪律	5		
合 计			100		

表 7-17 解析促成任务 7-3

系统	FANUC	SIEMENS
加工方案	孔径为自由公差，精度不高，用 φ8.5mm 钻头一次钻成	
工件坐标系	左侧三列孔位工件坐标系原点建立在工件左下角上顶面，用 G54；右侧一圈孔位用极坐标编程，工件坐标系原点建立在工件上顶面一圈孔心位置，用 G55，这样坐标计算方便、基准重合。对刀时，先用已知直径的检棒或立铣刀对出 G54，若 G54 的零点偏置 $X_{G54} = -427.826$，$Y_{G54} = -187.603$，再用钻头对刀 $Z_{G54} = -372.847$，则计算出 G55 的零点偏置 $X_{G55} = -427.826 + 71 = -356.826$，$Y_{G55} = -187.603 + 40 = -147.603$，$Z_{G55} = -372.847$。SIEMENS 系统仅用 G54，G55 用极点定义来取代	
编程方案	左侧三列孔位用 G91 和 K 联合编程，右侧一圈孔位用极坐标编程。四角孔位和一圈圆周中心孔分别用直角坐标编程	左侧三列孔位用排孔指令 HOLES1、右侧一圈孔位用圆周布孔指令 HOLES2 编程。四角孔位和一圈圆周中心孔分别用直角坐标编程
程序	O71；	SMS71
N10	G90 G00 G54 X10 Y10 F80 S500 M03；孔 1	G90 G00 G54 F80 S500 M03 L_F 孔 1
N20	Z5；初始平面 I	Z5 L_F 返回平面 RTP
N30	G83 R5 Z-30 Q5；钻孔 1，并存储循环参数	MCALL CYCLE83 (5, 0, 5, -30, , -5, , 0, 0, 0, 1, 1) L_F 存储循环参数，DAM=0 表示首次钻削深度与渐进深度相同 N35 X10 Y10 L_F 钻孔 1
N40	G91 Y15 K4；钻第一列其余 4 孔	HOLES1 (10, 10, 90, 15, 15, 4) L_F 孔 1 为参考点，加工第一列 5 孔
N45	X14；钻孔 2	HOLES1 (24, 70, -90, 0, 15, 5) L_F 孔 2 为参考点，加工第二列 5 孔
N50	Y-15 K4；钻第二列其余 4 孔	
N55	X14；钻孔 3	HOLES1 (38, 10, 90, 0, 15, 5) L_F 孔 3 为参考点，加工第三列 5 孔
N60	Y15 K4；钻第三列其余 4 孔	
N70	X14；钻孔 4	X52 Y70 L_F 钻孔 4
N80	Y-60；钻孔 5	X52 Y10 L_F 钻孔 5
N90	X38；钻孔 6	X90 Y10 L_F 钻孔 6
N100	Y60；钻孔 7	X90 Y70 L_F 钻孔 7
N110	G90 G55 X0 Y0；钻孔 8	X71 Y40 L_F 钻孔 8
N115	G16 X17.5 Y30；钻孔 9	HOLES2 (71, 40, 17.5, 30, 60, 6) L_F 加工一圈 6 孔
N120	G91 Y60 K5；钻 φ35mm 圆周上其余 5 孔	
N130		MCALL L_F
N140	G90 G80 G15 Z200；	Z200 L_F
N150	M30；	M30 L_F

表 7-18　常用圆柱螺纹底孔钻头选用

螺纹 M	螺距 P/mm		钻头直径/mm	螺纹 M	螺距 P/mm		钻头直径/mm
M3	粗	0.5	2.5	M10	粗	1.5	8.50
	细	0.35	2.65		细	1.25	8.70
M4	粗	0.7	3.30			1.0	9.00
	细	0.5	3.50			0.75	9.20
M5	粗	0.8	4.20	M12	粗	1.75	10.20
	细	0.5	4.50		细	1.5	10.50
M6	粗	1.0	5.00			1.25	10.70
	细	0.75	5.20			1.0	11.00
M8	粗	1.25	6.70	M16	粗	2	13.90
	细	1.0	7.00		细	1.5	14.50
		0.75	7.20			1.0	15.00

攻螺纹循环指令见表 7-19。

表 7-19　攻螺纹循环指令 G74、G84/CYCLE84、CYCLE840

系统	FANUC	SIEMENS
攻螺纹方式	刚性攻螺纹：要求主轴安装位置编码器，具有同步转速功能，用刚性丝锥刀柄攻螺纹 浮动攻螺纹：主轴没有安装位置编码器，不具有同步转速功能，用浮动攻螺纹夹头刀柄攻螺纹	
指令格式及图解动作	1）左旋螺纹 G74 R_ Z_ P_； P——刚性攻螺纹孔底暂停时间（s），浮动攻螺纹忽略 图 7-26　G74 动作分解 动作时序：循环前主轴反转 M04→G00 到 R 平面→G01 到 Z 点→主轴 M03、刚性暂停、浮动不停→G01 到 R 平面或 I 平面→主轴 M04，简记为：工进→正转→工退→恢复	1）刚性攻螺纹 CYCLE84（RTP, RFP, SDIS, DP, DPR, DTB, SDAC, MPIT, PIT, POSS, SST, SST1）L_F SDAC——循环结束后的主轴回转状态，值 3、4 分别对应 M03、M04；右旋螺纹取 3，左旋螺纹取 4 MPIT——螺纹公称尺寸 M3 ~ M48 DTB——孔底暂停时间（s） PIT——螺距，正值表示右旋螺纹，负值表示左旋螺纹，若 MPIT 已设定，此值就不用设定 POSS——攻螺纹前主轴在某一方位并转换成位置控制（°） SST——攻螺纹主轴转速（r/min） SST1——退螺纹主轴转速（r/min），SST1 = 0 时，退螺纹主轴转速 = 攻螺纹主轴转速 其余参数含义同 CYCLE81 图 7-27　CYCLE84 动作分解 动作时序：循环前以 SDAC 方向旋转→G00 到（SDIS + RFP）平面→G01 到 DPR 或 DP 孔底→主轴反转、暂停→G01 退刀（SDIS + RFP）平面→恢复主轴转向→G00 到 RTP 平面。

107

（续）

系统	FANUC	SIEMENS
指令格式及图解动作	2）右旋螺纹 G84 R_ Z_ P_； 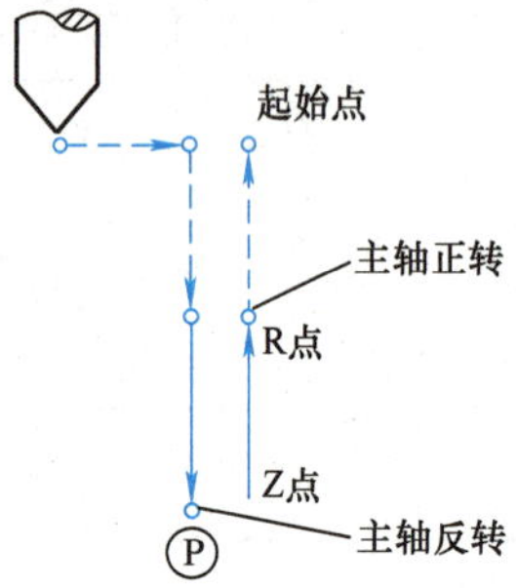 图 7-28 G84 动作分解 动作时序：循环前主轴正转 M03→G00 到 R 平面→G01 到 Z 点→主轴 M04、刚性暂停、浮动不停→G01 到 R 平面或 I 平面→主轴 M03，简记为：工进→反转→工退→恢复	2）浮动攻螺纹 CYCLE840（RTP, RFP, SDIS, DP, DPR, DTB, SDR, SDAC, ENC, MPIT, PIT）L_F DTB 建议忽略 SDR——攻螺纹后退刀时主轴旋转方向。要使主轴方向自动颠倒，必须设置 SDR = 0。如果 SDR = 0，SDAC 没有意义，忽略 带编码器时，ENC = 0；不带编码器时，ENC = 1。尽管有编码器存在，如果 ENC = 1，循环中将不考虑编码器的作用，主轴的旋转方向必须在循环调用之前用 M03 或 M04 编程 动作时序同 CYCLE84
说明	1）主轴倍率开关、进给倍率开关、进给保持（循环停止）、单程序段方式无效 2）带编码器的机床，既可刚性攻螺纹也可浮动攻螺纹；不带编码器的机床建议只用浮动攻螺纹	

（5）铰孔循环 G85/CYCLE85　铰孔前，先要加工好底孔，再用本指令编程、铰刀铰孔，特别是塑性材料铰孔，指令格式及图解见表 7-20。

表 7-20　铰孔循环 G85/CYCLE85 指令格式及图解

系统	FANUC	SIEMENS
格式	G85 R_ Z_；	CYCLE85（RTP, RFP, SDIS, DP, DPR, DTB, FFR, RFF）L_F FFR——工进速度（mm/min） RFF——工退速度（mm/min）
图解	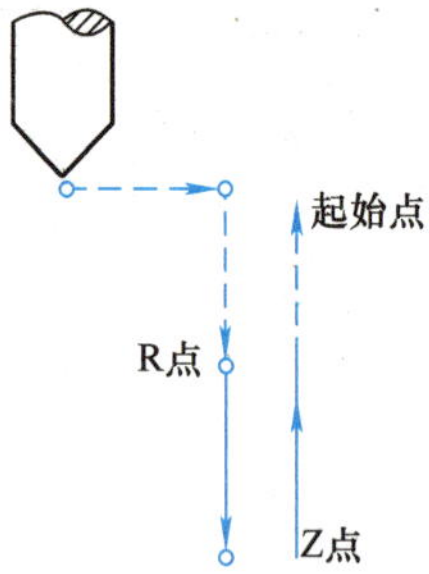 图 7-29 G85 动作分解	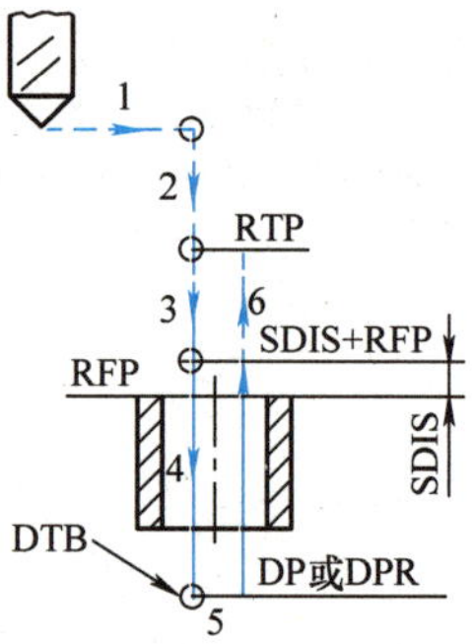 图 7-30 CYCLE85 动作分解
动作	G00 到 R 平面→G01 到孔深 Z→G01 退至 R 平面或 I 平面，简记为：工进→工退	G00 到（SDIS + RFP）平面→以 FFR 速度 G01 到孔底 DPR 或 DP 平面→暂停 DTB→以 RFF 速度 G01 到 RTP 平面，简记为：工进→暂停→工退 非平底孔时，DTB 略

【促成任务7-4】　用图 7-25 所示的多孔板零件成品，将 26×ϕ8.5mm 先改为 26×M10-7H，后改为 26×ϕ12H8，用孔加工固定循环编程、仿真加工或在线加工，一件多用，一件多练，降低加工成本，但要特别注意装夹定位。

【解】　加工流程：先攻螺纹、后扩孔、再铰孔。由于用三把刀加工，每个位置要用三次，孔位用子程序编程，FANUC 系统仍用 G54、G55 两个工件坐标系，SIEMENS 系统仅用 G54。机上测量刀具长度补偿，代码设定见表 7-21。若机床返回参考点后，$Z_{机床}$=0。主轴无位置编码器，用浮动攻螺纹夹头攻螺纹，程序见表 7-22。

表 7-21　代码设定

刀具名称		丝锥	扩孔钻	铰刀
刀具号		T01	T02	T03
刀具规格		M10	ϕ11.8	ϕ12H8
H 代码		H01	H02	H03
孔加工指令	FANUC	G84	G81	G85
	SIEMENS	CYCLE840	CYCLE81	CYCLE85

表 7-22　促成任务 7-4 程序

程序及说明	系统	
	FANUC	SIEMENS
段号	O721；三列及 4、5、6、7 共 19 孔位子程序，孔 1 位在主程序	SMS721.SPF　三列及 4、5、6、7 共 19 孔位子程序，孔 1 位在主程序
N10	G91　Y15　K4；钻第一列其余 4 孔	HOLES1（10，10，90，0，15，5）　L_F　孔 1 为参考点，加工第一列 5 孔
N20	X14；钻孔 2	HOLES1（24，70，-90，0，15，5）　L_F　孔 2 为参考点，加工第二列 5 孔
N30	Y-15　K4；钻第二列其余 4 孔	
N40	X14；钻孔 3	HOLES1（38，10，90，0，15，5）　L_F　孔 3 为参考点，加工第三列 5 孔
N50	Y15　K4；钻第三列其余 4 孔	
N60	X14；钻孔 4	X52　Y70　L_F　钻孔 4
N70	Y-60；钻孔 5	X52　Y10　L_F　钻孔 5
N80	X38；钻孔 6	X90　Y10　L_F　钻孔 6
N90	Y60；钻孔 7	X90　Y70　L_F　钻孔 7
N100	M99；	M17　L_F
段号	O722；右侧一圈及中心共 7 孔位子程序，孔 8 在主程序	
N10	G90　G16　X17.5　Y30；孔 9	
N20	G91　Y60　K5；ϕ35mm 圆上其余 5 孔	
N30	M99；	
段号	O72；主程序	SMS72　主程序
N10	G91　G28　Z0；	G74　Z0　L_F
N20	T01　M06；T01 丝锥	T01　M06　L_F　T01 丝锥
N30	G90　G00　G54　X10　Y10　F300　S200　M03；孔 1 位，$v_f=nP=200r/min×1.5mm=300mm/min$（用 F 指令指定）	G90　G00　G54　X10　Y10　F300　S200　M03　L_F　孔 1 位，$v_f=nP=200r/min×1.5mm=300mm/min$（用 F 指令指定），X10　Y10 仅定位不加工

（续）

程序及说明	系统	
	FANUC	SIEMENS
N40	G43　H01　Z5；	Z5；
N50	G84　R5　Z-30；攻孔1	MCALL　CYCLE840（5，0，5，-30,，0，3，3，1，10，1.5）L_F　攻孔
N60	M98　P721；攻三列及4、5、6、7共19孔	SMS721　L_F　攻三列及4、5、6、7共19孔
N70	G90　G55　X0　Y0；攻孔8	G90　X71　Y40　L_F　攻孔8
N80	M98　P722；攻右侧一圈共6孔	HOLES2（71，40，17.5，30，60，6）　L_F　攻右侧一圈共6孔
N90	G90　G80　G15　G49　Z-50　M05；	MCALL　L_F Z-50　D00　L_F
N100	G91　G28　Z0；	G74　Z0　L_F
N110	T02　M06；T02扩孔钻头ϕ11.8	T02　M06　L_F　T02扩孔钻头ϕ11.8
N120	G90　G00　G54　X10　Y10　F80　S500　M03；孔1位	G90　G00　G54　X10　Y10　F80　S500　M03　L_F　孔1位
N130	G43　H02　Z5；	Z5；
N140	G81　R5　Z-30；扩孔1	MCALL　CYCLE81（5，0，5，-30,）　L_F　扩孔
N150	M98　P721；扩三列及4、5、6、7共19孔	SMS721　L_F　扩三列及4、5、6、7共19孔
N160	G90　G55　X0　Y0；扩孔8	G90　X71　Y40　L_F　扩孔8
N170	M98　P722；扩右侧一圈共6孔	HOLES2（71，40，17.5，30，60，6）　L_F　扩右侧一圈共6孔
N180	G90　G80　G15　G49　Z-50　M05；	MCALL　L_F Z-50　D00　L_F
N190	G91　G28　Z0；	G74　Z0　L_F
N200	T03　M06；T03铰刀ϕ12H8	T03　M06　L_F　T03铰刀ϕ12H8
N210	G90　G00　G54　X10　Y10　F120　S200　M03；孔1位	G90　G00　G54　X10　Y10　F120　S200　M03　L_F　孔1位
N220	G43　H03　Z5；	Z5；
N230	G85　R5　Z-30；铰孔1	MCALL　CYCLE85（5，0，5，30,，，120，120）　L_F　铰孔
N240	M98　P721；铰三列及4、5、6、7共19孔	SMS721　L_F　铰三列及4、5、6、7共19孔
N250	G90　G55　X0　Y0；铰孔8	G90　X71　Y40　L_F　铰孔8
N260	M98　P722；铰右侧一圈共6孔	HOLES2（71，40，17.5，30，60，6）　L_F　铰右侧一圈共6孔
N270	G90　G80　G15　G49　Z-50　M05；	MCALL　L_F Z-50　D00　L_F
N280	G91　G28　Z0；	G74　Z0　L_F
N290	T00　M06；	T00　M06　L_F
N300	M30；	M30　L_F

（6）精镗循环 G76、G86/CYCLE86　精镗循环 G76、G86/CYCLE86 在原有孔的情况下，用镗刀常对该孔进行半精或精镗加工，指令格式及图解见表 7-23。

表 7-23　精镗循环 G76、G86/CYCLE86 指令格式及图解

系统	FANUC	SIEMENS
主轴定向准停	数控铣床一般无此功能，加工中心有，即数控铣床无 G76、CYCLE86，忽略 RPA、RPO、RPAP、POSS	
指令格式及图解动作	1）孔底主轴停 G86 G86　Z_　R_； 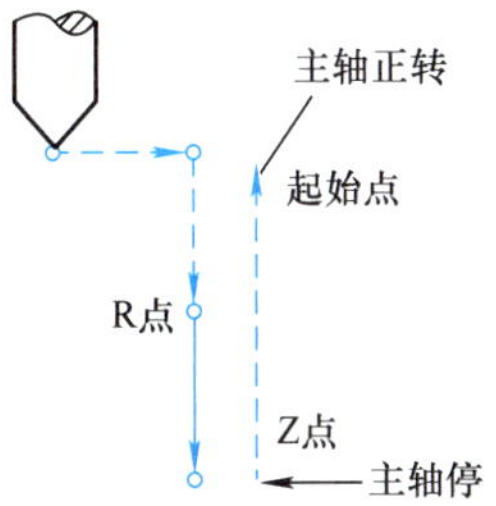 图 7-31　G86 动作分解 动作时序：G86 与 G81 类似，但进给到孔底后主轴停转→G00 返回到 R 或 I 平面→恢复旋转，简记为工进→停转→快退→恢复 2）孔底主轴让刀 G76 G76　Z_　R_　Q_　P_； Q——定向让刀距离，无符号，让刀方向由机床参数确定 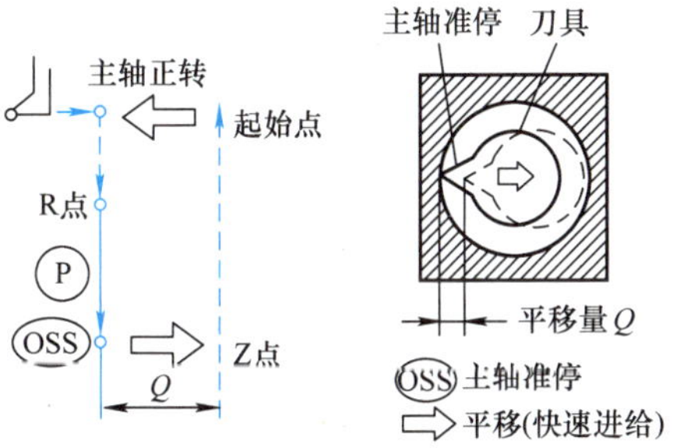 图 7-32　G76 动作分解 动作时序：G00 到 R→G01 到 Z→暂停、主轴定向、让刀 Q→G00 到 R 或 I 平面→恢复，简记为：工进→孔底让刀→快退→恢复 让刀不会在工件表面上产生划痕，优于 G86	CYCLE86（RTP，RFP，SDIS，DP，DPR，DTB，SDIR，RPA，RPO，RPAP，POSS）　L_F SDIR——工进主轴转向，值 3、4 分别对应 M03、M04 RPA——X 轴让刀量，带正负号的增量值 RPO——Y 轴让刀量，带正负号的增量值 RPAP——Z 轴让刀量，常为 0 POSS——主轴定向准停位置（°） 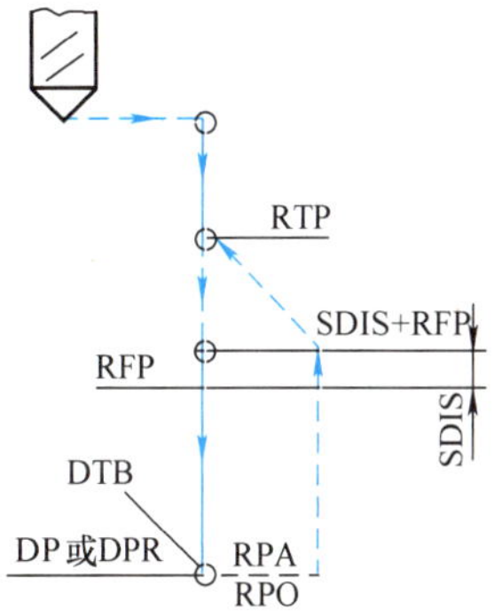 图 7-33　CYCLE86 动作分解 动作时序：G00 到开始加工平面→G01 到孔底平面→暂停 DTB→主轴定向在 POSS 位置→G00 让刀 RPA、RPO→G00 返回到开始加工平面→G00 消除让刀重新定位到孔中心、恢复主轴旋转、并到返回平面 RTP，简记为：工进→孔底让刀→快退→恢复 让刀方向和主轴准停位置数据由机床数控设定

（7）反镗循环 G87

指令格式：G87　R_　Z_　Q_　P_；

G87 是孔口让刀，动作分解如图 7-34 所示。主轴定向让刀，快速到达 R 点后平移定位，主轴回转，反镗工进到 Z 点，主轴再度准停让刀，快速返回到起始点后，重新定位，主轴恢复旋转，完成一个固定循环动作。让刀量 Q 及方向与 G76 设定相同，P 可以省略。SIE-MENS 系统无对应指令。G87 无 G99 返回情况，主要用于口小肚大孔的反镗，如图 7-35 所

示，但要注意到 R 点后平移定位，防止撞刀。

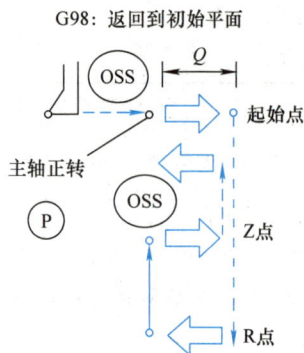

图 7-34　G87 动作分解

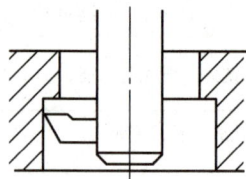

图 7-35　反镗举例

（8）浮动镗孔循环 G88/CYCLE87、CYCLE88　由于 G88/CYCLE87、CYCLE88 工进加工到孔底后，主轴停转，然后需人工干涉退刀，在孔底有时间、有机会拆卸镗刀头，故常用于浮动镗孔，其指令格式及图解见表 7-24。

表 7-24　浮动镗孔循环 G88/CYCLE87、CYCLE88 指令格式及图解

系统	FANUC	SIEMENS
指令格式	G88　R_　Z_　P_;	CYCLE87（RTP, RFP, SDIS, DP, DPR, SDIR）L_F CYCLE88（RTP, RFP, SDIS, DP, DPR, DTB, SDIR）　L_F
图解	 图 7-36　G88 动作分解	 a）CYCLE87　　b）CYCLE88 图 7-37　CYCLE87、CYCLE88 动作分解
动作	快进到 R→工进到 Z→暂停、主轴停→手动退出→主轴恢复运转，简记为：工进→暂停→手动返回。如何能准确手动到达 R 或 I，需仔细观察操作面板 CRT	快进到 SDIS + RFP→工进到 DP 或 DPR→暂停、主轴停、程序停→NC 启动继续→快退 RTP，简记为：工进→暂停→启动→快退 CYCLE87、CYCLE88 的区别在于 CYCLE88 具有孔底暂停功能

（9）孔底暂停铰孔循环 G89/CYCLE89　由于加工中在孔底具有暂停功能，孔底暂停铰孔循环 G89/CYCLE89 可以用于光整加工，常用于沉孔的精铰加工，其指令格式及图解见表 7-25。

表 7-25　孔底暂停铰孔循环 G89/CYCLE89

系统	FANUC	SIEMENS
指令格式	G89　R_　Z_　P_;	CYCLE89 (RTP, RFP, SDIS, DP, DPR, DTB) L_F
图解	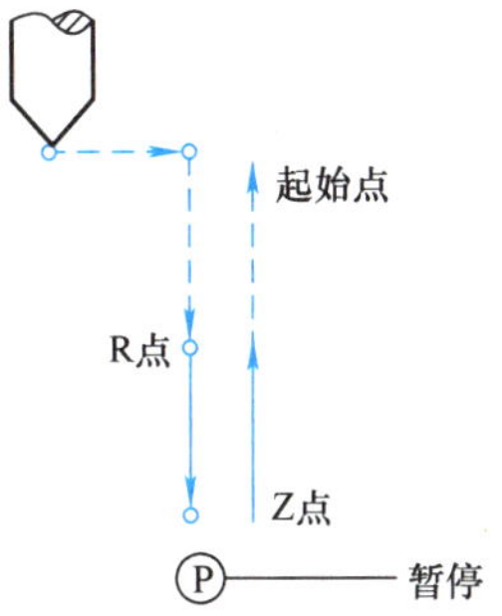 图 7-38　G89 动作分解	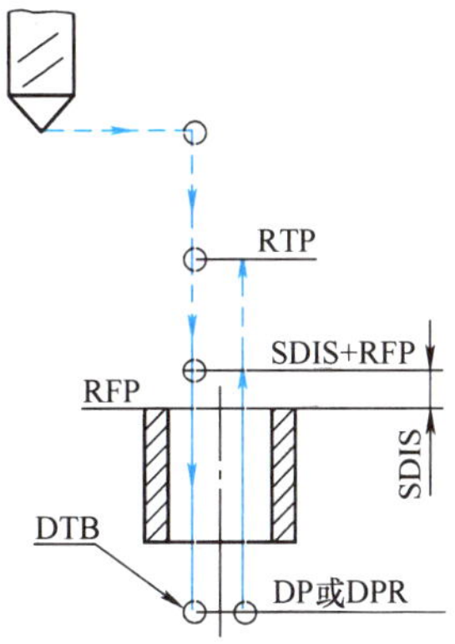 图 7-39　CYCLE89 动作分解
动作	快进到 R→工进到 Z→暂停→工退，与 G85 的区别在于 G89 具有孔底暂停功能，简记为：工进→暂停→工退	快进到 SDIS + RFP→工进到 DP 或 DPR→暂停→工退 SDIS + RFP→快退 RTP，简记为：工进→暂停→工退

（10）取消固定循环 G80/MCALL　固定循环 G73、G74、G76、G81～G89 和 MCALL CYCLE81～89 有效期间，只要 X、Y 轴动一下就执行一次孔加工，不用时切记要取消，其指令格式见表 7-26。

表 7-26　取消固定循环 G80/MCALL 指令格式

系统	FANUC	SIEMENS
指令格式	G80; 模态、共容、原始 G 代码，取消 G73、G74、G76、G81～G89 指令	MCALL　L_F 单段、原始指令，取消 MCALL CYCLE81～89 指令

（11）固定循环注意事项

1）在调用固定循环前，如主轴转速、转向等初始条件必须按固定循环各自要求指令。

2）如果在固定循环有效期间指定 01 组（G00～G03 等）任一 G 代码时，则取消固定循环 G73～G89，执行 01 组 G 代码，这相当危险。

3）如果孔距、初始平面 I 到参考平面 R 距离、返回平面 RTP 到开始加工平面 SDIS + RFP 距离很小时，主轴若达不到正常转速，须在每个钻孔动作之间插入暂停指令 G04，延长时间，等待达到要求转速。

【促成任务 7-5】　编程、仿真加工或在线加工图 7-40 所示的孔，已知毛坯无预留孔。

【解】　如果是考试、单件生产或缺乏镗刀，则可用立铣刀按图 7-40b 所示路径铣削 ϕ35H8 通孔能达到要求，再用倒角镗刀孔口倒角 C2，这些已经会做。这里拟订的加工方案

113

及程序清单见表7-27。

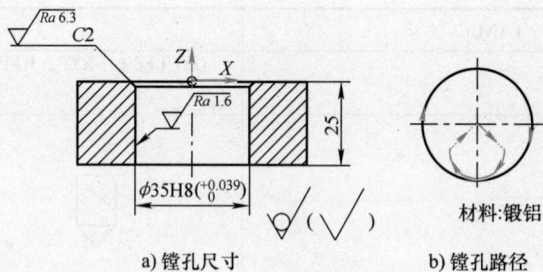

图7-40 镗孔

表7-27 促成任务7-5解析

系统 加工方案	FANUC	SIEMENS
方案	① T01 钻头 φ30→G81 钻孔 ② T02 镗刀 φ34.5→G81 镗孔 ③ T03 镗刀 45°倒角刀→G82 倒角 ④ T04 镗刀 φ35H8→G76 镗孔	① T01 钻头 φ30→CYCLE81 钻孔 ② T02 镗刀 φ34.5→CYCLE81 镗孔 ③ T03 镗刀 45°倒角刀→CYCLE82 倒角 ④ T04 镗刀 φ35H8→CYCLE86 镗孔
工件坐标系	工件坐标系建立在工件顶面孔口中心上	
刀具补偿	机上对刀进行刀具长度补偿	
程序	O73;	SMS73. MPF
N10	G91 G28 Z0;	G74 Z0 L_F
N20	T01 M06; φ30mm 钻头	T01 M06 L_F φ30mm 钻头
N30	G90 G00 G54 X0 Y0 F150 S90 M03;	G90 G00 G54 X0 Y0 F150 S90 M03 L_F
N40	G43 H01 Z5;	Z5 L_F
N50	G81 R5 Z-45;	CYCLE81 (5, 0, 5, -45,) L_F
N60	G80 G49 Z-100; 因为机床返回参考点时，$X=Y=Z=0$，$Z_{G54}=0$	D00 Z-100 L_F 因为机床返回参考点时，$X=Y=Z=0$，$Z_{G54}=0$
N70	G91 G28 Z0;	G74 Z0 L_F
N80	T02 M06; φ34.5mm 镗刀	T02 M06 L_F φ34.5mm 镗刀
N90	G90 G00 G54 X0 Y0 F100 S1200 M03;	G90 G00 G54 X0 Y0 F100 S1200 M03 L_F
N100	G43 H02 Z5;	Z5 L_F
N110	G81 R5 Z-30;	CYCLE81 (5, 0, 5, -30,) L_F
N120	G80 G49 Z-100;	D00 Z-100 L_F
N130	G91 G28 Z0;	G74 Z0 L_F
N140	T03 M06; 45°倒角镗刀	T03 M06 L_F 45°倒角镗刀

（续）

加工方案＼系统	FANUC	SIEMENS
N150	G90　G00　G54　X0　Y0　F100　S1000　M03；	G90　G00　G54　X0　Y0　F100　S1000　M03　L$_F$
N160	G43　H03　Z5；	Z5　L$_F$
N170	G82　R5　Z－2　P200；	CYCLE82（5，0，5，－2，，0.2）　L$_F$
N180	G80　G49　Z－100；	D00　Z－100　L$_F$
N190	G91　G28　Z0；	G74　Z0　L$_F$
N200	T04　M06；φ35H8镗刀	T04　M06　L$_F$　φ35H8镗刀
N210	G90　G00　G54　X0　Y0　F100　S1500　M03；	G90　G00　G54　X0　Y0　F100　S1500　M03　L$_F$
N220	G43　H04　Z5；	Z5　L$_F$
N230	G76　R5　Z－30　Q1；	CYCLE86（5，0，5，－30，，0，3，－1，－1，，90）　L$_F$
N240	G80　G49　Z－100；	D00　Z－100　L$_F$
N250	G91　G28　Z0；	G74　Z0　L$_F$
N260	T00　M06；	T00　M06　L$_F$
N270	M30；	M30　L$_F$

115

在线加工时，工件找正夹紧后，机上测量 T01、T02、T03、T04 刀长，其值分别置于 001、002、003、004 刀具几何长度补偿存储器中。倒角刀具的有效长度、直径如图 7-41 所示。

T04 倾斜微调精镗刀的精度不高，直径 0.005～0.01mm 的精度调整比较困难，用自制图 7-42 所示的 V 形表架调整刀具很方便。

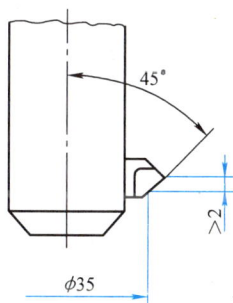

图 7-41　倒角刀具的有效长度、直径

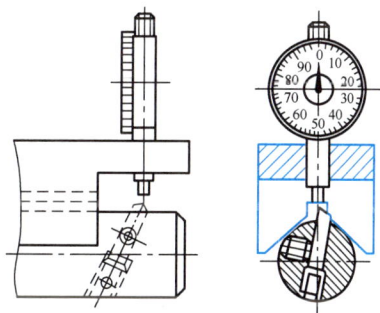

图 7-42　V 形表架

四、相关实践

完成本项目图 7-1 所示的 LX07-01 凸块的程序设计。

（1）承接加工任务　从表 7-1 可看出，该零件分两道工序加工；从工作任务要求可知，本项目加工第二道工序——工序 20 数控镗铣。

（2）了解使用设备，确认装夹方案，熟悉工艺方法　使用 XH714 型立式加工中心，可选配 FANUC 或 SIEMENS 数控系统，主轴锥孔 BT40，拉钉 LD- BT40，刀库容量 24 把，顺序选刀，无机械手，用 T 代码换刀，M06 换刀。换刀点在 Z 轴最大行程处且 $Z_{机床}=0$。

用 200 机用平口虎钳装夹工件。$Ra1.6\mu m$ 的大面朝下垫平，工件毛坯面高出虎钳 22mm（凸台高）+3mm（安全量）+3mm（加工余量）=28mm，夹 80mm 两侧面，100mm 任一侧面与虎钳侧面用平尺找平夹紧，实际上限制六个自由度，工件处于完全定位状态，如图 7-43 所示。图 7-43 取出了工件下的垫铁，是为了加工通孔时防撞。

熟悉表 7-1，由此整理出加工方案见表 7-28，为编程提供清晰思路。

表 7-28　凸块加工方案

加工部位	加工方法				
顶面	粗铣	精铣			
凸台	粗铣	精铣			
6×M10-7H	钻中心孔	钻底孔	倒角	攻螺纹	
4×ϕ12H7	钻中心孔	钻底孔	扩	倒角	铰
2×ϕ30H7	钻中心孔	钻底孔	扩	粗镗	精镗
2×ϕ35H7	粗镗	精镗			

（3）确定编程方案及加工顺序

1）以凸块中心为编程原点，建立工件坐标系。铣顶面，Z 向零点在毛坯顶面 45mm 上，用 G55；其余加工内容 Z 向零点在工件顶面 42mm 上，用 G54，如图 7-44 所示。

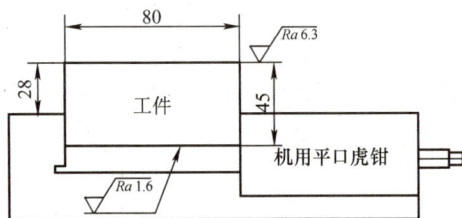

图 7-43　工件装夹

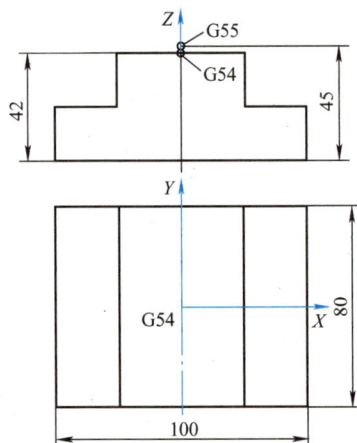

图 7-44　凸块工件坐标系

2）确定加工顺序及编程思路。由于同种孔数较多，每种孔加工需要刀具较多，孔位坐标重复次数多，所以除顶面和 2×ϕ30H7/ϕ35H8 孔加工外，其余部位加工都用主、子程序编程，加工顺序及编程方案见表 7-29。

表7-29　加工顺序及编程方案

序号	加工顺序	刀具	刀具	FANUC	SIEMENS
1	粗铣顶面	φ80mm 面铣刀	T01	G01	G01
2	精铣顶面	φ80mm 面铣刀			
3	粗铣凸台	φ16mm 立铣刀	T02		
4	精铣凸台				
5	钻6×M10-7H 中心孔	φ2mm 中心钻	T03	G81	CYCLE81
6	钻4×φ12H7 中心孔				
7	钻2×φ30H7 中心孔				
8	钻2×φ30H7 底孔	φ8.5mm 钻头	T04	G73	CYCLE83 VARI = 0
9	钻4×φ12H7 底孔				
10	钻6×M10-7H 底孔				
11	扩4×φ12H7	φ11.8mm 钻头	T05	G81	CYCLE81
12	扩2×φ30H7	φ19mm 钻头	T06		
13	4×φ12H7 倒角			G82	CYCLE82
14	6×M10-7H 倒角				
15	扩2×φ30H7	φ26mm 钻头	T07	G81	CYCLE81
16	粗镗2×φ30H7	φ29.7mm 镗刀	T08		
17	粗镗2×φ35H8	φ34.6mm 平底镗刀	T09	G82	CYCLE89
18	精镗2×φ35H8	φ35H8mm 平底镗刀	T10		
19	精镗2×φ30H7	φ30H7mm 镗刀	T11	G86	CYCLE86
20	铰4×φ12H7	φ12H7mm 铰刀	T12	G85	CYCLE85
21	攻6×M10-7H 螺纹	M10-H2 丝锥	T13	G84	CYCLE840

117

3）进给路线。铣顶面进给路线如图7-45所示；铣50mm凸台进给路线如图7-46所示；孔加工进给路线如图7-47所示。

从图7-45铣顶面进给路线和图7-46铣凸台侧面进给路线可看出，如果面铣刀φ80mm改用φ100mm、φ16mm立铣刀改用φ40mm，就不会出现接刀痕迹，刀具路径可大大缩短，从而容易提高加工质量，明显提高加工效率，且普通常用刀具φ100mm面铣刀、φ40mm立铣刀费用不会增加多少，两全其美。采用小刀具的主要原因是尽量利用车间现有工装，降低成本。

4）机上测量刀具长度补偿。

（4）编程　加工10件，合编一条程序，见表7-30。

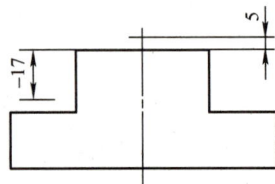

图 7-45 铣顶面进给路线

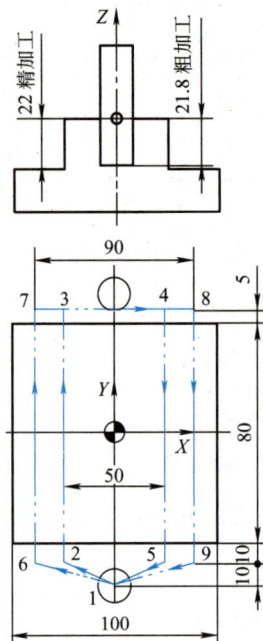

图 7-46 凸台进给路线

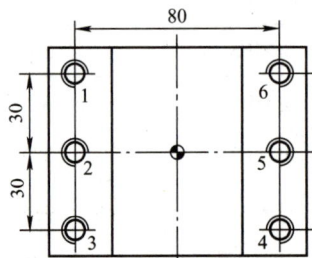

a) 平面设定

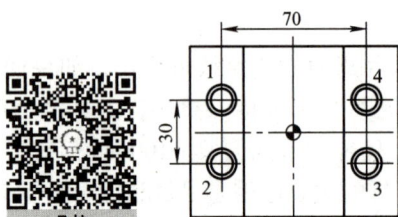

b) 螺纹孔

c) 铰孔

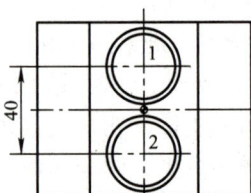

d) 镗孔

图 7-47 孔加工进给路线

表 7-30　图 7-1 加工程序

段号	FANUC	备注		SIEMENS
	O711；	凸台加工子程序。如图 7-46 所示，假定刀具已在 1 点		L711
N10	G90　G00　G41　D02　X－25　Y－50；	建立刀补并快速到 2 点，距工件表面有 2mm 的安全距离		G90　G00　G41　D02　X－25　Y－50　L$_F$
N20	G01　Y45；	直线插补到 3 点		G01　Y45　L$_F$
N30	G00　X25；	快速到 4 点		G00　X25　L$_F$
N40	G01　Y－50；	直线插补到 5 点		G01　Y－50　L$_F$
N50	G00　G40　X0　Y－60；	取消刀补并快速回到 1 点		G00　G40　X0　Y－60　L$_F$
N60	X－45　Y－50；	6 点		X－45　Y－50　L$_F$
N70	G01　Y45；	7 点		G01　Y45　L$_F$
N80	G00　X45；	8 点		G00　X45　L$_F$
N90	G01　Y－50；	9 点		G01　Y－50　L$_F$
N100	G00　X0　Y－60；	1 点		G00　X0　Y－60　L$_F$
N110	M99；			M17　L$_F$
段号	O712；	6×M10-7H（见图 7-47b）子程序		L712
N10	G99　X－40　Y0；	2 点，第 1 点放在主程序中，程序可读性好	1 点和 2 点，第 1 点在子程序中	X－40　Y30　L$_F$ X－40　Y0　L$_F$
N20	G98　Y－30；	3 点后抬高做"翻山越岭"准备		Y－30　L$_F$
N30	G99　X40；	4 点，做"平原耕作"准备		X40　L$_F$
N40	Y0；	5 点"平原耕作"		Y0　L$_F$
N50	G98　Y30；	6 点后抬高，考虑到用同一把中心钻"翻山越岭"打中心孔		Y30　L$_F$
N60	M99；	子程序结束		M17　L$_F$
段号	O713；	4×φ12H7（见图 7-47c）子程序		L713
N10	G98　X－35　Y－15；	2 点后抬高做"翻山越岭"准备，第 1 点在主程序	1 点和 2 点，第 1 点在子程序中	X－35　Y15　L$_F$ X－35　Y－15　L$_F$
N20	G99　X35；	3 点"平原耕作"		X35　L$_F$
N30	G98　Y15；	4 点后抬高，为中心钻"翻山越岭"打中心孔做准备		Y15　L$_F$
N40	M99；	子程序结束		M17　L$_F$

（续）

段号	FANUC	备注	SIEMENS
	O71;	主程序	SMS71. MPF
N10	G91　G28　Z0;	Z 向经中间点回参考点，本机指换刀点，这里中间点＝现在位置，防止刀具到达中间点时与工件相撞	G74　Z0　L$_F$
N20	T01　M06;	换 T01，ϕ80mm 面铣刀	T01　M06　L$_F$
N30	G90　G00　G55　X25　Y－90　F200　S500　M03;	在下刀点 1 上方定位且初始化，见图 7-45，G55，Z 向零点在工件毛坯顶面 45mm 上	G90　G00　G55　X25　Y－90　F200　S500　M03　L$_F$
N40	G43　H01　Z－2.8;	刀具长度补偿并到要求粗加工高度 Z－2.8，留精加工余量 0.2mm	Z－2.8　L$_F$
N50	G01　Y90;	2 点	G01　Y90　L$_F$
N60	G00　X－25;	3 点	G00　X－25　L$_F$
N70	G01　Y－90;	4 点	G01　Y－90　L$_F$
N80	M01;	测量工件厚度，必要时修改 Z 向尺寸	M01　L$_F$
N90	G00　Z－3;	Z 向尺寸试切确定	G00　Z－3　L$_F$
N100	G01　Y90　F150　S600　M03;	精铣顶面，3 点	G01　Y90　F150　S600　M03　L$_F$
N110	G00　X25;	2 点	G00　X25　L$_F$
N120	G01　Y－90;	1 点	G01　Y－90　L$_F$
N130	M01;	测量工件厚度，必要时修改 Z 向尺寸	M01　L$_F$
N140	G00　G49　Z－50;	取消刀具长度补偿	G00　D0　Z－50　L$_F$
N150	G91　G28　Z0;		G74　Z0　L$_F$
N160	T02　M06;	换 T02 刀，ϕ16mm 立铣刀	T02　M06　L$_F$
N170	G90　G00　G54　X0　Y－60　F100　S600　M03;	在 1 点上方定位且初始化，如图 7-46 所示，G54，Z 向零点在工件 42mm 尺寸平面上	G90　G00　G54　X0　Y－60　F100　S600　M03　L$_F$
N180	G43　H02　Z－21.8;	刀具长度补偿并到要求粗加工高度 Z－21.8，留精加工余量 0.2mm	Z－21.8　L$_F$
N190	M98　P711;	粗铣凸台，D02＝8.5mm，侧面留精加工余量 0.5mm	L711　L$_F$
N200	M01;	测量凸台尺寸，并修改刀补 D02 值和 Z 向尺寸	M01　L$_F$
N210	Z－22　F80　S600　M03;	Z 向尺寸试切确定	Z－22　F80　S600　M03　L$_F$
N220	M98　P711;	精铣凸台	L711　L$_F$
N230	G00　G49　Z－50;	取消刀具长度补偿，到安全高度	D0　Z－50　L$_F$
N240	G91　G28　Z0;		G74　Z0　L$_F$

（续）

段号	FANUC	备注		SIEMENS
	O71；	主程序		SMS71. MPF
N250	T03　M06；	换 T03 刀，φ2mm 中心钻		T03　M06　L$_F$
N260	G90　G00　G54　X－40 Y30　F120　S1500　M03；	钻 6×M10-7H 中心孔，1 点定位，如图 7-47b所示	点1仅定位	G90　G00　G54　X－40 Y30　F120　S1500　M03　L$_F$
N270	G43　H03　Z5；	刀具长度补偿并到平面 Z5		Z5　L$_F$
N280	G81　R－17　Z－27；	钻点 1 中心孔 参考平面 R－17，孔深 Z－27	模态调用，刀具长度补偿到返回平面 Z5，快进到加工开始平面 Z = － 22 + 5，参考平面 Z－22，孔深Z－27	MCALL　CYCLE81（5，－22，5，－27，）　L$_F$
N290	M98　P712；	调螺孔子程序，钻2、3、4、5、6点中心孔		L712　L$_F$
N300	G99　X－35　Y15；	钻 4×φ12H7 中心孔，1 点，如图7-47c 所示		
N310	M98　P713；	调铰孔子程序，钻2、3、4点中心孔		L713　L$_F$ MCALL　L$_F$
N320	X0　Y20　R5　Z－5；	钻 2×φ30H7 中心孔，1 点，如图 7-47d 所示		MCALL　CYCLE81（5，0，5，－5，）　L$_F$ X0　Y20　L$_F$
N330	Y－20；	点 2		Y－20　L$_F$
N340	G80；	取消固定循环		MCALL　L$_F$
N350	G00　G49　Z－50；			D0　Z－50　L$_F$
N360	G91　G28　Z0；			G74　Z0　L$_F$
N370	T04　M06；	换 T04 刀，φ8.5mm 钻头		T04　M06　L$_F$
N380	G90　G00　G54　X0　Y20 F80　S700　M03；	钻 2×φ30H7 底孔，φ8.5mm，1 点定位	X0　Y20 仅定位，不加工	G90　G00　G54　X0　Y20 F80　S700　M03　L$_F$
N390	G43　H04　Z5；	刀具长度补偿并到平面 Z5		Z5　L$_F$
N400	G73　R5　Z－48　Q10；	高速渐进孔底断屑钻孔 1 参考平面 R5，孔深Z－48，渐进量10	返回平面 RTP＝5，参考平面 RFP＝0，安全距离 SDIS＝5mm，孔深 DP＝－48mm，首次钻孔深度 FDEP＝－10mm，递减量 DAM＝2mm，孔底暂停时间 DTB＝0，起始排屑时间 DTS＝0，进给速度系数 FRF＝1，孔底断屑 VARI＝0	MCALL CYCLE83（5，0，5，－48，，－10，，2，0，0，1，0）L$_F$ X0　Y20　L$_F$

121

（续）

段号	FANUC	备注	SIEMENS
	O71；	主程序	SMS71. MPF
N410	X0　Y-20；	2 点	X0　Y-20　L$_F$ MCALL　L$_F$
N420	G73　X-35　Y15　R-17 Z-48　Q10；	钻 4×φ12H7 底孔 φ8.5mm	MCALL CYCLE83 (5，-22，5，-48，， -32，10，2，0，0，1，0) L$_F$
N430	M98　P713；		L713　L$_F$
N440	X-40　Y30；	钻 6×M10-7H 底孔 φ8.5mm	
N450	M98　P712；		L712　L$_F$
N460	G80；		MCALL　L$_F$
N470	G00　G49　Z-50；		D0　Z-50　L$_F$
N480	G91　G28　Z0；		G74　Z0　L$_F$
N490	T05　M06；	换 T05 刀，φ11.8mm 钻头	T05　M06　L$_F$
N500	G90　G00　G54　X-35 Y15　F90　S500　M03；	扩 4×φ12H7 底孔至 φ11.8mm	G90　G00　G54　X-35 Y15　F90　S500　M03　L$_F$
N510	G43　H05　Z5；		Z5　L$_F$
N520	G81　R-17　Z-50；		MCALL CYCLE81(5，-22，5，-50，) L$_F$
N530	M98　P713；		L713　L$_F$
N540	G80；		MCALL　L$_F$
N550	G00　G49　Z-50；		D0　Z-50　L$_F$
N560	G91　G28　Z0；		G74　Z0　L$_F$
N570	T06　M06；	换 T06 刀，φ19mm 钻头	T06　M06　L$_F$
N580	G90　G00　G54　X0　Y20 F80　S300　M03；	扩 2×φ30H7 底孔至 φ19mm	G90　G00　G54　X0　Y20 F80　S300　M03　L$_F$
N590	G43　H06　Z5；		Z5　L$_F$
N600	G81　R5　Z-55；		MCALL CYCLE81 (5，0，5，-55，) L$_F$ X0　Y20　L$_F$
N610	Y-20；		Y-20　L$_F$
N620	G82　X-35　Y15　R-17 Z-27　P1000；	Z 向尺寸试切确定，4×φ12H7 孔口倒角， 暂停时间 1s	MCALL　L$_F$ MCALL CYCLE82 (5，-22，5，-27， 1) L$_F$

（续）

段号	FANUC	备注	SIEMENS
	O71；	主程序	SMS71. MPF
N630	M98　P713；		L713　L_F MCALL　L_F
N640	G82　X－40　Y30　R－17 Z－25　P1000；	Z向尺寸试切确定，6×M10-7H 孔口倒角	MCALL CYCLE82（5，－22，5，－25，1）　L_F
N650	M98　P712；		L712　L_F
N660	G80		MCALL　L_F
N670	G00　G49　Z－50；		D0　Z－50　L_F
N680	G91　G28　Z0；		G74　Z0　L_F
N690	T07　M06；	换 T07 刀，钻头 ϕ26mm	T07　M06　L_F
N700	G90　G00　G54　X0　Y20 F60　S150　M03；	扩 2×ϕ30H7 至 ϕ26mm	G90　G00　G54　X0　Y20 F60　S150　M03　L_F
N710	G43　H07　Z5；		Z5　L_F
N720	G81　R5　Z－45；		MCALL CYCLE81（5，0，5，－45，）　L_F
N730	Y－20；		X0　Y20　L_F Y－20　L_F
N740	G80；		MCALL　L_F
N750	G00　G49　Z－50；		D0　Z－50　L_F
N760	G91　G28　Z0；		G74　Z0　L_F
N770	T08　M06；	换 T08 刀，粗镗刀 ϕ29.7mm	T08　M06　L_F
N780	G90　G00　G54　X0　Y20 F120　S1000　M03；	粗镗 2×ϕ30H7 至 ϕ29.7mm	G90　G00　G54　X0　Y20 F120　S1000　M03　L_F
N790	G43　H08　Z5；		Z5　L_F
N800	G81　R5　Z－45；		MCALL CYCLE81（5，0，5，－45，）　L_F
N810	Y－20；		X0　Y20　L_F Y－20　L_F
N820	G80；		MCALL　L_F
N830	G00　G49　Z－50；		D0　Z－50　L_F
N840	G91　G28　Z0；		G74　Z0　L_F
N850	T09　M06；	换 T09 刀，粗镗刀 ϕ34.6mm	T09　M06　L_F
N860	G90　G00　G54　X0　Y20 F100　S1100　M03；	粗镗 2×ϕ35H8 至 ϕ34.6mm	G90　G00　G54　X0　Y20 F100　S1100　M03　L_F

123

（续）

段号	FANUC	备注	SIEMENS
	O71；	主程序	SMS71. MPF
N870	G43 H09 Z5；		Z5 L_F
N880	G82 R5 Z - 9.9 P500；		MCALL CYCLE89（5，0，5，- 9.9，，0.5）L_F
N890	Y - 20；		X0 Y20 L_F Y - 20 L_F
N900	G80；		MCALL L_F
N910	M01；	测深9.9mm	M01 L_F
N920	G00 G49 Z - 50；		D0 Z - 50 L_F
N930	G91 G28 Z0；		G74 Z0 L_F
N940	T10 M06；	换T10刀，精镗刀 ϕ35H8	T10 M06 L_F
N950	G90 G00 G54 X0 Y20 F80 S1200 M03；	精镗2×ϕ35H8 成形	G90 G00 G54 X0 Y20 F80 S1200 M03 L_F
N960	G43 H10 Z5；		Z5 L_F
N970	G82 R5 Z - 10 P500；		MCALL CYCLE89（5，0，5，- 10，，0.5）L_F
N980	Y - 20；		X0 Y20 L_F Y - 20 L_F
N990	G80；		MCALL L_F
N995	G00 G49 Z - 50；		G00 D0 Z - 50 L_F
N1000	G91 G28 Z0；		G74 Z0 L_F
N1010	T11 M06；	换T11刀，精镗刀 ϕ30H7	T11 M06 L_F
N1020	G90 G00 G54 X0 Y20 F100 S1300 M03；	精镗2×ϕ30H7 成形	G90 G00 G54 X0 Y20 F100 S1300 M03 L_F
N1030	G43 H11 Z5；		Z5 L_F
N1040	G98 G86 R - 8 Z - 45；		MCALL CYCLE86(5，- 10，2，- 45，，0，3，1，1，0，- 225）L_F
N1050	Y - 20；		X0 Y20 L_F Y - 20 L_F
N1060	G80；		MCALL L_F
N1070	G00 G49 Z - 50；		D0 Z - 50 L_F
N1080	G91 G28 Z0；		G74 Z0 L_F
N1090	T12 M06；	换T12刀，铰刀 ϕ12H7mm	T12 M06 L_F
N1100	G90 G00 G54 X - 35 Y15 F100 S200 M03；	铰4×ϕ12H7 成形	G90 G00 G54 X - 35 Y15 F100 S200 M03 L_F
N1110	G43 H12 Z5；		Z5 L_F

（续）

段号	FANUC	备注	SIEMENS
	O71；	主程序	SMS71. MPF
N1120	G85　R－17　Z－50；		MCALL CYCLE85（5，－22，5，－50，，0，100，150）L_F
N1130	M98　P713；		L713　L_F
N1140	G80；		MCALL　L_F
N1150	G00　G49　Z－50；		D0　Z－50　L_F
N1160	G91　G28　Z0；		G74　Z0　L_F
N1170	T13　M06；	换 T13 刀，丝锥 M10-7H	T13　M06　L_F
N1180	G90　G00　G54　X－40　Y30　F300　S200　M03；	攻 6×M10-7H 成形	G90　G00　G54　X－40　Y30　F300　S200　M03　L_F
N1190	G43　H13　Z5；		Z5　L_F
N1200	G84　R－17　Z－50；		MCALL CYCLE840（5，－22，5，－50，，0，0，1，，1.5，，）L_F
N1210	M98　P712；		L712　L_F
N1220	G80；		MCALL　L_F
N1230	G00　G49　Z－50；		D0　Z－50　L_F
N1240	G91　G28　Z0；		G74　Z0　L_F
N1250	T00　M06；		T00　M06　L_F
N1260	G91　G28　Y0；	返回参考点，装卸工件空间大	G74　Y0　L_F
N1270	M30；	主程序结束	M30　L_F

125

思考与练习题

一、问答题

1. 何为顺序换刀？何为随机换刀？怎样编程？

2. 某台数控机床返回到参考点时的机床坐标值 Z＝0，设定工件坐标系 G54 的零点偏置值 Z＝0，下列两个程序段哪个正确？为什么？

1）G90　G00　G54　G49　Z100。

2）G90　G00　G54　G49　Z－100。

3. 如何让机床不动作，但要存储孔加工固定循环参数 R、Z 等？

4. 孔加工固定循环返回到哪个平面恢复初始设定？

5. 为什么说 FANUC 系统孔加工固定循环适合办公室和在线编程？而 SIEMENS 系统适合在线编程不适合办公室编程？

二、综合题

根据尺寸精度要求，先标全加工表面粗糙度要求，后编程、数控仿真加工或在线加工图 7-48、图 7-49 所示的零件。

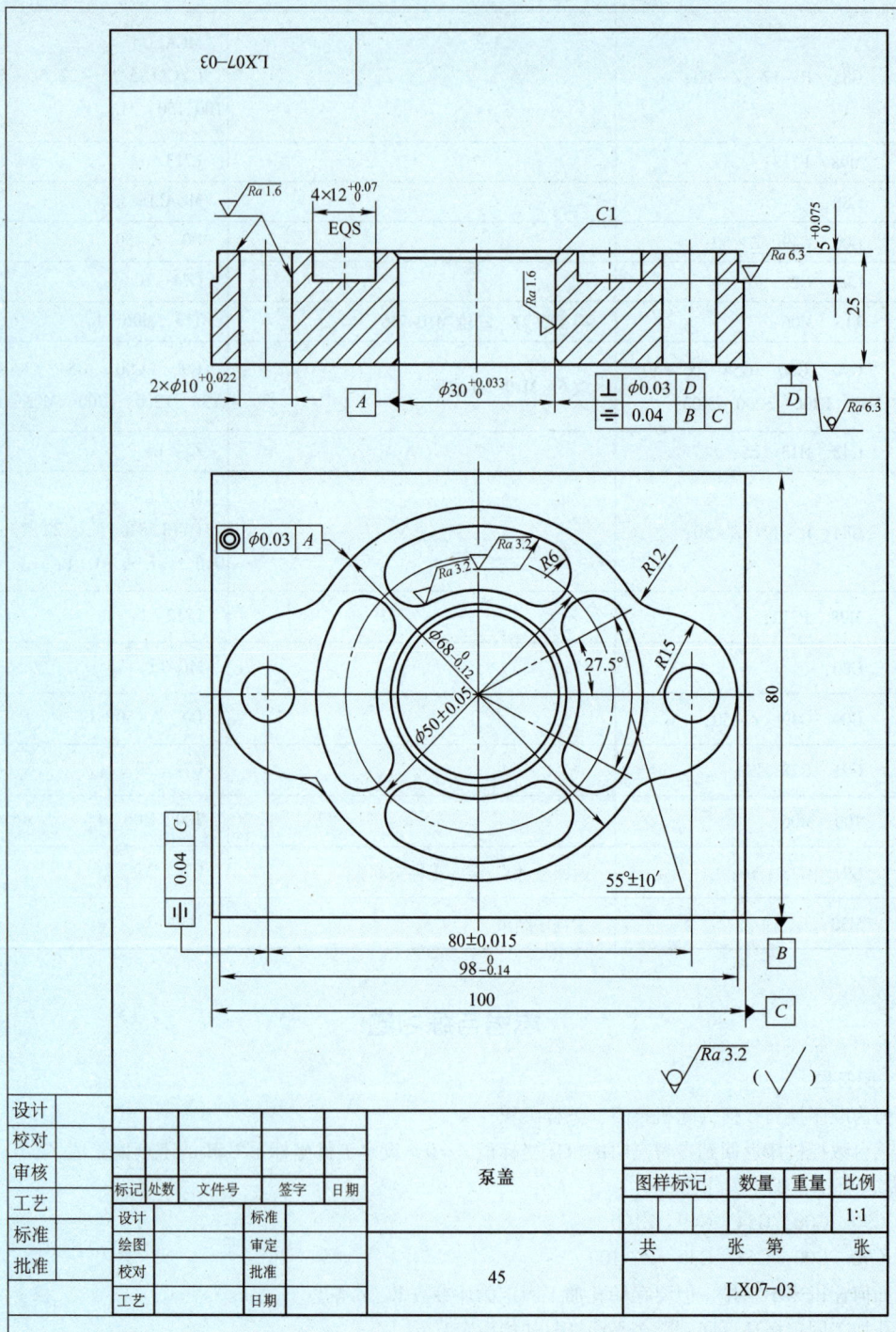

图 7-48　LX07-03 泵盖

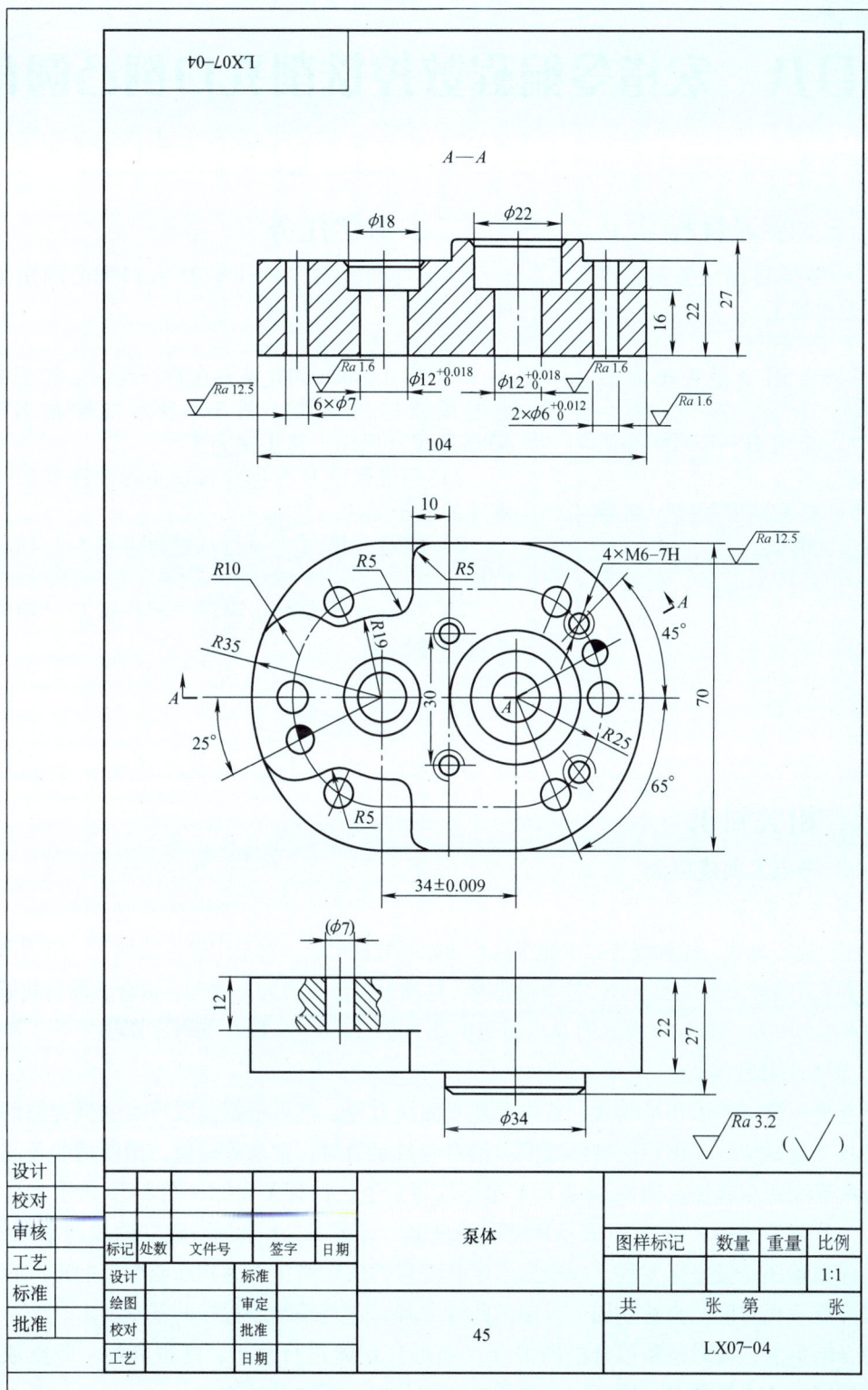

图 7-49 LX07-04 泵体

127

项目八 宏指令编程数控铣削孔口倒凸圆角

一、学习目标

- 终极目标：会宏程序编程数控加工。
- 促成目标

1）会用变量 #/R 参数编程。

2）会用 IF—GOTO 等语句编程。

3）会编制宏程序，数控铣削二次曲面。

4）会传承经典、创新守成。

二、工学任务

（1）零件图样 DYJ08-01 孔口倒凸圆角如图 8-1 所示，加工 1 件。

（2）任务要求

1）用 $\phi16mm$ 的立铣刀在数控铣床、加工中心上或数控仿真加工图 8-1 所示的圆角 R5，$\phi38mm$ 尺寸已由上道工序完工。

2）用宏程序 B 编程并备份正确程序和加工零件的电子照片。

3）核对或填写"项目八过程考核卡"相关信息。

4）提交电子和纸质程序、照片以及"项目八过程考核卡"。

三、相关知识

（一）节点及曲线拟合

1. 节点与拟合

对于没有双曲线、抛物线等二次曲线插补功能的数控机床，常采用逼近法加工。所谓逼近法就是用多条直线段或圆弧去近似代替非圆曲线，这称为拟合（逼近）处理。拟合线段与曲线的交点或切点称为节点。图 8-2a 所示的 G 点和图 8-2b 中的 A、B、C 和 D 点均为节点。

2. 节点坐标计算

节点坐标计算的工作量较大，首先要建立曲线方程，然后根据曲线特点选择合适的自变量，给自变量赋值，求出相应的函数值。给自变量赋值时，常取等量值，即所谓的等间距逼近法或称等间距拟合法。图 8-3a 表示 Y 坐标取等量值，计算 X 坐标；图 8-3b 表示 X 坐标取等量值，计算 Y 坐标；图 8-3c 表示角度取等量值，计算 X、Y 坐标。建立曲线的参数方程、直角坐标方程还是极坐标方程，应根据给定自变量的值后避免人为判断函数值的正或负来决定，以降低编程难度。会建立加工刀路的曲线方程，这是编制宏程序的基本要求。

拟合结束后，需对每条拟合段的拟合（逼近）误差进行分析，这很麻烦。节点数量常由经验确定，节点数越多，精度、表面质量越高，加工耗时也越长。

项目八过程考核卡

班级_____ 班组_____ 学号_____ 姓名_____ 互评学生_____ 指导教师_____ 组长_____ 考核日期____年__月__日

考核内容

任务：数控铣削图8-1所示的零件，用宏B编程或程序R参数编程、加工

备料：100mm×80mm×25mm，Ra6.3μm，锻铝

备刀：φ16mm立铣刀，φ8.5mm钻头，并根据具体使用数控机床组装成相应的刀具组（如果孔未加工好，先加工φ38mm孔）

量具：游标卡尺测量范围0～125mm，分度值0.02mm

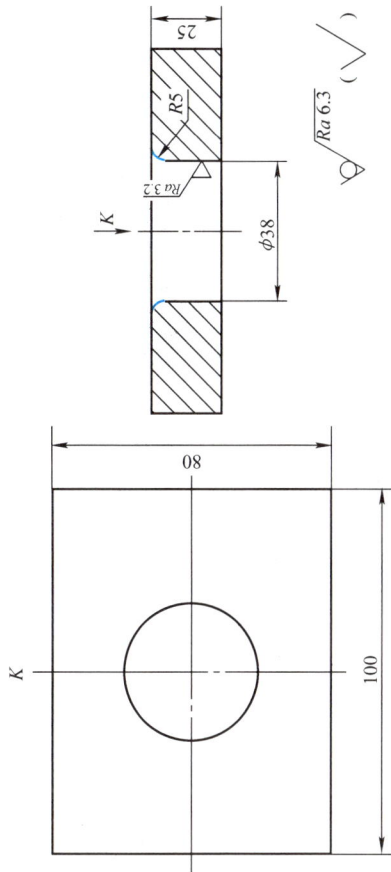

图8-1　DYJ08-01 孔口倒凸圆角

评　分　表

序号	项目	评分标准	配分	得分	整改意见
1	钻孔φ8.5mm	过程正确、熟练	10		
2	铣孔φ38mm	超差0.5mm扣10分	20		
3	孔表面Ra3.2μm	超差一级扣5分	10		
4	倒圆角R5	过程正确、熟练	25		
5	圆弧过渡光滑	一处粗糙扣5分	10		
6	不留残留量	有一处扣5分	10		
7	安全操作	正确、安全操作	5		
8	机床保养	机床维护保养	5		
9	遵守纪律	遵守现场纪律	5		
	合　计		100		

129

a) 圆弧拟合与节点   b) 直线拟合与节点

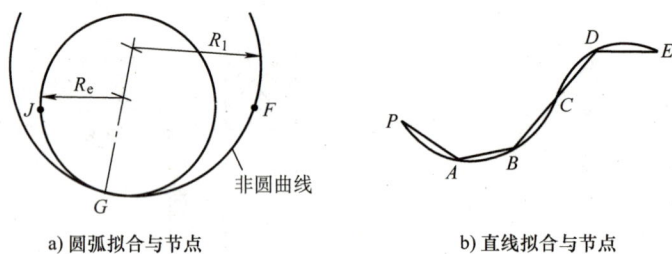

图 8-2 拟合与节点

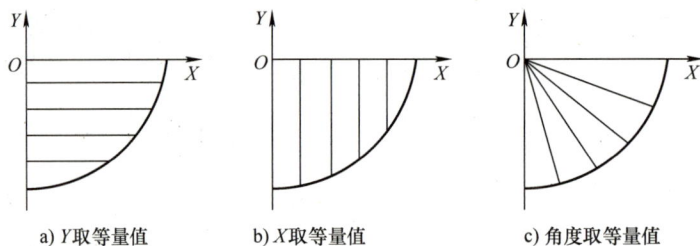

a) Y取等量值   b) X取等量值   c) 角度取等量值

图 8-3 等间距逼近法示意图

表 8-1 列出几条常用曲线的解析方程，可供参考。

表 8-1 常用曲线的解析方程

曲线图	方程式	定义与特性	备注
 图 8-4 椭圆	直角坐标方程 $\dfrac{x^2}{a^2}+\dfrac{y^2}{b^2}=1$ 极坐标方程 $\rho^2=\dfrac{b^2}{1-e^2\cos^2\theta}$ （极点在椭圆中心 O 点） 参数方程 $\begin{cases}x=a\cos t\\y=b\sin t\end{cases}$ 准线 $l_1: x=-\dfrac{a}{e}$ $l_2: x=\dfrac{a}{e}$	动点 P 到两定点 F_1、F_2（焦点）的距离之和为一常数时，P 点的轨迹 （$\|PF_1\|+\|PF_2\|=2a$）（$-a\leqslant x\leqslant a$）	$2a$——长轴 $2b$——短轴 $2c$——焦距（F_1F_2） $c=\sqrt{a^2-b^2}$ e——离心率 $e=\dfrac{c}{a}<1$ e 越大，椭圆越扁平 顶点：$A_1(-a,0)$， $A_2(a,0)$ $B_1(0,-b)$， $B_2(0,b)$ 焦点：$F_1(-c,0)$， $F_2(c,0)$

（续）

曲线图	方程式	定义与特性	备注
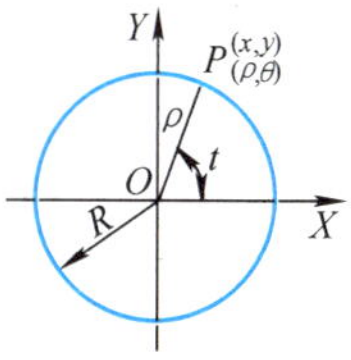 图 8-5　圆	直角坐标方程 $x^2 + y^2 = R^2$ 极坐标方程 $\rho = R$（参见一般形式的极坐标方程） 参数方程 $\begin{cases} x = R\cos t \\ y = R\sin t \end{cases}$	与定点等距离的动点轨迹	圆心 O（0，0） 半径 R 圆心 O（$\rho = 0$）
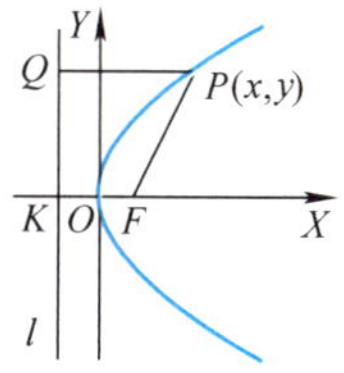 图 8-6　抛物线	直角坐标方程 $y^2 = 2px$（$p > 0$） 极坐标方程 $\rho = \dfrac{2p\cos\theta}{1 - \cos^2\theta}$ （极点在抛物线顶点 O 点） 参数方程 $\begin{cases} x = 2pt^2 \\ y = 2pt \end{cases}$ 准线：$l : x = -\dfrac{p}{2}$	动点 P 到一定点 F（焦点）和一定直线 l（准线）的距离相等时，动点 P 的轨迹（$|PF| = |PQ|$）	离心率 $e = 1$ 顶点 O（0，0） 焦点 $F\left(\dfrac{p}{2}, 0\right)$ p——焦点至准线的距离，p 越大抛物线开口越大，p 称为焦参数，$p > 0$ 开口向右，$p < 0$ 开口向左

（二）FANUC 数控系统宏程序 B

FANUC 数控系统用宏指令编写的程序称宏程序。

宏程序的最大特点是：可以使用具有算术运算和存储功能的变量，并且可以对已知变量赋值、用专门句法计算坐标点。用宏程序常用于手工编制两轴半加工典型曲面的程序，如半球面、平躺圆柱面、椭圆曲面、抛物曲面等二次曲面及自动测量等。

FANUC 宏程序有 A、B 两种，FANUC-0 MD 等老系统具有宏 A 功能，后续系统具有宏 B 功能。宏 B 运算符号基本采用 BASIC 语言符号，比较直观好记，宏 A 基本已被淘汰了，本教材介绍宏 B。

1. 变量

（1）变量的表示　变量用符号"#"及后续的正整数或方括号内的正整数或表达式表示。用表达式时，必须将其全部写入方括号内，其格式如下：

#□□□□

或#[□□□□]

如#205、#209、#1005 等均代表变量。

又如#[#1 + #2 + 10]，当#1 = 10，#2 = 100 时，变量#[#1 + #2 + 10]表示#120。

（2）变量的赋值　变量赋值有以下几种方式。

1）直接赋值。直接在程序中以等式方式赋值，但等号左边不能用表达式。

如#3 = 50，#100 = 37.5 + 37

2）引数赋值。当宏程序以子程序（宏体）的形式出现时，所用的局部已知变量在调用宏程序时通过引数赋值。

对应于宏程序变量的地址叫引数（或自变量）。引数后的数据就是变量值。引数与宏体中局部变量的对应关系有两种，见表8-2。这两种方法可以混用，但G、L、O、P不能作为引数。不赋值的引数可以省略。

表8-2　引数与变量的对应关系

引数赋值Ⅰ	引数赋值Ⅱ	变量	引数赋值Ⅰ	引数赋值Ⅱ	变量
A	A	#1	S	I_6	#19
B	B	#2	T	J_6	#20
C	C	#3	U	K_6	#21
I	I_1	#4	V	I_7	#22
J	J_1	#5	W	J_7	#23
K	K_1	#6	X	K_7	#24
D	I_2	#7	Y	I_8	#25
E	J_2	#8	Z	J_8	#26
F	K_2	#9		K_8	#27
—	I_3	#10		I_9	#28
H	J_3	#11		J_9	#29
—	K_3	#12		K_9	#30
M	I_4	#13		I_{10}	#31
—	J_4	#14		J_{10}	#32
—	K_4	#15		K_{10}	#33
—	I_5	#16			
Q	J_5	#17	G、L、O、P不能作为引数		
R	K_5	#18			

① 引数赋值Ⅰ。引数赋值Ⅰ不必按字母顺序排列，但使用I、J、K时，必须按顺序指定。

② 引数赋值Ⅱ。引数赋值Ⅱ除了用A、B、C之外，还用10组I、J、K对变量赋值，同组的I、J、K必须按顺序排列赋值，表中I、J、K的下标，只在表中表示组号，实际指令时不注下标。

引数赋值Ⅰ和Ⅱ，要注意两点：

第一，引数赋值Ⅰ和Ⅱ混用给相同变量时，后者有效。

如：G65　P1000　A1　B2　I-3　I4　D5　；

　　　　　　｜　　｜　　｜　　　｜　｜

　　　　　#1　#2　#4　　#7　#7

可以看出，I4和D5都对#7赋值，此时，后面的D5有效，所以#7 = 5。I-3和I4分别表示第一组、第二组的I。

第二，I、J、K 的顺序不得颠倒，且总是从第 1 组开始，顺序往后排。

如 G65　P1000　J5　I4 ；

　　　　　　　　　　|　　|

　　　　　　　　　#5　#7

J5 表示第一组的 J，I4 表示第二组的 I。

（3）变量的引用　将跟随在地址后的数值用变量来代替的过程称为变量引用，如 X#200、Y#201、G#203 等都是引用了变量的指令字。指令字或程序字应称编辑单位就来源于此。与通常的编程不同，在这些指令字中，地址下的值是可以通过变量改变的可变值，它决定执行时刻的地址值。也就是说变量是存储器，实际上使用的是变量中存储的数据。

如对于 F#203，当变量#203 = 15 时，它与 F15 相同；

Z – #210，当变量#210 = 250 时，与 Z – 250 相同；

G#230，当变量#230 = 3 时，与 G03 相同。

使用变量时应注意：

1）地址 O 和 N 不能用变量表示，即不能用 O#200、N#220 等指令进行编程。

2）变量的值不能超过对应地址所规定的最大指令值范围，如对于 M 指令，若#230 = 120，则 M#230 不能使用。

（4）变量的种类　变量分为局部变量、公共变量（或全局变量）、系统变量三种，它们以变量号区别，不同的变量具有不同的性质和用途，但在宏 A、宏 B 中的分类是相同的。

1）局部变量。局部变量是指在各用户宏程序中独立使用的变量，有#1 ~ #33 共 33 个。当宏程序 1 调用宏程序 2 且两程序中都含有变量#1 时，由于#1 服务于不同的局部，宏程序 1 中的#1 与宏程序 2 中的#1 不是同一个变量，可以赋予不同的值，且互不影响。局部变量在系统断电时进行初始化，其值自动清除，变成"空变量"。局部变量的用途和意义在数控系统中不做规定，用户可以自由定义。

2）公共变量。公共变量是指在主程序以及各用户宏程序中公用的变量，有#100 ~ #199、#500 ~ #999 两组。当宏程序 1 调用宏程序 2 且两程序中都含有变量#100 时，由于#100贯穿于整个程序过程，宏程序 1 中的#100 与宏程序 2 中的#100 是同一个变量，因此，对于公共变量而言，一个宏程序的运算结果可以用于其他宏程序中。#100 ~ #199 是断电清除型，#500 ~ #999 是断电保持型。"断电清除"变量在切断电源后将被清除，电源接通时使其值全部置为 0；"断电保持"变量在电源切断也不能被清除，其值保持不变。公共变量的用途和意义在数控系统中也不做规定，用户可以自由使用。

3）系统变量。系统变量是指变量的用途和性质在系统中固定不变，它的值决定系统状态。系统变量包括：刀具补偿值变量#2001 ~ #2200、接口输入信号变量#1000 ~ #1015、接口输出信号变量#1100 ~ #1115、位置信息变量#5001 ~ #5082 等。系统变量在自动测量中应用较多，而在手工编制零件加工程序时使用不多。

迄今为止，局部变量的数量不随系统的新老版本变化，而公共变量和系统变量的数量新版本多于老版本，这大概是不同书本介绍的公用变量和系统变量的数量不同的主要原因。

2. 变量运算

变量常用运算方式见表8-3，需对其中几种特殊运算作说明。

133

表 8-3　变量常用运算方式

运算方式	编程格式	备注	举例
定义或赋值	$\#i = \#j$		$\#100 = \#1$，$\#100 = 30$
加法	$\#i = \#j + \#k$		$\#100 = \#1 + \#2$
减法	$\#i = \#j - \#k$		$\#100 = \#1 - \#2$
乘法	$\#i = \#j * \#k$		$\#100 = \#1 * \#2$
除法	$\#i = \#j/\#k$		$\#100 = 30/\#2$
正弦	$\#i = \mathrm{SIN}[\#j]$		
余弦	$\#i = \mathrm{COS}[\#j]$		
正切	$\#i = \mathrm{TAN}[\#j]$	角度以度（°）为单位，且	$\#100 = \mathrm{SIN}[\#2]$
反正弦	$\#i = \mathrm{ASIN}[\#j]$	5°30′要写成5.5°，用方括号	$\#100 = \mathrm{COS}[\#18 - 2]$
反余弦	$\#i = \mathrm{ACOS}[\#j]$		$\#100 = \mathrm{ATAN}[\#5/\#6]$
反正切	$\#i = \mathrm{ATAN}[\#j/\#K]$		
平方根	$\#i = \mathrm{SQRT}[\#j]$		
绝对值	$\#i = \mathrm{ABS}[\#j]$		
四舍五入	$\#i = \mathrm{ROUND}[\#j]$		$\#100 = \mathrm{SQRT}[\#2 * \#2 - 100]$
自然对数	$\#i = \mathrm{LN}[\#j]$	用方括号	
指数函数	$\#i = \mathrm{EXP}[\#j]$		$\#100 = \mathrm{EXP}[\#18]$
下取整	$\#i = \mathrm{FIX}[\#j]$		
上取整	$\#i = \mathrm{FUP}[\#j]$		

（1）四舍五入 ROUND 函数的用法　须注意下列两点：

1）在运算、IF 或 WHILE 条件表达式中，若使用 ROUND 函数时，对有小数点的数据进行四舍五入。

如$\#1 = \mathrm{ROUND}[1.2345]$，则结果$\#1 = 1$。

又如 IF $[\#1\ \mathrm{LE}\ \mathrm{ROUND}[\#2]]$ GOTO 10，若$\#2 = 3.567$，则 ROUND $[\#2] = 4$，上式实质是 IF $[\#1\ \mathrm{LE}\ 4]$ GOTO 10。

2）地址指令中使用 ROUND 函数时，按地址的最小输入单位四舍五入。

如 G01　X$[\mathrm{ROUND}[\#1]]$，若$\#1 = 1.4567$，当 X 的最小设定单位是 0.001mm 时，则该程序段变为 G01 X1.457，与 G01 X$\#1$ 不相同，G01　X$\#1$ 相当于 G01　X1.456。

【促成任务8-1】　机床分别以$\#1$ 和$\#2$ 给定的数据在某一方向增量运动，然后返回到起始点，编制加工程序。

【解】　设机床最小输入单位是 0.001mm，对变量赋 4 位小数数字，通过编程来自动计算坐标行程，以说明 ROUND 的应用。程序及说明如下：

O91；

N10　$\#1 = 1.2345$；

N20　$\#2 = 2.3456$；

N30　G91　G01　X$\#1$　F100；　*X* 向移动 1.234mm

N40　X$\#2$；　*X* 向移动 2.345mm，总共移动了 3.579mm

N50　X－［#1＋#2］；　　因#1＋#2＝3.5801mm，*X* 向移动了－3.58mm，显然返回不到

起始点，因此将上面程序段改为：

N30　G90　G01　X ROUND［#1］　F100；

N40　X　ROUND［#2］；

N50　X－［ROUND［#1］＋ROUND［#2］］；　　使 *X* 轴返回到起始点。

N60　M30；

（2）上、下取整　#i＝FUP［#j］是上取整，意思是小数部分进位到整数，#i 的绝对值大于#j 的绝对值；#i＝FIX［#j］是下取整，意思是舍去小数部分，#i 的绝对值小于#j 的绝对值。如#1＝1.2，#2＝－1.2，那么

#3＝FUP［#1］，#3＝2

#3＝FUP［#2］，#3＝－2

#3＝FIX［#1］，#3＝1

#3＝FIX［#2］，#3＝－1

（3）变量混合运算　变量混合运算优先级顺序是先函数运算、乘除法运算，后加减法运算；先括号内运算，后括号外运算。这等同于代数的四则运算法则，但括号最多可嵌 5 重，用方括号［　］，而圆括号（　）仅用于注释。变量相当于存储器地址，变量的运算实际上是指其存储器内的数据运算，并非变量的本身运算。

【促成任务8-2】　根据表8-4所给数据，求#1＝#9＋#11＊SIN［［#2＋#3］＊4＋#5］/#6］。

表8-4　变量赋值

变量	#2	#3	#5	#6	#9	#11
变量值	30°	6°15′	35°	2	48	2

【解】　假定用程序号 O92 运算，得出#1 的值。

O92；

N10　#2＝30；

N20　#3＝6.25；

N30　#5＝35；

N40　#6＝2；

N50　#9＝48；

N60　#11＝2；

N70　#1＝#9＋#11＊SIN［［#2＋#3］＊4＋#5］/#6］；

N80　M30；

答：从操作面板上查看#1 是 50

数控系统自动计算过程：

#1＝#9＋#11＊SIN［［#2＋#3］＊4＋#5］/#6］

＝48＋2＊SIN［［30＋6.25］＊4＋35］/2］

＝48＋2＊SIN［［36.25］＊4＋35］/2］

＝48＋2＊SIN［［145＋35］/2］

＝48＋2＊SIN［180/2］

＝48＋2＊SIN［90］

＝48＋2＊1

＝48＋2

＝50

3. 控制指令 GOTO、IF-GOTO、WHILE-DO

加工程序在运行时是以输入的顺序来执行的，但有时程序需要改变执行顺序，这时要用控制指令来改变程序的执行顺序。控制指令有条件语句和循环语句两种。

（1）条件语句　条件语句包括无条件跳转语句和有条件跳转语句两种。

1）无条件跳转语句，又称绝对跳转语句，其格式如下：

135

GOTOn；

其中，n 是跳转目标程序段段号，如：

GOTO85；表示无条件转向执行 N85 程序段，即光标移至 N85。注意 "N85" 在所执行的程序当中只能有一个，否则跳转执行哪个目标程序段呢？

2）有条件跳转语句，格式如下：

IF［条件表达式］GOTOn；

执行该程序段后，如果满足条件，则转向执行程序段 n，否则执行下一程序段。条件表达式中各种比较条件符号见表8-5。

表 8-5　比较条件符号

比较条件符号	意义	比较条件符号	意义
GT	大于	GE	大于等于
LT	小于	LE	小于等于
EQ	等于	NE	不等于

（2）循环语句　循环语句指令格式：

WHILE ［＜条件表达式＞］DOm；　　　　（m＝1、2、3）

…

ENDm；

若满足＜条件表达式＞的条件时，则重复执行从 DOm 到 ENDm 之间的程序段；若不满足条件时；则执行 ENDm 之后的程序段。

WHILE ［＜条件表达式＞］也可省略，此时程序将从 DOm 到 ENDm 无条件地不断重复执行，除非用别的条件语句使其跳出循环。

应用循环语句需注意：

1）WHILE ［＜条件表达式＞］DOm 和 ENDm 必须成对使用，并且 DOm 一定要在 ENDm 之前指令，谁和谁成对用识别号 m 来识别。

2）同一识别号 m（1～3）可以使用多次，如：

```
┌ WHILE［＜条件表达式＞]DO1；
│ …
└ END1；
  …
┌ WHILE［＜条件表达式＞]DO1；
│ …
└ END1；
```

3）DOm-ENDm 成对的范围不能交叉，下面编程不对：

```
┌ WHILE［＜条件表达式＞]DO1；
│ …
│┌ WHILE［＜条件表达式＞]DO2；
││ …
│└ END1；
│  …
└ END2；
```

4）DO*m*-END*m* 成对只能嵌套三重。

5）从 DO*m*-END*m* 内部可以转移到外部，但不得从外部向内部转移，如：

┌─WHILE［＜条件表达式＞］DO1； ├┌IF［＜条件表达式＞］GOTO*n*； │└END1； └─►N*n*…；	┌─IF［＜条件表达式＞］GOTO*n*； ├┌WHILE［＜条件表达式＞］DO1； │└►N*n*…； └─END1；
正确	错误

6）DO*m*-END*m* 内可以调用宏程序或子程序。

4. 宏程序调用 G65/G66、G67

以子程序形式编制的宏程序（宏体），由于程序结束符号是 M99，故不能单独运行，需要专门指令调用。

（1）非模态调用 G65　非模态调用 G65 指令格式：

G65 P（宏程序号）L（重复次数）＜引数赋值＞；

在书写时，G65 必须写在＜引数赋值＞之前，其他次序不做规定。L 最多可 9999 次，1次可省略，但调用嵌套最多为 4。宏体中的局部变量由引数赋值，见表 8-2。

如，G65 调用 2 次 O9010 宏程序：

O1； … G65　P9010　L2　A1　B2； …	O9010； N10　#3 = #1 + #2； N20　IF［#3GT360］GOTO40； N30　G91 G00 X#3； N40　M99；

（2）模态调用 G66、G67　模态调用 G66 指令格式：

G66 P（宏程序号）L（重复次数）＜引数赋值＞；

G67；　　　　　　　　　　　　　　　取消模态调用方式

在模态调用 G66 方式下，每执行一次移动指令，就调用一次所指定的宏体，这与非模态调用 G65 不同。

【促成任务 8-3】　用宏 B 编程，钻削图 8-7 所示圆周分布的通孔。

【解】　编程思路是：将孔加工固定循环编成宏程序 O981，孔的位置坐标用极坐标方式编成子程序 O1085，用 G66 模态调用 O981，这样调用一次子程序 O1085，机床移动一个孔距后，执行一个孔加工。

O981；　钻孔宏体，类似于 G81

N10　G00　G90　Z#18；　　R 点，准备用引数 R 给#18 赋值

N20　G01　Z#26　F#9；　　切削到 Z 点，准备用引数 Z 给#26 赋值，F 给#9 赋值

N30　G00　Z#4；　　返回到初始平面 I，准备用引数 I 给#4 赋值

N40　M99；

O1085；　9 ×φ8.5mm 孔位子程序

N10　G91　Y36；　　极半径 X35 模态未写，极角增量 36°。孔 1 在主程序

N20 M99；

O93； 钻 9×φ8.5mm 孔主程序

N10 G90 G00 G54 G16 X35 Y0 S450 M03； G54 在工件顶面中心，极坐标
孔 1

N20 Z5； 到初始平面

N30 G66 P981 F90 R5 Z-30 I5； 参考平面 R5、孔深 Z-30、初始平面 I5，
模态调用钻孔宏体 O981，加工孔 1

N40 M98 P91085； 每调用 1 次 O1085，即移动 1 个极角增量，就自动执行 1 次 O981，
钻 1 个孔，调用 9 次 O1085，钻其余 9 个孔

N50 G67； 取消模态调用

N60 G00 G90 G15 Z200；

N70 M30；

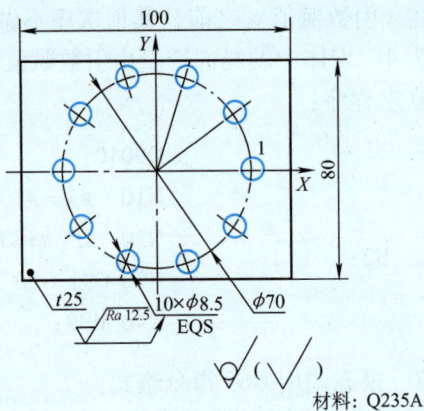

图 8-7　圆周分布通孔

（三）SIEMENS 数控系统 R 参数编程

SINUMERIK 参数 R 类似于 FANUC 宏程序的变量，不仅能赋值，也具有多种数学运算功能，从而能解决常规手工编程解决不了的问题，在加工二次曲面时，需经常使用。

1. R 参数

（1）R 参数的表示　R 参数由地址 R 与若干位正整数组成，如 R1、R10、R105，不能有 R0.3、R-5、R（R10）。

（2）R 参数的赋值　R 参数用数值或表达式赋值，两者用"="连接，这点相同于 FANUC，如 R1=10、R10=-32.5、R105=100+R30。

R 参数可以在主程序、子程序中定义（赋值），也可以与其他编辑单位编在同一程序段，如：N30 R1=10 R2=20 R3=-5 S500 M03 L_F R 参数赋值范围 ±(0.000 0001~99 999 999)。

（3）R 参数的引用　除地址 N、G、L 外，R 参数可以代替其他任何地址后的数值，但地址和参数间也用"="连接，如 G01 X=R10 Y=-R11 F=100-R12 L_F 这与 FNAUC 不同。

当 R10 = 100、R11 = 50、R12 = 20 时，等价为：

G01　X100　Y – 50　F80；

（4）R 参数的分类　R 参数分为以下三类：

1）自由参数 R0 ~ R99。可以在程序中自由使用，用户在编程时，应尽量使用自由参数。

2）加工循环传递参数 R100 ~ R249。如果在程序中没有使用固定循环，则 R100 ~ R249 也可以自由使用。

3）加工循环内部计算参数 R250 ~ R299。如果在程序中没有使用固定循环，则这部分参数同样可以自由使用。

（5）R 参数的运算　R 参数的运算与 FANUC 宏 B 变量的运算相同，都是直接使用计算表达式编程的，运算次序遵循通常的数学运算规则：圆括号内的运算优先进行；乘法、除法运算优先于加法、减法运算。常用的 R 参数的运算见表 8-6。R 参数相当于存储器地址，因此 R 参数的运算实际上是指其存储器内的数据运算，并非 R 参数的本身运算。

表 8-6　R 参数的运算

运算方式	编程格式	备注	举例
定义或赋值	$Ri = Rj$		R1 = 16，R2 = 4
加法	$Ri = Rj + Rk$		R50 = R1 + R2 = 20
减法	$Ri = Rj – Rk$		R50 = R1 – 2 = 14
乘法	$Ri = Rj * Rk$		R50 = R1 * R2 = 64
除法	$Ri = Rj/Rk$		R50 = 30/R2 = 7.5
正弦	$Ri = SIN（Rj）$	角度以度（°）为单位，且 5°30′要写成 5.5°；要用圆括号	R2 = 30
余弦	$Ri = COS（Rj）$		R50 = SIN（R2）= 0.5
正切	$Ri = TAN（Rj）$		R50 = COS（2 * R2）= 0.5
反正弦	$Ri = ASIN（Rj）$		R50 = ATAN（R2/30）= 45
反余弦	$Ri = ACOS（Rj）$		
反正切	$Ri = ATAN（Rj/Rk）$		
平方值	$Ri = POT（Rj）$	要用圆括号	R2 = 4
平方根	$Ri = SQRT（Rj）$		R50 = POT（R2）= 16
绝对值	$Ri = ABS（Rj）$		R50 = SQRT（R2）= 2
四舍五入	$Ri = ROUND（Rj）$		

【促成任务 8-4】　根据表 8-7 中所给数据，求 R1 = R9 + R11 * SIN(((R2 + R3) * 4 + R5)/R6)。

表 8-7　R 参数赋值

变量	R2	R3	R5	R6	R9	R11
变量值	30°	6°15′	35°	2	48	2

【解】 用 R 参数编程，让数控系统自动计算，程序是：

ABC92 L_F

N10 R2 = 30 L_F

N20 R3 = 6.25 L_F

N30 R5 = 35 L_F

N40 R6 = 2 L_F

N50 R9 = 48 L_F

N60 R11 = 2 L_F

N70 R1 = R9 + R11 ∗ SIN

(((R2 + R3) ∗ 4 + R5)/R6) L_F

N80 M30 L_F

答：从操作面板上查看 R1 是 50

数控系统计算过程：

$R1 = R9 + R11 * SIN(((R2 + R3) * 4 + R5)/R6)$

$= 48 + 2 * SIN(((30 + 6.25) * 4 + 35)/2)$

$= 48 + 2 * SIN((36.25) * 4 + 35)/2)$

$= 48 + 2 * SIN((145 + 35)/2)$

$= 48 + 2 * SIN(180/2)$

$= 48 + 2 * SIN(90)$

$= 48 + 2 * 1$

$= 48 + 2$

$= 50$

2. 程序跳转 GOTO、IF-GOTO

加工程序在运行时是以输入的顺序来执行的，但有时程序需要改变执行顺序，这时要用程序跳转指令，以实现程序的分支运行。实现程序跳转需要跳转目标和跳转条件两个要素。

（1）跳转目标程序段 跳转目标程序段用标记符表示。记住以下两点：

1）标记符由 2 ~ 8 个英文字母或阿拉伯数字组成，其中开始两个符号必须是字母或下横线，标记符后必须是冒号。

2）标记符的位置。程序段段号也可以作为标记符，但不用冒号。如果程序段有段号，则标记符紧跟在段号后；如果程序段没有段号，标记符位于程序段段首。

指令格式 N × × × × Label：程序段内容；

或 Label：程序段内容 L_F

其中，N × × × × 表示程序段号 L_F

Label ：表示标记符。

如 N10 MARKE1：G1 X20 L_F MARKE1：是标记符，N10 是跳转目标程序段

如 TR789：G0 X10 L_F TR789：是标记符，跳转目标程序段没有段号

如 N100 G0 X10 L_F 100 也可以作为跳转目标程序段标记符

（2）跳转指令 跳转指令包括无条件和有条件跳转指令两种。

1）无条件（绝对）跳转指令。执行 GOTOF 或 GOTOB 绝对跳转指令后，程序无条件改变执行顺序。绝对跳转指令是单程序段指令。

指令格式：GOTOF Label L_F F 向程序结束方向跳转，Label 后不带冒号

或：GOTOB Label L_F B 向程序开始方向跳转，Label 后不带冒号

其中，Label 是不带冒号的目标程序段的标记符。

2）有条件跳转指令。用 IF 条件语句表示有条件跳转，如果满足跳转条件，则跳转到目标程序段；如果不满足跳转条件，则按书写顺序执行程序。有条件跳转指令也是单程序段指令。

指令格式 IF 条件表达式 GOTOF Label L_F 向程序结束方向跳转

或 IF 条件表达式 GOTOB Label L_F 向程序开始方向跳转

条件表达式中使用的比较运算符含义见表8-8。

表8-8　比较运算符含义

运算符	意 义	举 例	运算符	意 义	举 例
==	等于	R5 == R3 + 1	<	小于	4 < R2
< >	不等于	R8 < > R6 - 1	> =	大于等于	R6 > = SIN (R7 × R7)
>	大于	R4 > 0	< =	小于等于	R7 <= COS (R5 - R3)

【促成任务8-5】　用R参数编程，钻削图8-7所示圆周均布通孔。

【解】　编程思路是：孔加工固定循环用R参数编成子程序L981，孔的位置坐标也用R参数编程，机床移动一个孔距后，执行一次孔加工子程序L981。R参数定义见表8-9。

表8-9　R参数定义

R参数	R1	R2	R3	R11	R12	R13	R14	R15	R16
定义	开始加工平面	孔底平面	返回平面	圆周均布孔第1孔起始角	均布圆周半径	圆周均布孔间距角	均布孔数	均布圆心X坐标	均布圆心Y坐标
赋值	5	-30	5	0	35	36	10	0	0

L981　L_F　孔加工固定循环子程序

N10　G00　G90　Z = R1　L_F　开始加工平面

N20　G01　Z = R2　L_F　孔深平面

N30　G00　Z = R3　L_F　返回平面

N40　M17　L_F

SMZ94　L_F　（φ8.5mm 钻头）

N10　G90　G00　G54　F90　S450　M03　L_F　G54 在工件顶面中心

N20　R11 = 0　R12 = 35　R13 = 36　R14 = 10　R15 = 0　R16 = 0　L_F
　　　　　　R11 起始角、R12 半径、R13 间距、R14 孔数、X 坐标 R15、Y 坐标 R16

N30　MAK：G00　X = R15 + R12 * COS (R11)

Y = R16 + R12 * SIN (R11)　L_F　定位孔 1

N40　R1 = 5　R2 = -30　R3 = 5　L_F　开始加工平面 R1、孔底平面 R2、返回平面 R3

N50　L981　L_F　钻孔

N60　R11 = R11 + R13　R14 = R14 - 1　L_F　起始角 R11 累加记数，孔数 R14 累减记数

N70　IF　R14 > 0　GOTOB　MAK　L_F　当孔数 R14 > 0 时，跳转执行 N30 程序段，否则执行 N80

N80　G90　G00　Z200　L_F　抬刀

N90　M30　L_F　程序结束

四、相关实践

完成本项目图8-1所示的DYJ08-01孔口倒凸圆角的程序设计。

（1）确定编程方案　工件坐标系建立在工件顶面中心上。φ38mm 已由上道工序完成，现用 φ16mm 的普通立铣刀刀尖倒圆，用 FANUC 宏指令、SINUMERIK 参数 R 各编一条程序，以方便阅读。在 XZ 平面倒圆弧上取若干节点，两节点用直线插补后，在 XY 平面上加工整圆，如此反复直至倒完圆角。用普通立铣刀倒圆，节点数量取得越多，倒圆表面粗糙度值相应就越小，但耗时很长，如果是批量加工，建议用如图8-8所示的专用成形立铣刀，加工效

率和表面质量会大幅度提高。

（2）拟订刀具路径及节点坐标计算　从图8-9倒圆角刀具路径可清楚看到，在 ZX 平面内从下往上加工，起点在下，加工范围是90°；在 XY 平面内逆时针加工整圆，起点在 X 正半轴。倒圆弧上任一节点坐标（X_i，Y_i，Z_i）计算如下：

$$X_i = R_{孔} - R_{刀} + X_1 = R_{孔} - R_{刀} + R_{倒圆}（1 - \cos\alpha）$$

Y_i 不用计算

$$Z_i = -（R_{倒圆} - Z_1）= -R_{倒圆}（1 - \sin\alpha）$$

整圆插补参数 $I = -X_i$

图8-8　专用成形立铣刀

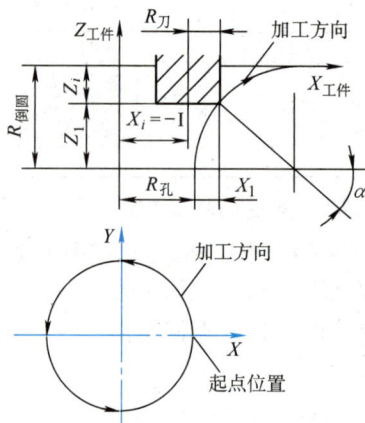

图8-9　倒圆角刀具路径

（3）编制程序

1）FANUC 系统编程。FANUC 系统有两种编程方法。

① 用宏指令直接编程。用宏指令直接编程的变量定义见表8-10，程序见表8-11。

表8-10　变量定义

变量定义	倒圆角度增量	倒圆起始角度且计数器	倒圆终止角度	倒圆圆弧半径	孔半径	铣刀半径	节点坐标 X_i	节点坐标 Z_i	整圆参数 I
变量号	#1	#2	#3	#17	#18	#19	#24	#26	-#24
赋值地址	A	B	C	Q	R	S			
数值	0.5	0.5	90	5	19	8			

表8-11　孔口倒凸圆角宏指令直接编程

	O991；主程序		
段号	WHILE-DO-END 语句	备　注	IF-GOTO 语句
N10	G90　G00　G54　X0　Y0　S2000　M03；	孔中心，初始化	G90　G00　G54　X0　Y0　S2000　M03；
N20	Z-5；	下刀到要求深度	Z-5；
N21	G00 X10；		G00 X10；
N22	G01 X11 F120；		G01 X11 F120；
N30	#1=0.5；	倒圆角度增量	#1=0.5；
N40	#2=0.5；	倒圆起始角度且计数器	#2=0；

（续）

段号	WHILE- DO- END 语句	备　注	IF- GOTO 语句
		O991；主程序	
N50	#3 = 90；	倒圆终止角度	#3 = 90；
N60	#17 = 5；	倒圆圆弧半径	#17 = 5；
N70	#18 = 19；	孔半径	#18 = 19；
N80	#19 = 8；	铣刀半径	#19 = 8；
N90	WHILE[#2　LE #3]　DO1；	当角度计数器#2≤#3 时，执行 N90 ~ N150 程序段；当角度计数器#2 > #3 时，执行 N170 程序段	
N100	#24 = #18 - #19 + #17 * [1 - cos[#2]]；	$X_i = R_孔 - R_刀 + R_倒圆(1 - \cos\alpha)$	#24 = #18 - #19 + #17 * [1 - cos[#2]]；
N110	#26 = - #17 * [1 - sin[#2]]；	$Z_i = - R_倒圆(1 - \sin\alpha)$	#26 = - #17 * [1 - sin[#2]]；
N120	G01　X#24　Z#26；	在 XZ 平面内以直代曲铣倒圆弧	G01　X#24　Z#26；
N130	G17　G03　I[-#24]；	在 XY 平面内铣整圆	G17　G03　I[-#24]；
N140	#2 = #2 + #1；	角度计数器累加记数	#2 = #2 + #1；
N150	END1；	循环指令结束	
N160		当角度计数器#2≤#3 时，跳转执行 N100 程序段；当角度计数器#2 > #3 时，执行下一程序段 N170	IF[#2LE#3]GOTO100；
N170	G90　G00　Z200；	抬刀	G90　G00　Z200；
N180	M30；	程序结束	M30；

② 用宏调用指令 G65/G66 编程。用宏调用指令 G65/G66 编程时，宏体中的已知变量在调用宏体时，在宏调用指令 G65/G66 中赋值，宏体的灵活性更好。孔口倒凸圆角变量定义见表 8-10，程序编号用 O992。

O992；　孔口倒凸圆角 G65/G66 编程主程序

N10　G90　G00　G54　X0　Y0　F1200　S2000　M03；　定位，初始化

N20　Z - 5；　下刀到要求深度

N30　G65　P993　A0.5　B0.5　C90　Q5　R19　S8；

　　　　　　　　　　给变量#1、#2、#3、#17、#18、#19 赋值，调用宏体 O993 倒圆弧

N40　G90　G00　Z200；　抬刀

N50　M30；　程序结束

O993；　倒圆弧宏体

N10　WHILE [#2 LE #3] DO1；　当角度计数器#2≤#3 时，执行 N10 ~N60 程序段，当角度计数器#2 >#3 时，执行 N80 程序段

N20　#24 = #18 - #19 + #17 * [1 - cos [#2]]；　$X_i = R_孔 - R_刀 + R_倒圆 (1 - \cos\alpha)$

N30　#26 = - #17 * [1 - sin [#2]]；　$Z_i = - R_倒圆 (1 - \sin\alpha)$

N40　G01　X#24　Z#26；　在 XZ 平面内以直代曲铣倒圆弧

N50　G17　G03　I [-#24]；　在 XY 平面内铣整圆

N60 #2 = #2 + #1； 角度计数器累加记数

N70 END1； 循环指令结束

N80 M99；

2）SIEMENS 系统编程。孔口倒凸圆角用 SINUMERIK 参数 R 编程，R 参数定义见表 8-12。

表 8-12　孔口倒凸圆角程序 R 参数定义

变量定义	倒圆角度增量	倒圆起始角度且计数器	倒圆终止角度	倒圆圆弧半径	孔半径	铣刀半径	节点坐标 X_i	节点坐标 Z_i	整圆参数 I
变量号	R01	R02	R03	R17	R18	R19	R24	R26	– R24
数值	0.5	0.5	90	5	19	8			

SMZ992. MPF　主程序

N10　G90　G00　G54　X0　Y0　S2000　M03　L_F　孔中心，初始化

N20　Z – 5　L_F　下刀到要求深度

N30　R01 = 0.5　L_F　倒圆角度增量

N40　R02 = 0.5　L_F　倒圆起始角度且计数器

N50　R03 = 90　L_F　倒圆终止角度

N60　R17 = 5　L_F　倒圆圆弧半径

N70　R18 = 19　L_F　孔半径

N80　R19 = 8　L_F　铣刀半径

N90　MARK：R24 = R18 – R19 + R17 * (1 – COS(R02))　L_F　$X_i = R_孔 – R_刀 + R_倒圆(1 - \cos \alpha)$

N100 R26 = – R17 * (1 – SIN (R02))　L_F　$Z_i = – R_倒圆 (1 - \sin\alpha)$

N110　G01　X = R24　Z = R26　F1200　L_F　在 XZ 平面内以直代曲铣倒圆弧

N120　G17　G03　I = – R24　L_F　在 XY 平面内铣整圆

N130　R02 = R02 + R01　L_F　角度计数器累加记数

N140　IF　R02 < = R03　　GOTOB　MARK　L_F　当角度计数器 R02 ≤ R03 时，跳转执行 N90 程序段；当角度计数器 R02 > R03 时，执行 N150 程序段

N150　G90　G00　Z200　L_F　抬刀

N160　M30　L_F　程序结束

思考与练习题

一、问答题

1. 何为节点？何为曲线的等间距拟合？

2. 变量#（R 参数）的两个最大特点是什么？

3. 给变量#赋值有哪些方法？

4. IF- GOTO 和 WHILE- DO 语句编程，位置上有何不同？

5. 解释#1 = #1 – 1 的含义。

二、综合题

编程、数控仿真加工或在线加工图 8-10 和图 8-11 所示的零件。

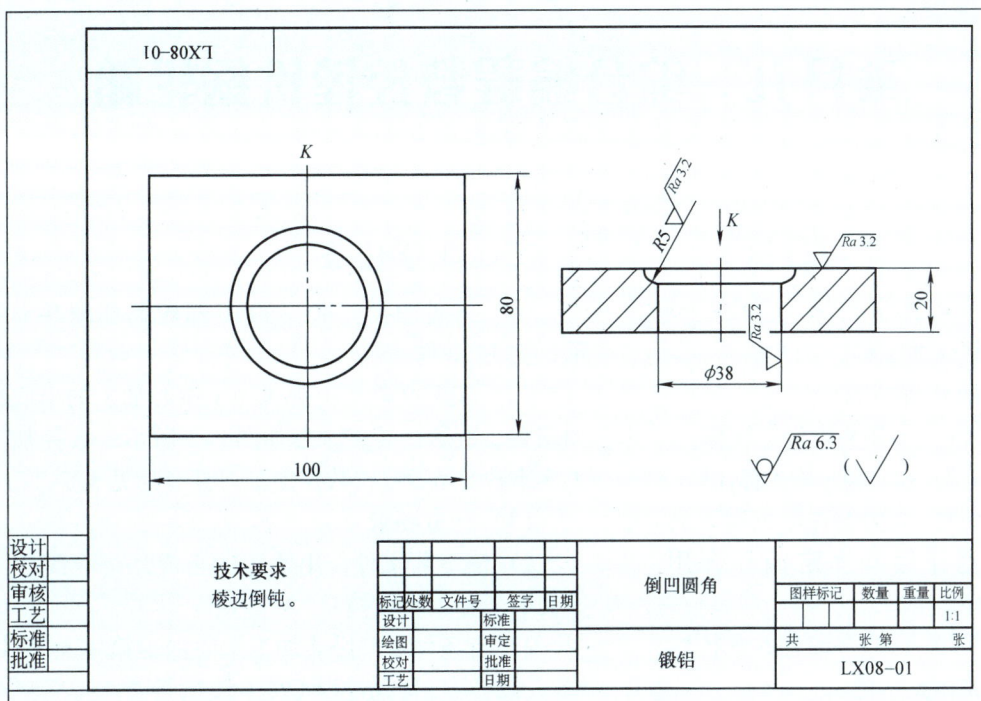

图 8-10　LX08-01 倒凹圆角

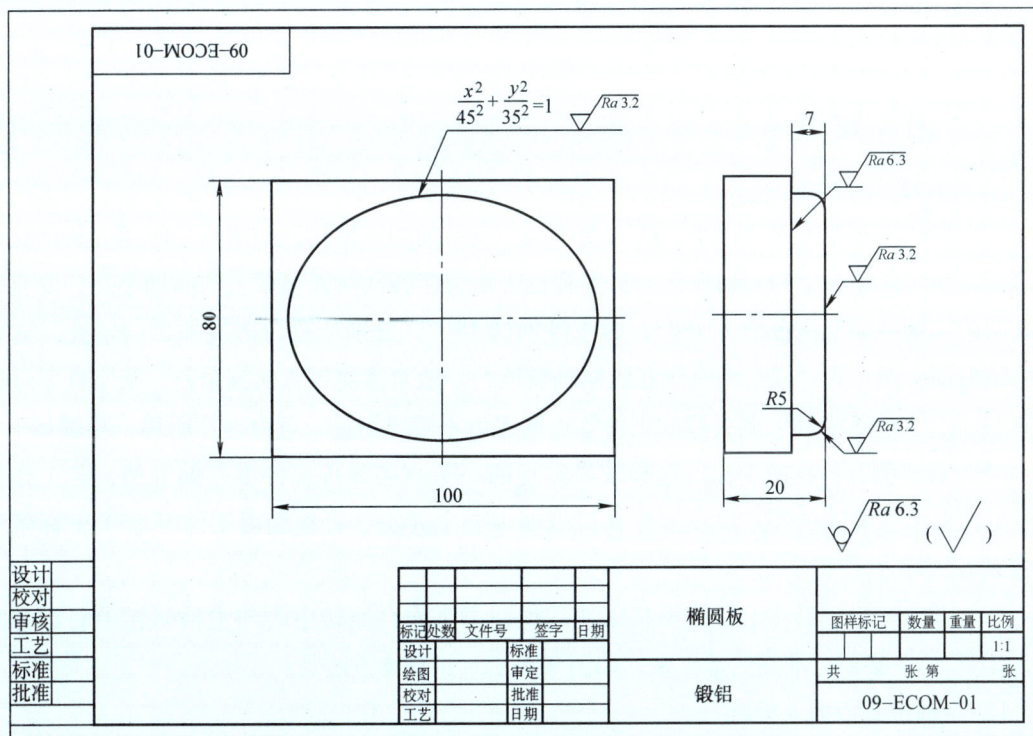

图 8-11　09-ECOM-01 椭圆板

145

项目九 综合编程数控镗铣蜗轮箱

一、学习目标

● 终极目标：会数控镗铣箱体类零件。

● 促成目标

1）会调头镗坐标计算。

2）会任意分度坐标计算。

3）会用宏程序编制刀具长度补偿和固定循环合用程序。

4）会综合编程并数控镗铣箱体类零件。

5）了解原机床行业的十八大金刚罗汉，曾为制造业提供顶级母机。

二、工学任务

（1）零件图样 40-4001 蜗轮箱如图 9-1 所示，加工 30 件。

（2）工艺文件 上卧式加工中心加工的半成品如图 9-2 所示；装夹方案如图 9-3 所示；数控加工工序卡片见表 9-1；数控加工刀具卡片见表 9-2。

（3）任务要求

1）读工艺文件，用给定的半成品综合编程并提交电子和纸质文档。

2）有条件观摩卧式加工中心加工箱体类零件，填写提交"项目九过程考核卡"。

三、相关知识

1. 调头镗坐标计算

孔太深从一头镗不穿或口小、肚大无法从一头镗削的同轴孔，如图 9-5 所示，从小孔无法直接镗削对面箱壁上的同轴大孔，从大孔也无法直接镗削对面箱壁上的同轴小孔，要完成镗孔目的，就需要工作台回转 180°，即工件回转 180°，分别从孔口两端加工同轴孔，这就是所谓的调头镗。为了提高调头镗孔的同轴精度，一般直接测得方便测量的一头工件零点偏置值后，工作台回转 180°调头镗的工件零点偏置值不需要测量，可由计算所得，步骤如下：

（1）直接测量 在两个孔口选择较易测量的一头直接测得工件零点偏置值，若工作台 0°时工件坐标系 G54 的零点设在工件孔口端面中心上 A 点，直接测得工件零点 X 坐标偏置值为 X_{G54}。

（2）找工作台回转中心 查阅机床使用说明书工作台回转中心与主轴回转中心重合时的 X 坐标 X_C，必要时准确测量出来，如图 9-6 所示，具体方法是：

1）主轴锥孔内插入检棒。

2）移动机床 X 轴使检棒轴线大致与分度工作台中心孔的中心线处于同一平面。

3）磁性表座吸在分度工作台面上，并往检棒上压表。

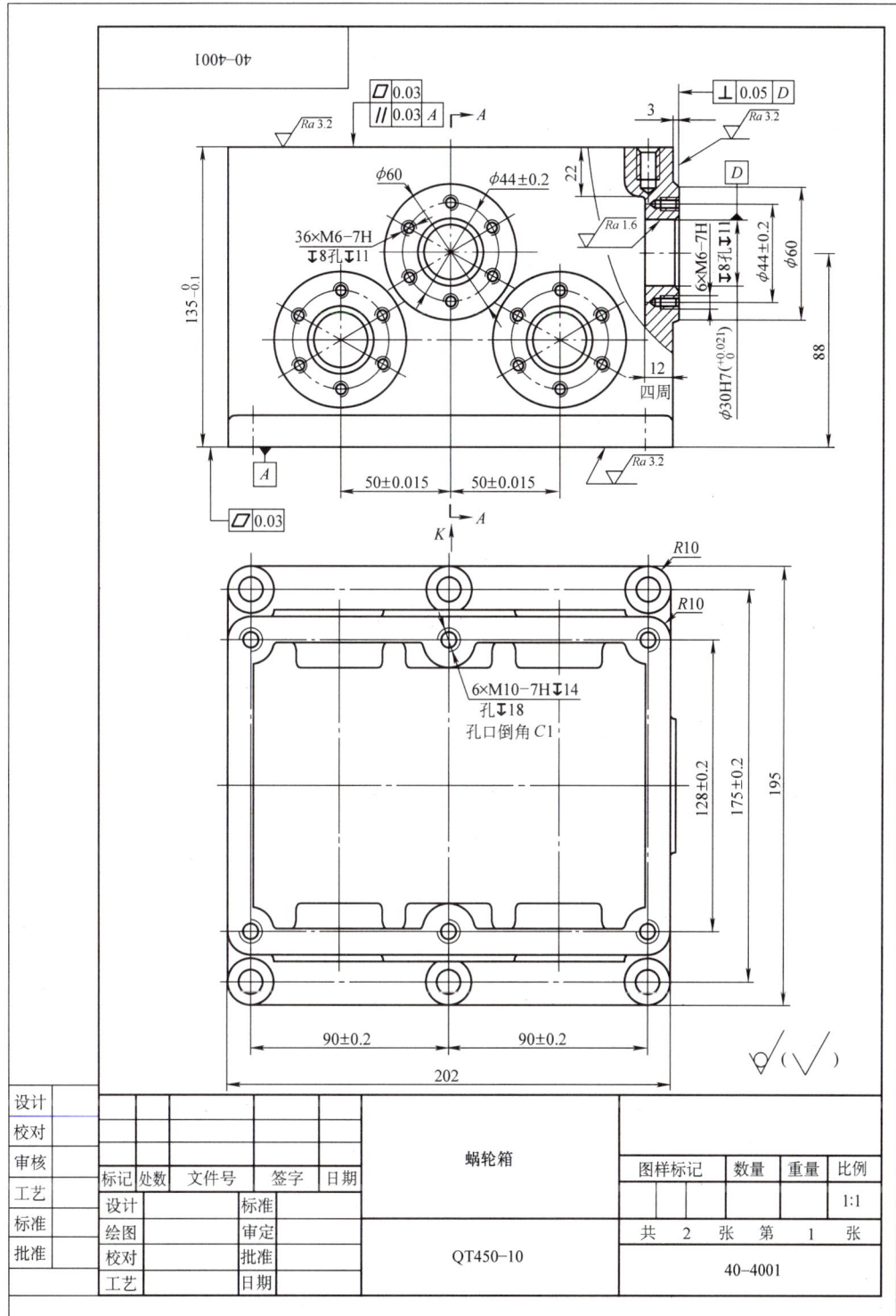

a) 第一张

图 9-1　40-4001 蜗轮箱

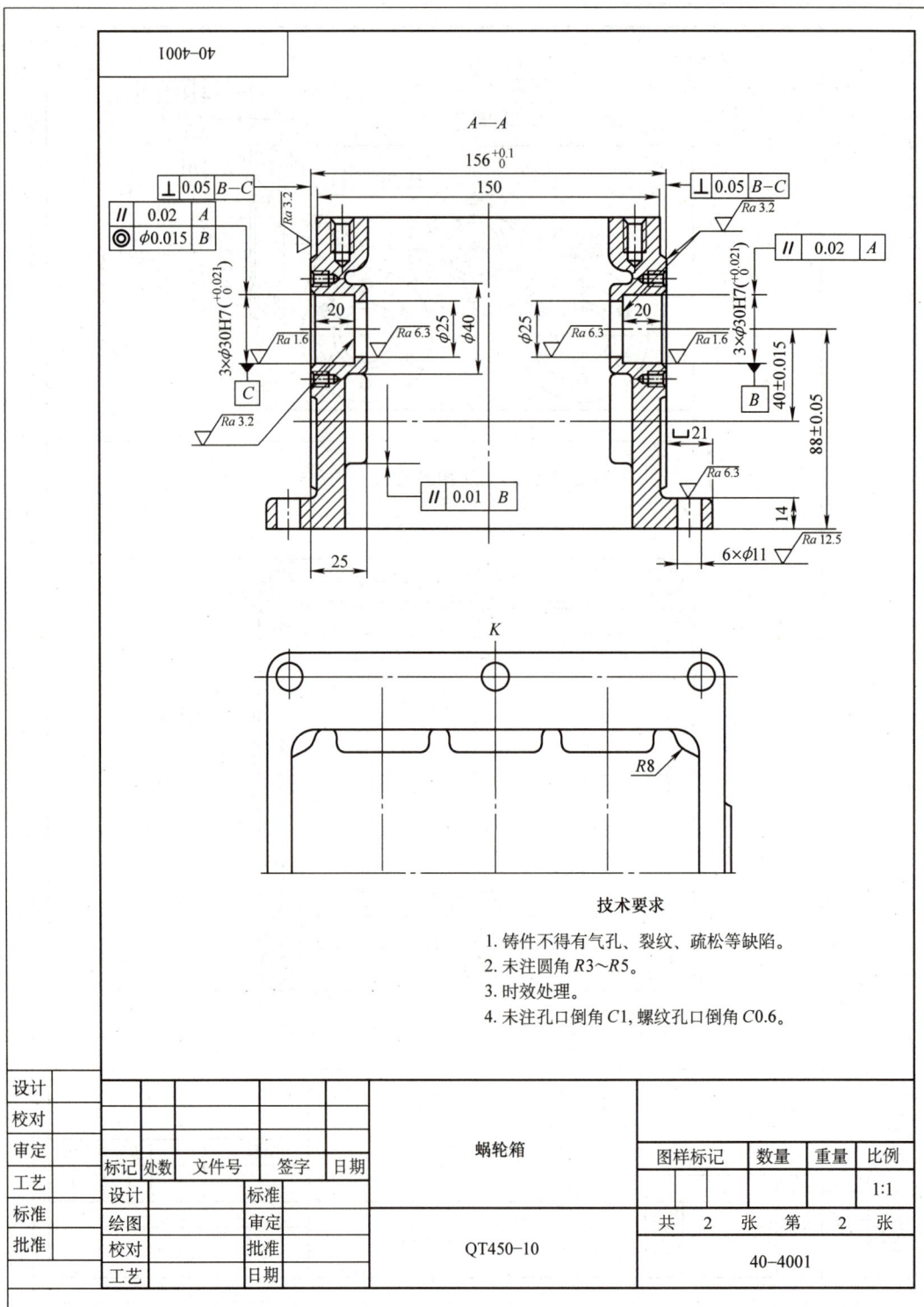

技术要求

1. 铸件不得有气孔、裂纹、疏松等缺陷。
2. 未注圆角 $R3 \sim R5$。
3. 时效处理。
4. 未注孔口倒角 $C1$，螺纹孔口倒角 $C0.6$。

设计						蜗轮箱		图样标记	数量	重量	比例
校对											1:1
审定											
工艺	标记	处数	文件号	签字	日期			共 2 张 第 2 张			
标准	设计		标准								
批准	绘图		审定			QT450-10		40-4001			
	校对		批准								
	工艺		日期								

b) 第二张

图 9-1　40-4001 蜗轮箱（续）

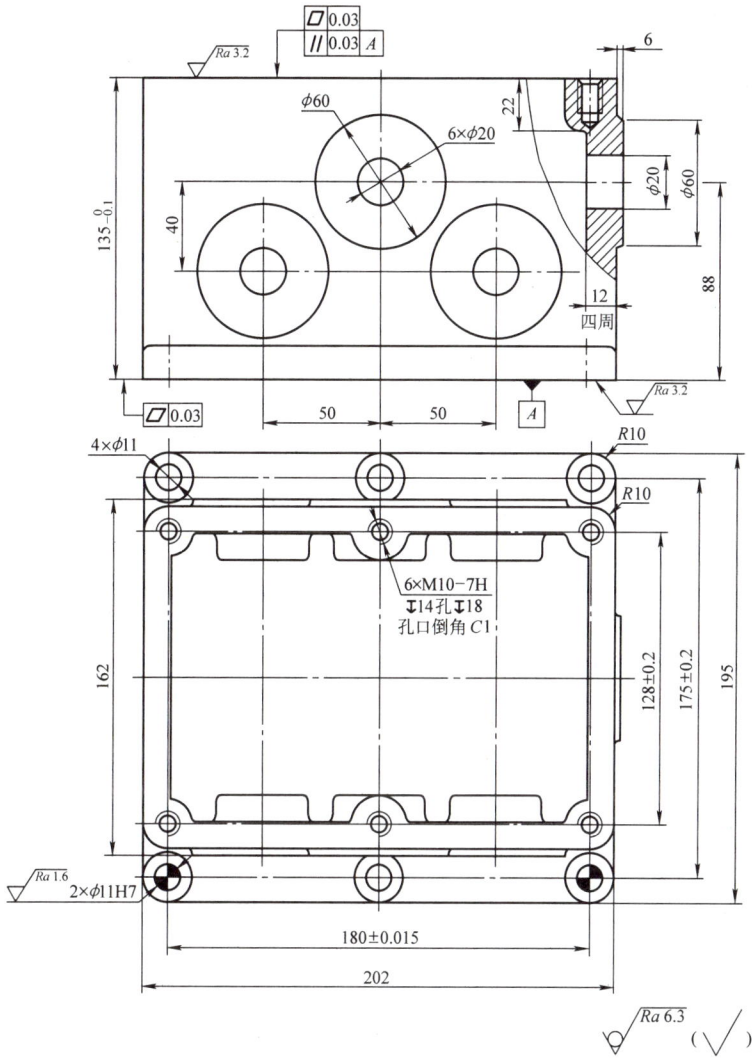

图 9-2　蜗轮箱半成品

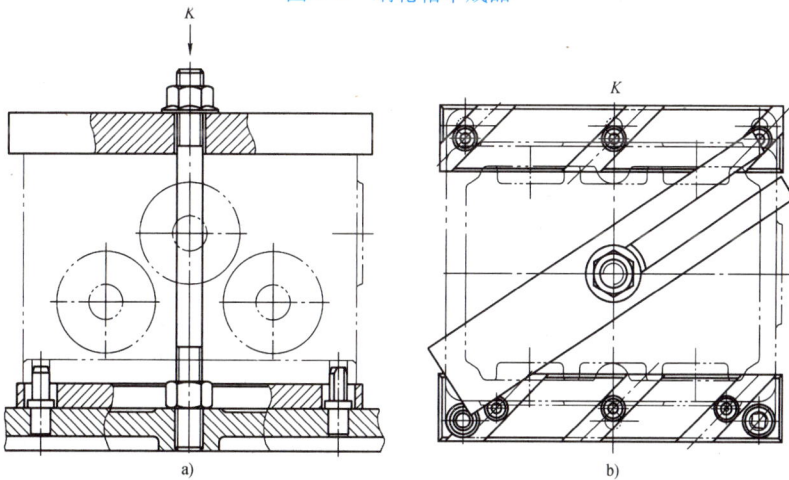

a)　　　　　　　　　　　　　　　　　　　b)

图 9-3　装夹方案

表9-1　数控加工工序卡片

(单位)	数控加工工序卡片		产品名称或代号		零件名称	材料	零件图号
			数控镗铣箱体类零件		蜗轮箱	QT450-10	40-4001
	程序编号	夹具名称	夹具编号	使用设备			车间
	04/SMS4	数控镗铣箱体夹具	40J-4001	XH754型卧式加工中心			数控实训中心
工步号	工步内容 (图9-4)	刀具号	刀具规格 /mm	主轴转速 /(r/min)	进给速度 /(mm/min)	背吃刀量 /mm	量具	备注
1	粗铣 A 面至定位孔之距为 9.3mm ±0.1mm	T01	φ125 面铣刀	400	250		游标卡尺 测量范围 0～200mm，分度值 0.02mm	
2	粗铣 B 面至定位孔之距为 14.2mm ±0.1mm	T01						
3	粗铣 C 面，保证 $156^{+0.1}_{0}$ mm 至 156.6mm	T01						
4	精铣 C 面 Ra3.2μm，保证 $156^{+0.1}_{0}$ mm 至 156.3mm	T01	φ125 面铣刀	500	200			
5	精铣 B 面至定位孔之距为 14mm ±0.05mm	T01						
6	精铣 A 面 Ra3.2μm，保证 $156^{+0.1}_{0}$ mm	T01						

编号	工步内容	刀具	刀具名称	转速	进给	备注
7	镗 A 面上的 3×φ25mm 至图样要求	T02				
8	镗 C 面上 φ25mm 至图样要求	T02	粗镗刀 φ25	800	120	
9	粗镗 C 面 3×φ30H7（$^{+0.021}_{0}$）孔至 φ29mm，深 19.8mm	T03				
10	粗镗 B 面 φ30H7 孔至 φ29mm（通孔）	T03	粗镗刀 φ29	800	120	
11	粗镗 A 面 3×φ30H7 孔至 φ29mm，深 19.8mm	T03				
12	半精镗 A 面 3×φ30H7 孔至 φ29.8$^{+0.052}_{0}$ mm，深 19.9mm	T04	φ29.8 半精镗刀	800	80	内径表 18～35mm 千分尺 25～50mm
13	半精镗 B 面 φ30H7 孔至 φ29.8$^{+0.052}_{0}$ mm（通孔）	T04				
14	半精镗 C 面 3×φ30H7 孔至 φ29.8$^{+0.052}_{0}$ mm，深 19.9mm	T04				
15	C 面 3×φ30H7 孔口倒角 C1	T05				
16	B 面 φ30H7 孔口倒角 C1	T05	45°倒角镗刀	600	60	
17	A 面 3×φ30H7 孔口倒角 C1	T05				
18	钻 A 面 18×M6 螺孔中心孔（带倒角）	T06	φ3 中心钻	1200	100	
编制		审核	批准		第 页 共 页	

151

（续）

(单位)	数控加工工序卡片		产品名称或代号	数控镗铣箱体类零件	零件名称	蜗轮箱	零件图号	40-4001
工序号		程序编号 04/SMS4	夹具名称 数控镗铣体夹具	夹具编号 40J-4001	使用设备 XH754型卧式加工中心		车间 数控实训中心	材料 QT450-10
工步号	工步内容（图9-4）	刀具号	刀具规格/mm	主轴转速/(r/min)	进给速度/(mm/min)	背吃刀量/mm	量具	备注
19	钻 B 面 6×M6 螺孔中心孔（带倒角）	T06	φ3 中心钻	1200	100			
20	钻 C 面 18×M6 螺孔中心孔（带倒角）	T06						
21	钻 C 面 18×M6 螺纹底孔至孔 φ5mm，深 11mm	T07	φ5 麻花钻	700	90			
22	钻 B 面 6×M6 螺纹底孔至孔 φ5mm，深 11mm	T07						
23	钻 A 面 18×M6 螺纹底孔至孔 φ5mm，深 11mm	T07						
24	A 面攻螺纹 18×M6，深 8mm	T08	M6-H2 丝锥	200	200		螺纹塞规 M6	
25	B 面攻螺纹 6×M6，深 8mm	T08						
26	C 面攻螺纹 18×M6，深 8mm	T08						
27	精镗 C 面 3×φ30H7（$^{+0.021}_{0}$）孔至要求	T09	φ30H7 精镗刀	900	90			

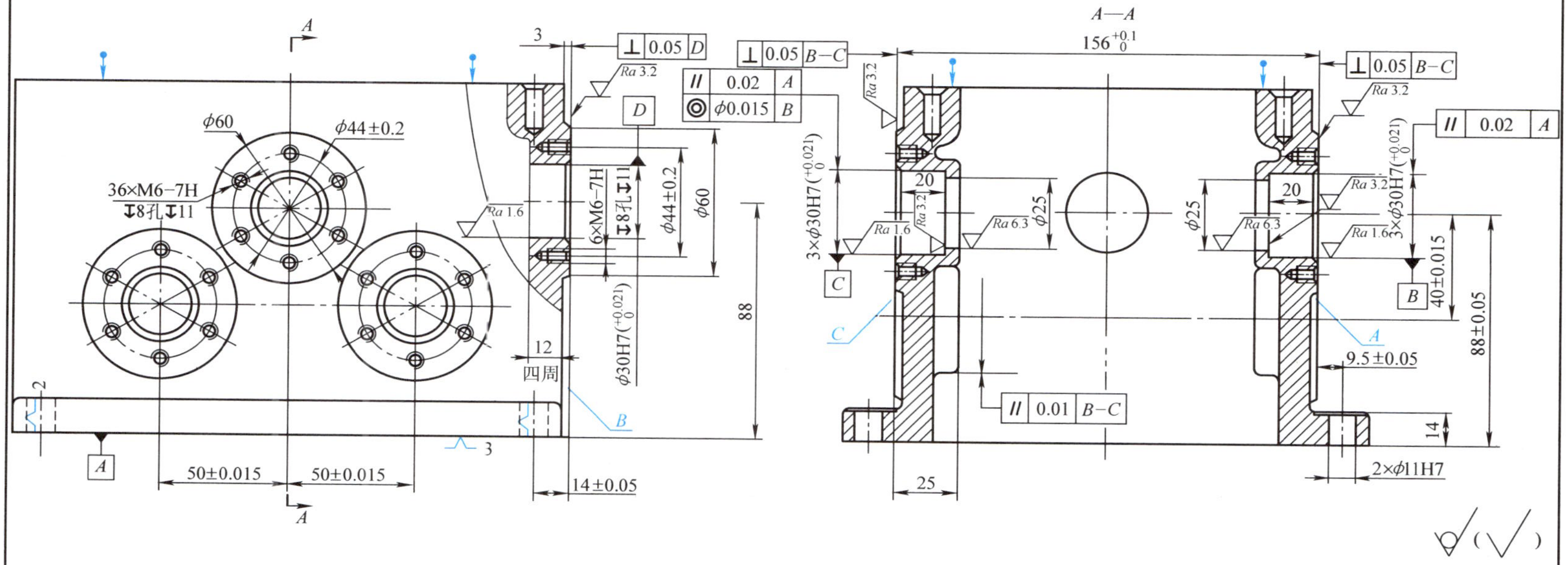

图 9-4　蜗轮箱工艺附图

编	制	审	核	批	准	共	页	第	页	页

| 28 | 精镗 B 面 φ30H7（$^{+0.021}_{0}$）孔至要求 | T09 | φ30H7 精镗刀 | 900 | 90 |
| 29 | 精镗 A 面 3×φ30H7（$^{+0.021}_{0}$）孔至要求 | T09 | | | |

153

表9-2 数控加工刀具卡片

154

（单位） 数控加工工序卡片		产品名称或代号 数控镗铣箱体类零件		零件名称 蜗轮箱	零件图号 40-4001	
工序号	程序编号 04/SMS4	夹具名称 数控镗铣箱体夹具	夹具编号 40J-4001	使用设备 XH754型卧式加工中心	材料 QT450-10	车间 数控实训中心
序号	刀具号	刀具名称	刀具规格	刀杆		备注
				名称	型号	规格
1	T1	面铣刀	φ125mm	铣刀刀柄	BT40-XM40-75	
2	T2	粗镗刀	φ25mm	倾斜粗镗刀	BT40-TQC25-135	
3	T3	平底粗镗刀	φ29mm，刃长3mm	倾斜粗镗刀	BT40-TQC25-135	
4	T4	平底半精镗刀	φ29.8mm，刃长3mm	倾斜微调精镗刀	BT40-TQW25-135	
5	T5	45°倒角镗刀	φ32mm	倾斜粗镗刀	BT40-TQC25-135	直角刀头
6	T6	中心钻	φ3mm	莫氏短圆锥钻夹头夹式刀柄 自紧式钻夹头	BT40-Z12-65 B12	
7	T7	直柄麻花钻	φ5mm	莫氏短圆锥钻夹头夹式刀柄 自紧式钻夹头	BT40-Z12-65 B12	
8	T8	丝锥	M6-H2	自动换刀刀具锥柄模块 丝锥夹头模块	21A.BT40.32-79 21CD.40-G3-102	丝锥夹套 T H3A-M3
9	T9	精镗刀	φ30H7（$^{+0.021}_{0}$）mm，刃长3mm	倾斜微调镗刀	BT40-TQW25-135	
编制		审核	批准		共 页	第 页

4）上下移动（Y 轴）检棒，找出其最高点，并记录表的读数为 X_1。

5）抬高检棒，工作台回转 180°，注意防止检棒与表干涉。

6）降低检棒，找出其最高点，并记录表的读数为 X_2。

7）移动机床 X 轴一个 $(X_2 - X_1)/2$ 距离。

8）重复动作 4）、5）、6），直至 $X_2 - X_1$ 达到要求的误差精度为止，这时机床坐标系中显示的 X 值即为主轴回转中心与分度工作台回转中心对准时的坐标值 X_C。

（3）计算另一孔口工件零点偏置值　工作台回转 180° 调头，E 点转到 E' 点，设 E' 点的 X 坐标偏置值为 X_{G56}，由计算确定（见图 9-5）

$$X_{G54} = X_C + \Delta_{XC}$$

$X_{G56} = X_C - \Delta_{XC} = X_C - (X_{G54} - X_C) = 2X_C - X_{G54}$

即

$$X_{G56} = 2X_C - X_{G54} \qquad (9\text{-}1)$$

由式（9-1）可见，固定值 X_C 的准确程度、X_{G56} 或 X_{G54} 的测量精度直接影响调头镗同轴孔的同轴精度，但工件的回转中心不一定要与工作台回转中心重合，这给工件装夹找正提供了方便。自己可以推算一下 Z_{G56}，想一下 Y_{G56} 如何确定。

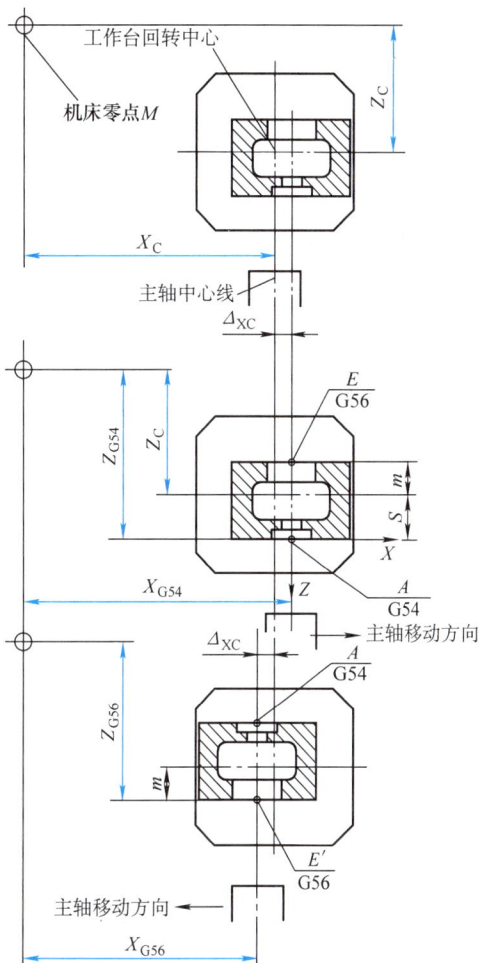

图 9-5　调头镗坐标计算

155

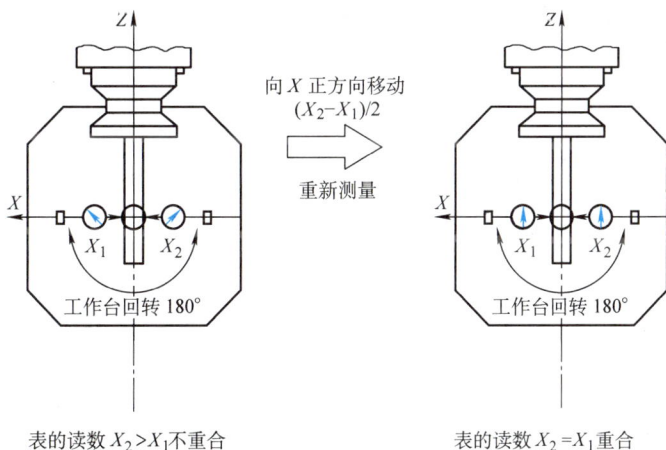

图 9-6　找工作台回转中心

【促成任务9-1】 卧式加工中心加工图9-7所示同轴孔，同轴精度越高越好。主轴轴线与工作台回转中心对准时，主轴端面回转中心在机床坐标系中的 X 坐标值是 $X_C = 578.136$mm，实测得 $X_{G54} = 520.827$mm。求调头镗 $\phi60H8$ 时，孔口端面中心零点偏置值 X_{G56}。

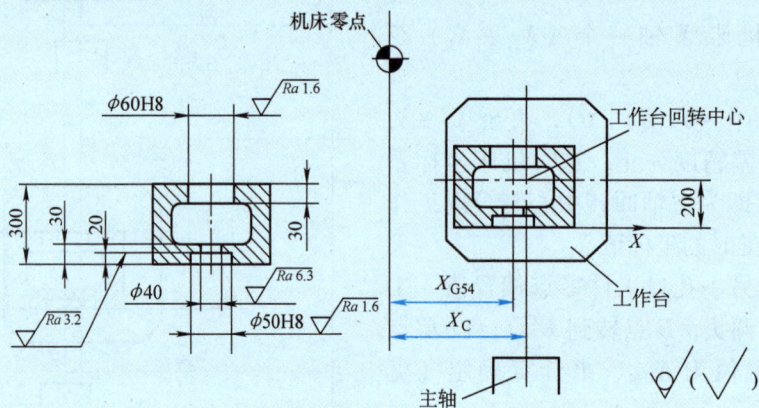

图9-7 调头镗孔零点偏置计算

【解】 $\phi60H8$ 孔口端面中心为工件坐标系原点 G56，根据式（9-1）得 G56 的 X 偏置值

$$X_{G56} = 2X_C - X_{G54} = (2 \times 578.136 - 520.827)\text{mm} = 635.445\text{mm}$$

当然，也可以计算 $\phi60H8$ 孔口中心在 G54 工件坐标系中的坐标值 X，由图9-5可以看出

$$X = 2(X_C - X_{G54}) = 2 \times (578.136 - 520.827)\text{ mm} = 114.618\text{mm}$$

验证 $X_{G54} + X = (520.827 + 114.618)$ mm $= 635.445$mm $= X_{G56}$，与上述计算结果相同。

2. 工作台任意分度坐标计算

零件找正或夹具定位找正装夹后，必须正确测定工件坐标系零点在机床坐标系中的坐标值，这对调头镗来说比较容易，但对于斜孔来说，坐标计算比较烦琐。卧式加工中心上加工的零件，大多数是要求多工位多侧面加工的复杂零件，为了编程方便，应该使工件回转中心与工作台回转中心重合，但是这样做对夹具的结构和安装有严格的要求，给操作、测量增加了许多环节，相应地增大了测量误差。实际生产中，工件与工作台回转中心不重合的情况很多，这时如果通过实测工件零点偏置值来建立多个工件坐标系，则人工测量次数多，效率低，容易出现人为的测量误差，甚至有些坐标根本无法测量，对此常用计算法或 CAD 法解决。

（1）计算法 如图9-8所示，分别从 O_1、O_2 进刀镗削孔1、孔2，由被加工零件图样可知孔1、孔2孔口中心 O_1、O_2 之间的位置关系尺寸 a、b 及两孔中心线夹角 γ。工件或夹具找正夹紧后，工件坐标系零点 O_1 即孔口中心1与回转工作台中心之间的位置关系尺寸是 X_{O1C}、Z_{O1C}（这由夹具设计、制造、安装确定）。图9-8a所示为镗削工件孔1，现要镗削孔2，工作台（工件）必须绕其回转中心 C 逆时针旋转（90° − γ），使孔2中心线与主轴中心

线平行，孔 2 中心线的回转半径是
过 C 点作其垂线 AC（$=A'C$）。假定
孔 2 孔口中心 O_2 位置无法直接测
量，而较易实测得工件零点 O_1 的偏
置值 X_{O1}、Z_{O1}（直接由对刀测量获
得），现在以孔口 1 中心 O_1 点为原
点的工件坐标系，计算孔口 2 中心
O_2 点的坐标值 X_2、Z_2

$$X_2 = X_{O1C} + (a - X_{O1C})\sin\gamma + (b - Z_{O1C})\cos\gamma \quad (9\text{-}2)$$

$$Z_2 = Z_{O1C} - (a - X_{O1C})\cos\gamma + (b - Z_{O1C})\sin\gamma \quad (9\text{-}3)$$

式中　X_2、Z_2——孔口 2 在孔口 1
为坐标原点的工
件坐标系下的坐
标值，其正、负
判定：假定工件
不动，刀具运动
与坐标轴正方向
同向取正，反之
取负；

X_{O1C}、Z_{O1C}——孔口 1 到回转工
作台中心之距的
X、Z 轴向距离；

a、b——孔口 1、孔口 2
之距的 X、Z 轴向分量距离；

γ——孔 1 与孔 2 的轴线夹角的余角。

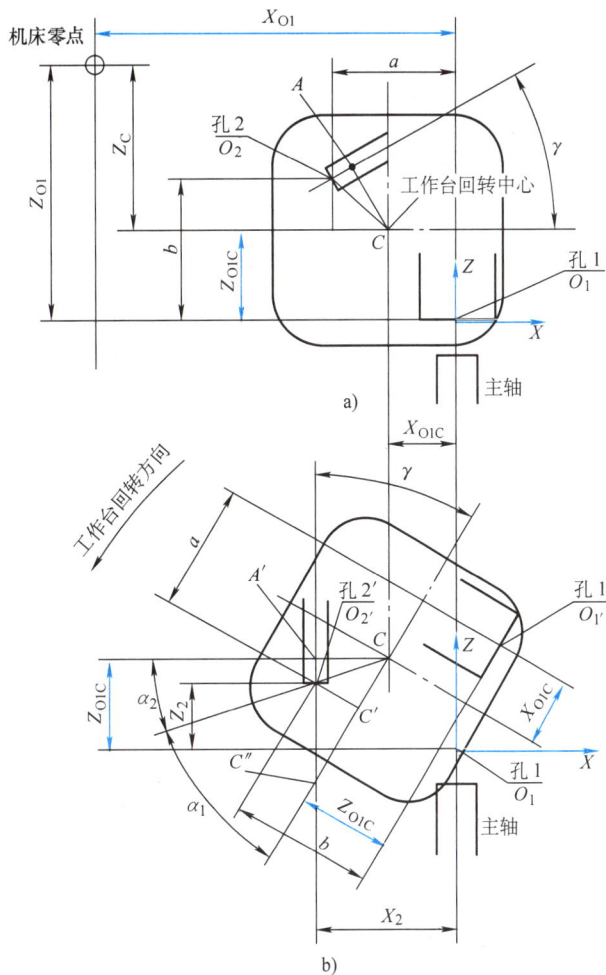
图 9-8　工作台任意分度坐标计算

Y 坐标不受工作台转位影响，可直接从零件图样中算得。

（2）CAD 法　用计算机软件 CAD 按比例绘制零件加工要素尺寸图和定位装夹尺寸图，通过标注尺寸可直接测得所需要的坐标值。如图 9-8 所示，在工作台未回转之前，可以测量 AC 和 AO_2 长度后与 X_{O1C}、Z_{O1C} 相加减获得 X_2、Z_2，或者在工作台回转之后成加工工位直接测得 X_2、Z_2。用 CAD 法找出各点坐标比较方便。

【促成任务9-2】　卧式加工中心加工图 9-9 所示斜孔，若大孔孔口可测，设为 G54，计算斜孔孔口在 G54 下的坐标值 X_2、Z_2。

【解】　分别用计算法、CAD 法计算 X_2、Z_2 坐标值。

1）计算法。由式（9-2）、式（9-3）得

长度 $X_2 = X_{O1C} + (a - X_{O1C})\sin\gamma + (b - Z_{O1C})\cos\gamma$

$\quad = [17.519 + (82 - 17.519)\sin30° + (68 - 97.675)\cos30°]\text{mm}$

$\quad = 24.06\text{mm}$

图 9-9 斜孔示意图

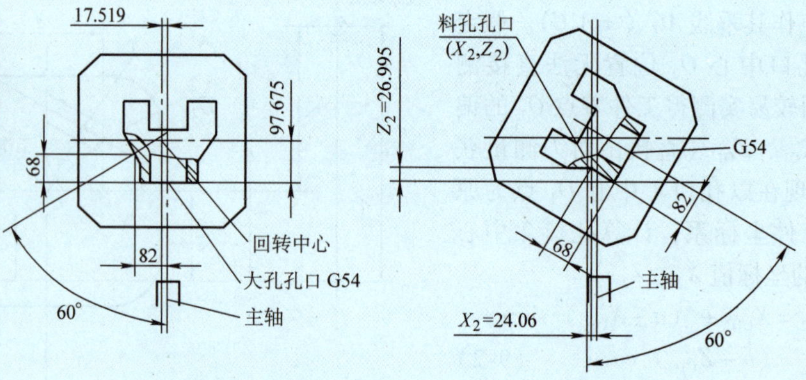

假定工件不动，刀具向 X 轴负方向移动，坐标 $X_2 = -$ 长度 $X_2 = -24.06\text{mm}$。

长度 $Z_2 = Z_{01C} - (a - X_{01C})\cos\gamma + (b - Z_{01C})\sin\gamma$

$= [97.675 - (82 - 17.519)\cos30° + (68 - 97.675)\sin30°]$ mm

$= 26.995\text{mm}$

同理坐标 $Z_2 = -$ 长度 $Z_2 = -26.995\text{mm}$

2）CAD 法。用 CAD 软件，画好图 9-9a，再绕工作台回转中心，将工作台和工件一起刚体转到斜孔中心线与主轴轴线平行的方位，即从图 9-9a 转到图 9-9b，直接在计算机上测得 X_2、Z_2，最后假定工件不动，刀具运动方向决定 X_2、Z_2 的正、负，即坐标 $X_2 = -24.06\text{mm}$，$Z_2 = -26.995\text{mm}$。

四、相关实践

完成本项目图 9-1 所示的 40-4001 蜗轮箱的程序设计。

（1）看懂图样、搞清毛坯状况、明确加工内容 从图 9-1 看出，零件是三个方向外形尺寸相差不大的近似长方体，中空为腔，壁上有孔，是典型的箱体类零件。铸件毛坯，材料是 QT450-10。

到本道工序的毛坯状况是半成品（图 9-2），上、下表面和其上 6×M10-7H 螺纹孔、6×φ11mm 孔已加工完成，且零件长度尺寸 202mm 方向同侧分布的两边孔已加工成 2×φ11H7 的工艺孔，要求加工其余三个立面和其上的孔。

两侧面加工要求相同，每个侧面上有三个凸台，凸台高度相同，表面粗糙度值为 Ra3.2μm，凸台平面对 φ30H7 孔的垂直度公差为 0.05mm；需加工 3×φ30H7、Ra1.6μm 的台阶孔，台阶小孔为 φ25mm、Ra6.3μm；两侧面上 3×φ30H7 孔为同轴孔，要求同轴度公差为 φ0.015mm，两孔中心线对底平面平行度公差为 0.02mm，3×φ30H7 孔间距上下极限偏差为 ±0.015mm。每个 φ30H7 孔周围均布 6×M6-7H 螺纹孔。

一个端面上无加工内容，另一端面要求加工一凸台，凸台表面粗糙度值为 Ra3.2μm，平面对孔 φ30H7 的垂直度公差为 0.05mm；还要加工一个 φ30H7 的单壁通孔，表面粗糙度

值为 $Ra1.6\mu m$，孔周围均布 6×M6-7H 螺孔。

（2）了解使用设备、确认装夹方案、熟悉工艺方法　可选配 FANUC-0i、SINUMERIK 802D 数控系统的 XH754 型卧式加工中心，主轴锥孔 BT40，拉钉 P40T-I，分度工作台 400mm×400mm、5°×72 等分，侧挂链式刀库，容量 24 把，随机选刀，双臂机械手换刀，完全能满足本箱体零件三个侧面加工要求。

用一面两孔定位，即以底平面和 2×φ11H7 工艺孔定位（图 9-3a），箱体中间吊拉杆，在箱顶面上压紧，让工件充分暴露在刀具下面（图 9-3b），铣侧立面，刀具与压板不干涉，一次装夹完成全部加工内容，能保证各加工要素间的位置精度。其工艺附图如图 9-4 所示。

从表 9-1 可看出，工艺方法遵循单件试制、工序集中、先面后孔、先粗后精、先主后次原则，A、C 面（图 9-4）上的同轴孔调头镗。归纳出面、孔加工方案见表 9-3。

表 9-3　加工方案

加工要素	加工方案	加工要素	加工方案
平面	粗铣→精铣	φ30H7 孔	粗镗→半精镗→倒角→精镗
φ25mm 孔	镗	M6-7H 螺纹孔	钻中心孔（带倒角）→钻底孔→攻螺纹

采用单刀多工位原则，也就是用一把刀加工完所有工位上要加工的内容后，再换下一把刀继续加工，能有效防止频繁换刀，延长机械手的寿命。

加工顺序是粗精铣侧平面→镗 φ25mm 孔至尺寸→粗镗、半精镗、孔口倒角 φ30H7 孔→钻 M6 螺纹中心孔（孔口带倒角）→钻底孔→攻螺纹→精镗 φ30H7 孔。加工内容与所用刀具对照见表 9-4。

表 9-4　加工内容与所用刀具对照表

加工内容	刀具编号	刀具名称	加工内容	刀具编号	刀具名称
铣平面	T1	φ125mm 面铣刀	钻 M6 螺纹中心孔（带倒角）	T6	φ3mm 中心钻
镗 φ25mm 孔	T2	φ25mm 粗镗刀	钻 M6 螺纹底孔	T7	φ5mm 麻花钻
粗镗 φ30H7 孔	T3	φ29mm 平底粗镗刀，刃长 3mm	攻 M6 螺纹孔	T8	M6-H2 丝锥
半精镗 φ30H7 孔	T4	φ29.8mm 平底半精镗刀，刃长 3mm	精镗 φ30H7 孔	T9	φ30H7mm 平底精镗刀，刃长 3mm
φ30H7 孔孔口倒角	T5	45°镗刀小头			

（3）确定编程方案　每个工位上分别建立一个工件坐标系，如图 9-10 所示，且 A 面和 C 面的工件坐标系对称，计算相对简单，编程也方便。按照数控加工工序卡片顺序编写相应

的程序，先加工 A 面→B 面→C 面，再按 C 面→B 面→A 面的顺序加工。同规格同侧面上的孔编一个子程序；各凸台上的螺纹孔都相同，所以也编写成一个子程序；换刀动作编成子程序，采用具有预先选刀功能的换刀方法编程；工作台分度用宏程序；孔加工固定循环与刀具长度一起编成宏程序，以简化编程。

（4）FANUC 系统编程

1）O9006；　换刀子程序

　　N10　G90　G00　G40　G49　G80　G67　M09；　初始化

　　N20　G91　G28　Z0　M19；　在 Z 轴参考点换刀，离工件最远，防干涉

　　N30　G91　G28　Y0；　在 Y 轴参考点换刀，离工件最远，防干涉

　　M06；　换刀

　　M99；　子程序结束

2）O906；　工作台分度宏程序

　　N10　G90　G00　G40　G49　G80　G67　M09；　初始化

　　N20　G91　G28　Z0；　在 Z 轴参考点工作台转位分度，防止与刀具干涉

　　N30　B#2；　工作台转位分度数用变量#2 表示，非数控轴，只有绝对值编程

　　N40　M99；　宏程序结束

3）O3025；　加工 3×φ30H7 和 3×φ25mm 子程序，A 面、C 面程序相同

　　N10　X50　Y48；　右侧孔

　　N20　X0　Y88；　中间孔

　　N30　X−50　Y48；　左侧孔

　　N40　M99；　子程序结束

4）O8081；　类似于 G81 宏体

　　N10　G90　G00　G43　H#11　Z#4；刀具长度补偿快速到初始平面 I = #4，刀具号 T = 长度补偿号、H = #11

　　N20　Z#18；　快速到参考平面 R = #18

　　N30　G01　Z#26；　工进到孔深 Z = #26

　　N40　G00　Z#4；　快速返回到初始平面 I = #4

　　N50　M99；　结束

　　调用 O8081 宏指令：G65（G66）　P8081　H_ I_ R_ Z_；

其中　H——刀补号，方便起见，取刀具长度补偿号 H = 刀具号 T；

　　　I——初始平面，绝对坐标值；

　　　R——R 平面，绝对坐标值；

　　　Z——孔深，绝对坐标值。

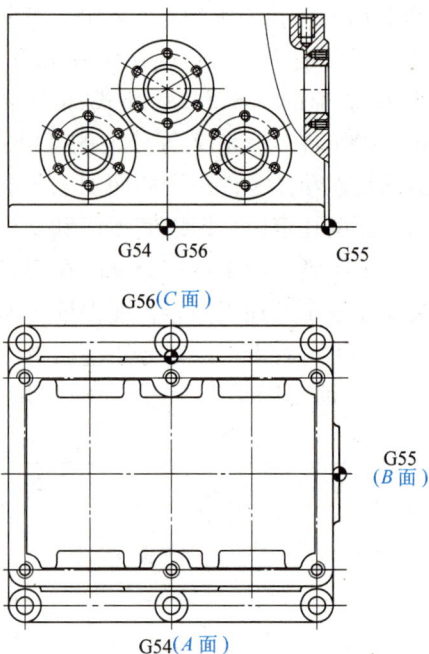

图 9-10　工件坐标系

5）O8082；　类似于 G82 宏体

　　N10　G90　G00　G43　H#11　Z#4；

　　N20　Z#18；

　　N30　G01　Z#26；

　　N40　G04　X#8；　　孔底暂停时间 X = #8

　　N50　G00　Z#4；

　　N60　M99；

调用 O8082 宏指令：G65（G66）　　P8082　H_ I_ R_ Z_ E_ ；

其中　X——孔底暂停时间（s）；

6）O8084；　类似于 G84 宏体

　　N10　G90　G00　G43　H#11　Z#4；

　　N20　Z#18；

　　N30　#3003 = 1；　　禁止单程序段运行

　　N40　G63；　　攻螺纹状态，倍率开关无效

　　N50　G01　Z#26；

　　N60　M04；　　孔底主轴反转

　　N70　G01　Z#18；　　工退到 R 平面

　　N80　M03；　　主轴正转

　　N90　#3003 = 0；　　恢复单程序段方式

　　N100　G00　Z#4；

　　N110　G64；　　连续切削方式

　　N120　M99；

调用 O8084 宏指令：G65（G66）　　P8084　H_ I_ R_ Z_ ；

7）O8086；　类似于 G86 宏体

　　N10　G90　G00　G43　H#11　Z#4；

　　N20　Z#18；

　　N30　G01　Z#26；

　　N40　M05；　　孔底主轴停转

　　N50　G00　Z#18；

　　N60　M03；　　到 R 平面后主轴恢复正转

　　N70　Z#4；

　　N80　M99；

调用 O8086 宏指令：G65（G66）　　P8086　I_ H_ R_ Z_ ；

8）圆周均布孔位坐标计算宏程序。工程上经常使用如图 9-11 所示圆周均布孔，而这些孔在图样上往往是不给出每点坐标的，在编程时，需要逐点计算，因而增加了编程员的工作量。这里给出的宏程序用直角坐标系编程。

宏指令：G65（G66）　　P9010　X_ Y_ R_ A_ C_ ；

其中　X、Y——分布圆中心 X、Y 坐标，分别用#24、#25 表示，不赋值时圆弧中心是工件坐标系原点；

R——分布圆圆弧半径，用#18 表示；

A——第 1 孔的极角，用#1 表示；

C——孔数，用#3 表示。

O9010；　圆周均布孔位坐标宏程序

N10　#2 = 360/#3；　圆周均布两孔间夹角 B，适用于能保留 3 位小数除尽均布孔

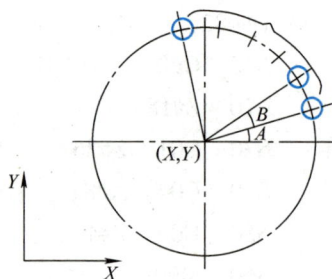

图 9-11　圆周均布孔

N20　#4 = 1；　孔数计数器#4 置 1

N30　WHILE ［#4　LE　#3］　DO1；当孔加工计数器#4≤孔数#3 时，循环执行 N40 ~ N50 程序段

N40　G90　X［#24 + #18 ∗ COS［#1 + ［#4 − 1］∗ #2］］

　　　　Y［#25 + #18 ∗ SIN［#1 + ［#4 − 1］∗ #2］］；　孔位坐标

N50　#4 = #4 + 1；　孔数计数器累加计数

N60　END1；　循环结束

N70　M99；　结束

9）主程序

O4；工作台处于 0°位置（B = 0）

N10　T01；　刀库选 T01 = φ125mm 面铣刀到换刀位置

N20　M98　P9006；　换刀，T01 到主轴上

N30　T02；　刀库选粗镗刀 T02 = φ25mm 到换刀位置

N40　G90　G00　G54　X150　Y77　F250　S400　M03；用 T01 = φ125mm 面铣刀粗铣 A 面定位，初始化

N50　G43　H01　Z0.2　M08；　刀具长度补偿到加工位置

N60　G01　X − 150；　直线插补粗铣 A 面

N70　G65　P906　B90；　工作台转 90°，B 面到主轴侧

N80　G90　G00　G55　X105　Y88；　粗铣 B 面

N90　G43　H01　Z0.2　M08；

N100　G01　X − 105；

N110　G65　P906　B180；　工作台转到 180°，C 面到主轴侧

N120　G90　G00　G56　X150　Y77；　粗铣 C 面

N130　G43　H01　Z0.2　M08；

N150　G01　X − 150；

N160　F200　S500　M03；　改变 S、F 值，精铣 C 面

N170　Z0；

N180　X150；

N190　G65　P906　B90；

N200　G90　G00　G55　X105　Y88；　精铣 B 面

N210　G43　H01　Z0　M08；

N220　G01　X − 105；

N230　G65　P906　B0；

N240   G90   G00   G54   X150   Y88；   精铣 A 面

N250   G43   H01   Z0   M08；

N260   G01   X－150；

N270   M98   P9006；   将刀库换刀位置上的粗镗刀 T02 = φ25mm 与主轴上的 T01 交换

N280   T03；   刀库选粗镗刀 T03 = φ29mm 到换刀位置

N290   G90   G00   G54   F120   S800   M03   M08；   镗 A 面 3×φ25mm 孔

N300   G66   P8081   H02   I5   R5   Z－30；

N310   M98   P3025；

N320   G65   P906   B180；

N330   G90   G00   G56   M08；   镗 C 面 3×φ25mm 孔

N340   G66   P8081   H02   I5   R5   Z－30；

N350   M98   P3025；

N360   M98   P9006；   将 T03 = φ29mm 粗镗刀换到主轴上

N370   T4；   刀库选刀，T4 = φ29.8mm 半精镗刀转到换刀位置

N380   G90   G00   G56   F120   S800   M03   M08；   粗镗 C 面 3×φ30H7 孔

N390   G66   P8082   H03   I5   R5   Z－19.8   E2；

N400   M98   P3025；

N410   G65   P906   B90；

N420   G90   G00   G55   X0   Y88   M08；   粗镗 B 面 φ30H7 孔

N430   G66   P8081   H03   I5   R5   Z－19；

N440   G65   P906   B0；

N450   G90   G00   G54   F120   M08；   粗镗 A 面 3×φ30H7 孔

N460   G66   P8082   H03   I5   R5   Z－19.8   E2；

N470   M98   P3025；

N480   M98   P9006；   将 T4 = φ29.8mm 半精镗刀换到主轴上

N490   T5；   刀库选刀，T5 = φ32×45°倒角镗刀转到换刀位置

N500   G90   G00   G54   F80   S800   M03   M08；   半精镗 A 面 3×φ30H7 孔

N510   G66   P8082   H04   I5   R5   Z－19.9   E2；

N520   M98   P3025；

N530   G65   P906   B90；

N540   G90   G00   G55   X0   Y88   M08；   半精镗 B 面 φ30H7 孔

N550   G66   P8081   H04   I5   R5   Z－19；

N560   G65   P906   B180；

N570   G90   G00   G56   M08；   半精镗 C 面 3×φ30H7 孔

N580   G66   P8082   H04   I5   R5   Z－19.9   E2；

N590   M98   P3025；

N600   M98   P9006；   将 T5 = φ32×45°倒角镗刀换到主轴上

N610   T06；   刀库选刀，将 T06 = φ3mm 中心钻转到换刀位置

N620   G90   G00   G56   F60   S600   M03   M08；   C 面 3×φ30H7mm 孔倒角

N630   G66   P8082   H05   I5   R5   Z－1   E2；   必要时修改倒角大小

163

N640   M98   P3025；

N650   G65   P906   B90；

N660   G90   G00   G55   X0   Y88   M08；   B 面 φ30H7mm 孔倒角

N670   G65   P8082   H05   I5   R5   Z－1   E2；   必要时修改倒角大小

N680   G65   P906   B0；

N690   G90   G00   G54   M08；   A 面 3×φ30H7mm 孔倒角

N700   G66   P8082   H05   I5   R5   Z－1   E2；   必要时修改倒角大小

N710   M98   P3025；

N720   M98   P9006；   将 T06＝φ3mm 中心钻换到主轴上

N730   T07；   刀库选刀，将 T07＝φ5mm 麻花钻转到换刀位置

N740   G90   G00   G54   F100   S1200   M03   M08；   钻 A 面 18×M6-7H 中心孔（带倒角）

N750   G66   P8081   H06   I5   R5   Z－5；   必要时修改倒角大小

N760   G65   P9010   X50   X48   R22   A30   C6；   右侧 6×M6-7H

N770   G65   P9010   X0   Y88   R22   A30   C6；   中间 6×M6-7H

N780   G65   P9010   X－50   Y48   R22   A30   C6；   左侧 6×M6-7H

N790   G65   P906   B90；

N800   G90   G00   G55   M08；   钻 B 面 6×M6-7H 中心孔（带倒角）

N890   G66   P8081   H06   I5   R5   Z－5；   必要时修改倒角大小

N900   G65   P9010   X0   Y88   R22   A30   C6；

N910   G65   P906   B180；

N920   G90   G00   G56   M03   M08；   钻 C 面 18×M6-7H 中心孔（带倒角）

N930   G66   P8081   H06   I5   R5   Z－5；   必要时修改倒角大小

N940   G65   P9010   X50   Y48   R22   A30   C6；   右侧 6×M6-7H

N950   G65   P9010   X0   Y88   R22   A30   C6；   中间 6×M6-7H

N960   G65   P9010   X－50   Y48   R22   A30   C6；   左侧 6×M6-7H

N970   M98   P9006；   将 T07＝φ5mm 麻花钻换到主轴上

N980   T08；   刀库选刀，将 T08＝M6－H2 丝锥转到换刀位置

N990   G90   G00   G56   M03   S700   F90   M08；   钻 C 面 18×M6-7H 底孔

N1000   G66   P8081   H07   I5   R5   Z－11；

N1010   G65   P9010   X50   Y48   R22   A30   C6；

N1020   G65   P9010   X0   Y88   R22   A30   C6；

N1030   G65   P9010   X－50   Y48   R22   A30   C6；

N1040   G65   P906   B90；

N1050   G90   G00   G55   M08；   钻 B 面 6×M6-7H 底孔

N1060   G66   P8081   H07   I5   R5   Z－11；

N1070   G65   P9010   X0   Y88   R22   A30   C6；

N1080   G65   P906   B0；

N1090   G90   G00   G54   M08；   钻 A 面 18×M6-7H 底孔

N1100   G66   P8081   H07   I5   R5   Z－11；

N1110   G65   P9010   X50   Y48   R22   A30   C6；

N1120　G65　P9010　X0　Y88　R22　A30　C6；

N1130　G65　P9010　X－50　Y48　R22　A30　C6；

N1140　M98　P9006；　将 T08＝M6－H2 丝锥换到主轴上

N1150　T09；　刀库选刀，将 T09＝φ30H7 精镗刀转到换刀位置

N1160　G90　G00　G54　F200　S200　M03　M08；　攻 A 面 18×M6-7H 螺纹孔

N1170　G66　P8084　H08　I5　R5　Z－10；

N1180　G65　P9010　X50　Y48　R22　A30　C6；

N1190　G65　P9010　X0　Y88　R22　A30　C6；

N1200　G65　P9010　X－50　Y48　R22　A30　C6；

N1210　G65　P906　B90；

N1220　G90　G00　G55　M08；　攻 B 面 6×M6-7H 螺纹孔

N1230　G66　P8084　H08　I5　R5　Z－10；

N1240　G65　P9010　X0　Y88　R22　A30　C6；

N1250　G65　P906　B180；

N1260　G90　G00　G56　M08；　攻 C 面 18×M6-7H 螺纹孔

N1270　G66　P8084　H08　I5　R5　Z－10；

N1280　G65　P9010　X50　Y48　R22　A30　C6；

N1290　G65　P9010　X0　Y88　R22　A30　C6；

N1300　G65　P9010　X－50　Y48　R22　A30　C6；

N1310　M98　P9006；　将 T09＝φ30H7 精镗刀换到主轴上

N1320　T00；　刀库不动

N1330　G90　G00　G56　F90　S900　M03　M08；　精镗 C 面 3×φ30H7 孔

N1340　G66　P8082　H09　I5　R5　Z－20　E2；

N1350　M98　P3025；

N1360　G65　P906　B90；

N1370　G90　G00　G55　X0　Y88　M08；　精镗 B 面 φ30H7 孔

N1380　G66　P8086　H09　I5　R5　Z－20；

N1390　G65　P906　B0；

N1400　G90　G00　G54　M08；　精镗 A 面 3×φ30H7 孔

N1410　G66　P8082　H09　I5　R5　Z－30　E2；

N1420　M98　P3025；

N1430　M98　P9006；　将主轴上的刀换回刀库

N1440　M30；　程序结束

（5）SIEMENS 系统编程

1）L9006　换刀子程序

　　N10　G90　G00　G40　M09　L_F　初始化

　　N20　G74　Z0　M19　L_F　在 Z 轴参考点换刀，离工件最远，防干涉

　　N30　G74　Y0　L_F　在 Y 轴参考点换刀，离工件最远，防干涉

　　N40　M06　L_F　换刀

　　N50　M17　L_F　子程序结束

2）L916　工作台分度宏程序

N10　G90　G00　G40　M09　L_F　初始化

N20　G74　Z0　L_F　在 Z 轴参考点工作台转位分度，防止与刀具干涉

N30　B = R99　L_F　工作台转位分度数用参数 R99 表示

N40　M17　L_F　宏程序结束

3）L3025　加工 3 × ϕ30H7 和 3 × ϕ25mm 子程序，A 面、C 面程序相同

N10　X50　Y48　L_F　右侧孔

N20　L8082　L_F　自编固定循环子程序

N30　X0　Y88　L_F　中间孔

N40　L8082　L_F　自编固定循环子程序

N50　X – 50　Y48　L_F　左侧孔

N60　L8082　L_F　自编固定循环子程序

N70　M17　L_F　子程序结束

4）L8082

N10　G90　G00　Z = R01　L_F　刀具长度补偿，快速到开始加工平面 R01

N20　G01　Z = R02　L_F　工进到孔底平面 R02

N30　G04　X = R04　L_F　孔底暂停时间 R04

N40　M05　L_F　主轴停

N50　G00　Z = R03　L_F　快速返回到返回平面 R03

N60　M03　L_F　主轴正转

N70　M17　L_F

5）主程序

XTJG09. MPF　工作台处于 0°（B = 0）位置

N10　T01　L_F　刀库选 T01 = ϕ125mm 面铣刀到换刀位置

N20　L9006　L_F　换刀，T01 到主轴上

N30　T02　L_F　刀库选粗镗刀 T02 = ϕ25mm 到换刀位置

N40　G90　G00　G54　X150　Y77　F250　S400　M03　L_F　用 T01 = ϕ125mm 面铣刀粗铣 A 面定位、初始化

N50　Z0. 2　M08　L_F　刀具长度补偿到加工位置

N60　G01　X – 150　L_F　直线插补粗铣 A 面

N65　R99 = 90　L_F

N70　L916　L_F　工作台转 90°，B 面到主轴侧

N80　G90　G00　G55　X105　Y88　L_F　粗铣 B 面

N90　Z0. 2　M08　L_F

N100　G01　X – 105　L_F

N105　R99 = 180　L_F

N110　L916　L_F　工作台转到 180°，C 面到主轴侧

N120　G90　G00　G56　X150　Y77　L_F　粗铣 C 面

N130　Z0. 2　M08　L_F

N150   G01   X−150   L_F

N160   F200   S500   M03   L_F   改变 S、F 值，精铣 C 面

N170   Z0   L_F

N180   X150   L_F

N185   R99＝90   L_F

N190   L916   L_F

N200   G90   G00   G55   X105   Y88   L_F   精铣 B 面

N210   Z0   L_F

N220   G01   X−105   L_F

N225   R99＝0   L_F

N230   L916   L_F

N240   G90   G00   G54   X150   Y88   L_F   精铣 A 面

N250   Z0   L_F

N260   G01   X−150   L_F

N270   L9006   L_F   将刀库换刀位置上的粗镗刀 T02＝ϕ25mm 与主轴上的 T01 交换

N280   T03   L_F   刀库选粗镗刀 T03＝ϕ29mm 到换刀位置

N290   G90   G00   G54   F120   S800   M03   M08   L_F   镗 A 面 3×ϕ25mm 孔

N300   R01＝5   R02＝−30   R03＝5   R04＝0   L_F

N310   L3025   L_F

N315   R99＝180   L_F

N320   L916   L_F

N330   G90   G00   G56   M08   L_F   镗 C 面 3×ϕ25mm 孔

N350   L3025   L_F

N360   L9006   L_F   将 T03＝ϕ29mm 粗镗刀换到主轴上

N370   T4   L_F   刀库选刀，将 T4＝ϕ29.8mm 粗镗刀转到换刀位置

N380   G90   G00   G56   F120   S800   M03   M08   L_F   粗镗 C 面 3×ϕ30H7 孔

N390   R01＝5   R02＝−19.8   R03＝5   R04＝2   L_F

N400   L3025   L_F

N405   R99＝90   L_F

N410   L916   L_F

N420   G90   G00   G55   X0   Y88   M08   L_F   粗镗 B 面 ϕ30H7 孔

N430   R01＝5   R02＝−19   R03＝5   R04＝0   L_F

N435   L8082   L_F

N436   R99＝0   L_F

N440   L916   L_F

N450   G90   G00   G54   F120   M08   L_F   粗镗 A 面 3×ϕ30H7 孔

N460   R01＝5   R02＝−19.8   R03＝5   R04＝2   L_F

N470   L3025   L_F

N480   L9006   L_F   将 T4＝ϕ29.8mm 粗镗刀换到主轴上

N490   T5   L_F   刀库选刀，将 T5＝ϕ32×45°倒角镗刀转到换刀位置

167

N500　G90　G00　G54　F80　S800　M03　M08　L$_F$　半精镗 A 面 3 × φ30H7 孔
N510　R01 = 5　R02 = − 19.9　R03 = 5　R04 = 2　L$_F$
N520　L3025　L$_F$
N525　R99 = 90　L$_F$
N530　L916　L$_F$
N540　G90　G00　G55　X0　Y88　M08　L$_F$　半精镗 B 面 φ30H7 孔
N545　L8082　L$_F$
N550　R01 = 5　R02 = − 19　R03 = 5　R04 = 0　L$_F$
N555　R99 = 180　L$_F$
N560　L916　L$_F$
N570　G90　G00　G56　M08　L$_F$　半精镗 C 面 3 × φ30H7 孔
N580　R01 = 5　R02 = − 19.9　R03 = 5　R04 = 2　L$_F$
N590　L3025　L$_F$
N600　L9006　L$_F$　将 T5 = φ32 × 45°倒角镗刀换到主轴上
N610　T06　L$_F$　刀库选刀，将 T06 = φ3mm 中心钻转到换刀位置
N620　G90　G00　G56　F60　S600　M03　M08　L$_F$　C 面 3 × φ30H7 孔倒角
N630　R01 = 5　R02 = − 1　R03 = 5　R04 = 2　L$_F$　必要时修改倒角大小
N640　L3025　L$_F$
N645　R99 = 90　L$_F$
N650　L916　L$_F$
N660　G90　G00　G55　X0　Y88　M08　L$_F$　B 面 φ30H7 孔倒角
N670　R01 = 5　R02 = − 1　R03 = 5　R04 = 2　L$_F$　必要时修改倒角大小
N672　L8082　L$_F$
N675　R99 = 0　L$_F$
N680　L916　L$_F$
N690　G90　G00　G54　M08　L$_F$　A 面 3 × φ30H7 孔倒角
N700　R01 = 5　R02 = − 1　R03 = 5　R04 = 2　L$_F$　必要时修改倒角大小
N710　L3025　L$_F$
N720　L9006　L$_F$　将 T06 = φ3mm 中心钻换到主轴上
N730　T07　L$_F$　刀库选刀，将 T07 = φ5mm 麻花钻转到换刀位置
N740　G90　G00　G54　F100　S1200　M03　M08　L$_F$　钻 A 面 18 × M6-7H 中心孔（带倒角）
N750　MCALL　CYCLE81 (5, 0, 5, − 5,)　L$_F$　必要时修改倒角大小
N760　HOLE2 (50, 48, 22, 30, 60, 6)　L$_F$　右侧 6 × M6-7H
N770　HOLE2 (0, 88, 22, 30, 60, 6)　L$_F$　中间 6 × M6-7H
N780　HOLE2 (− 50, 48, 22, 30, 60, 6)　L$_F$　左侧 6 × M6-7H
N785　MCALL　L$_F$
N786　R99 = 90　L$_F$
N790　L916　L$_F$
N800　G90　G00　G55　M08　L$_F$　钻 B 面 6 × M6-7H 中心孔（带倒角）

168

N890　MCALL　CYCLE81（5，0，5，−5，）　L$_F$　必要时修改倒角大小

N900　HOLE2（0，88，22，30，60，6）　L$_F$

N905　MCALL　L$_F$

N906　R99＝180　L$_F$

N910　L916　L$_F$

N920　G90　G00　G56　M08　L$_F$　钻 C 面 18×M6-7H 中心孔（带倒角）

N930　MCALL　CYCLE81（5，0，5，−5，）　L$_F$　必要时修改倒角大小

N940　HOLE2（50，48，22，30，60，6）　L$_F$　右侧 6×M6-7H

N950　HOLE2（0，88，22，30，60，6）　L$_F$　中间 6×M6-7H

N960　HOLE2（−50，48，22，30，60，6）　L$_F$　左侧 6×M6-7H

N965　MCALL　L$_F$

N970　L9006　L$_F$　将 T07＝ϕ5mm 麻花钻换到主轴上

N980　T08　L$_F$　刀库选刀，将 T08＝M6−H2 丝锥转到换刀位置

N990　G90　G00　G56　M03　S700　F90　M08　L$_F$　钻 C 面 18×M6-7H 底孔

N1000　MCALL　CYCLE81（5，0，5，−13，）　L$_F$

N1010　HOLE2（50，48，22，30，60，6）　L$_F$　右侧 6×M6-7H

N1020　HOLE2（0，88，22，30，60，6）　L$_F$　中间 6×M6-7H

N1030　HOLE2（−50，48，22，30，60，6）　L$_F$　左侧 6×M6-7H

N1035　MCALL　L$_F$

N1036　R99＝90　L$_F$

N1040　L916　L$_F$

N1050　G90　G00　G55　M08　L$_F$　钻 B 面 6×M6-7H 底孔

N1060　MCALL　CYCLE81（5，0，5，−11，）　L$_F$

N1070　HOLE2（0，88，22，30，60，6）　L$_F$

N1075　MCALL　L$_F$

N1076　R99＝0　L$_F$

N1080　L916　L$_F$

N1090　G90　G00　G54　M08　L$_F$　钻 A 面 18×M6-7H 底孔

N1100　MCALL　CYCLE81（5，0，5，−13，）　L$_F$

N1110　HOLE2（50，48，22，30，60，6）　L$_F$　右侧 6×M6-7H

N1120　HOLE2（0，88，22，30，60，6）　L$_F$　中间 6×M6-7H

N1130　HOLE2（−50，48，22，30，60，6）　L$_F$　左侧 6×M6-7H

N1135　MCALL　L$_F$

N1140　L9006　L$_F$　将 T08＝M6−H2 丝锥换到主轴上

N1150　T09　L$_F$　刀库选刀，将 T09＝ϕ30H7 精镗刀转到换刀位置

N1160　G90　G00　G54　F200　S200　M03　M08　L$_F$　攻 A 面 18×M6-7H 螺纹孔

N1170　MCALL　CYCLE840（5，0，5，−10，，0，0，，1，6，1）　L$_F$

N1180　HOLE2（50，48，22，30，60，6）　L$_F$　右侧 6×M6-7H

169

N1190　HOLE2（0，88，22，30，60，6）　L_F　中间 6×M6-7H

N1200　HOLE2（−50，48，22，30，60，6）　L_F　左侧 6×M6-7H

N1205　MCALL　L_F

N1206　R99 = 90　L_F

N1210　L916　L_F

N1220　G90　G00　G55　M08　L_F　攻 B 面 6×M6-7H

N1230　MCALL　CYCLE840（5，0，5，−10，0，0，1，6，1）　L_F

N1240　HOLE2（0，88，22，30，60，6）　L_F　中间 6×M6-7H

N1245　MCALL　L_F

N1246　R99 = 180　L_F

N1250　L916　L_F

N1260　G90　G00　G56　M08　L_F　攻 C 面 18×M6-7H 螺纹孔

N1270　MCALL　CYCLE840（5，0，5，−10，0，0，1，6，1）　L_F

N1280　HOLE2（50，48，22，30，60，6）　L_F　右侧 6×M6-7H

N1290　HOLE2（0，88，22，30，60，6）　L_F　中间 6×M6-7H

N1300　HOLE2（−50，48，22，30，60，6）　L_F　左侧 6×M6-7H

N1305　MCALL　L_F

N1310　L9006　L_F　将 T09 = φ30H7 精镗刀换到主轴上

N1320　T00　L_F　刀库不动

N1330　G90　G00　G56　F90　S900　M03　M08　L_F　精镗 C 面 3×φ30H7 孔

N1340　R01 = 5　R02 = −20　R03 = 5　R04 = 2　L_F

N1350　L3025　L_F

N1355　R99 = 90　L_F

N1360　L916　L_F

N1370　G90　G00　G55　X0　Y88　M08　L_F　精镗 B 面 φ30H7 孔

N1380　L8082　L_F

N1390　R99 = 0　L_F

N1400　L916　L_F

N1410　G90　G00　G54　M08　L_F　精镗 A 面 3×φ30H7 孔

N1420　L3025　L_F

N1430　L9006　L_F　将主轴上刀换回刀库

N1440　M30　L_F　程序结束

思考与练习题

一、问答题

1. 为什么这样使用"G91　G28　Z0;"？

2. 用 G63 和 G64 编一条类似于 G84 的子程序？

3. 程序段"G04　X5　M05;"对吗？为什么？

4. 何为单刀多工位？何为多刀单工位？二者选用的依据是什么？

二、综合题

单件生产图 9-12、图 9-13 所示的零件。要求先制作数控加工工艺卡片，后编制数控加工程序。

LX08-01

A—A

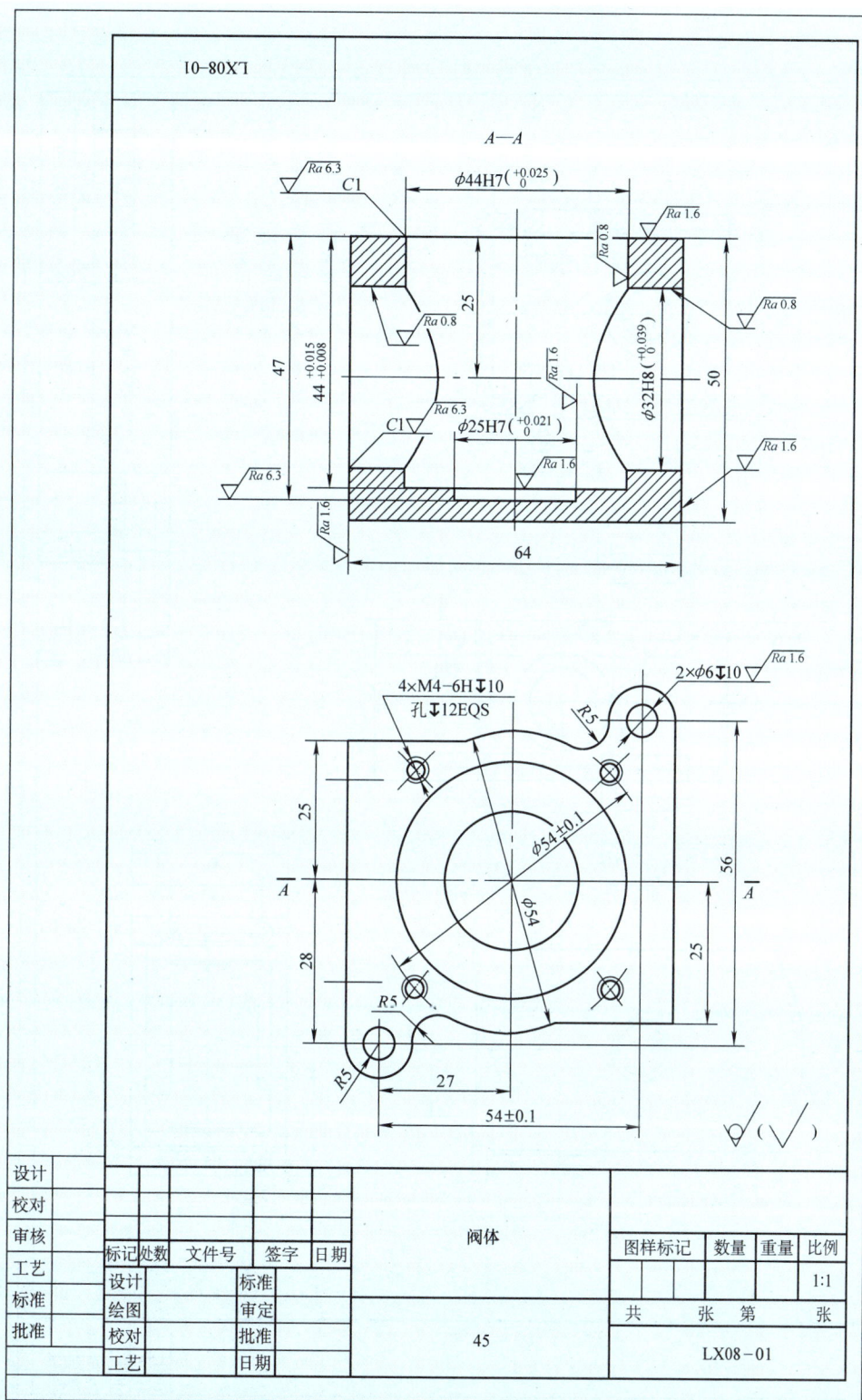

图 9-12　LX08-01 阀体

172

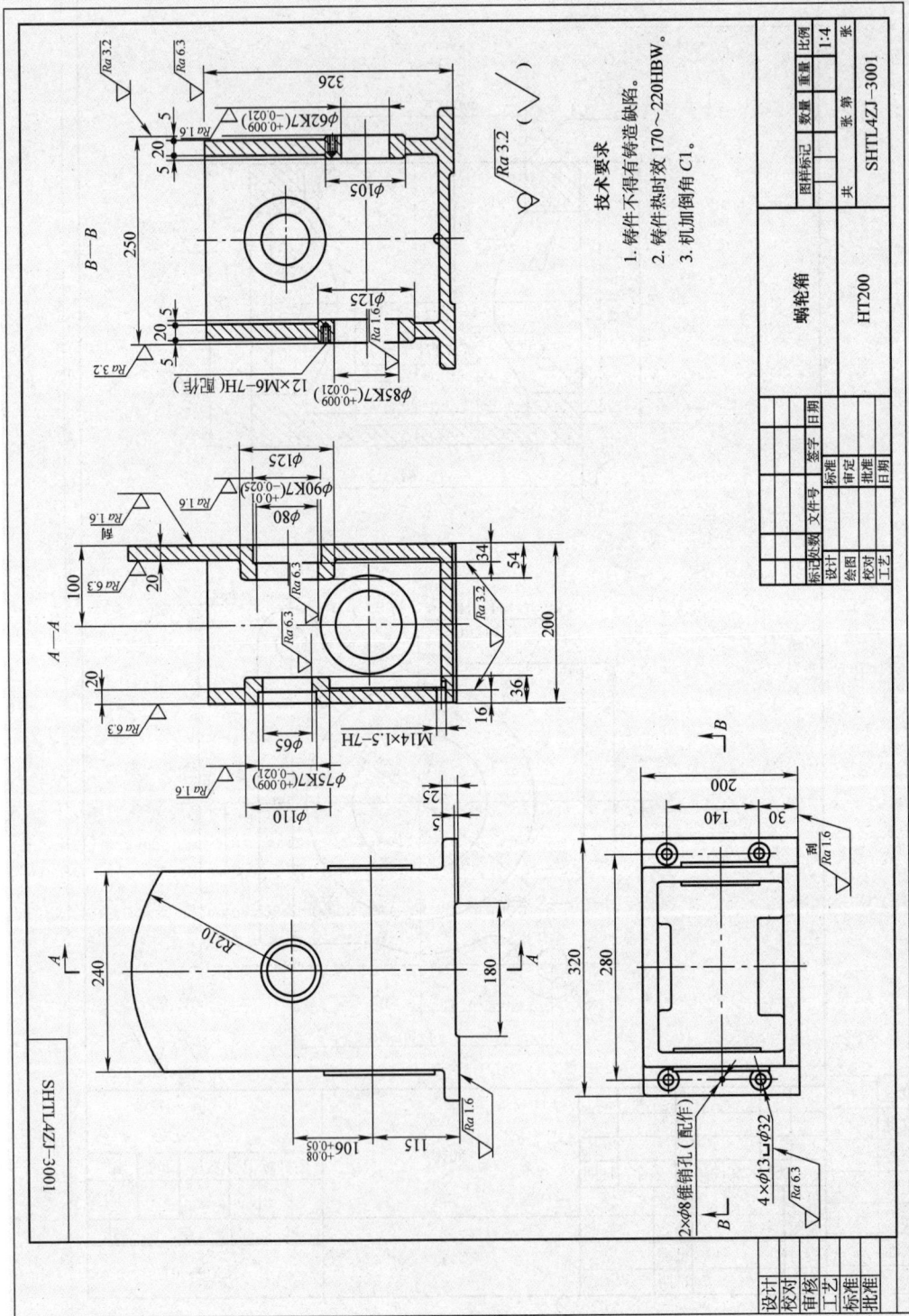

技术要求
1. 铸件不得有铸造缺陷。
2. 铸件热时效 170～220HBW。
3. 机加倒角 C1。

蜗轮箱   HT200

SHTL4ZJ-3001

图 9-13 SHTL4ZJ-3001 蜗轮箱

项目九过程考核卡

班级＿＿＿　班组＿＿＿　学号＿＿＿　姓名＿＿＿　互评学生＿＿＿　指导教师＿＿＿　组长＿＿＿　考核日期＿年＿月＿日

评　分　表

序号	项目	评分标准	配分	得分	整改意见
1	机床型号、规格等	每栏2分	10		
2	选刀、换刀编程方式	一种对应关系5分	15		
3	工作台分度数与编程方式	对应关系正确	10		
4	数控转台分度编程方式	对应关系正确	10		
5	单刀多工位还是多刀单工位方式	方式选择理由	10		
6	草绘调头加工零点测量方法	文字、草绘清楚正确	20		
7	主轴端面至工作台回转中心距离大小与刀具的关系	关系刀具长度	5		
8	主轴中心线至工作台面距离大小与夹具的关系	关系刀具直径	10		
9	安全、遵守纪律	安全、遵守现场纪律，尊敬工人师傅	10		
	合　计		100		

考核内容

1. 现场观摩卧式加工中心并填表

型号	工作台尺寸	分度数	选刀方式	刀具最大规格

2. 选刀与换刀编程方式

3. 工作台分度或数控转台分度编程方式

4. 观摩工件采用单刀多工位还是多刀单工位方式加工

5. 观摩、草绘调头加工零点测量方法

173

项目十 查阅、分析数控车床的加工能力

<table>
<tr><td>

一、学习目标

● 终极目标：熟悉数控车削通用编程技术。

● 促成目标

1）熟悉数控车床工艺能力。

2）熟悉数控车床坐标系统。

3）熟悉数控机床 G、M、F、S、T 功能。

4）会操作数控车床操作面板。

5）紧随前行，奋起追赶。

</td><td>

二、工学任务

（1）任务

1）查阅或实地辨析数控车床坐标系统。

2）查阅或实地观摩数控车床加工轴类、套类、盘类等回转体零件的工艺过程。

（2）条件

1）具有带宏指令的数控仿真机房。

2）具有带宏指令的数控车床教学机。

3）具有数控机床加工轴类、套类、盘类等回转体零件的校内或校外实习基地。

（3）要求

1）核对或填写"项目十过程考核卡 1、2"相关信息。

2）提交观后报告的电子、纸质文档以及"项目十过程考核卡 1、2"。

</td></tr>
</table>

三、相关知识

（一）数控车床的工艺能力及技术参数

数控车床是装备了数控系统的车床或采用了数控技术的车床，将事先编好的加工程序输入到数控系统中，由数控系统通过伺服系统去控制车床各运动部件的动作，加工出符合要求的零件。

1. 数控车床分类

数控车床有多种分类方法，最常用的有以下三种：

（1）按主轴布局方位分类 按主轴布局方位不同，数控车床可分为卧式数控车床和立式数控车床两大类。卧式数控车床的主轴水平放置，主要用来车削轴类、套类零件。立式数控车床的主轴垂直放置，主要用来车削盘类零件。立式数控车床多数是工作台直径大于 1000mm 的大机床。

（2）按加工功能分类 按加工功能不同，数控车床可分为普遍数控车床和车削中心两大类。车削中心是在数控车床功能的基础上增加了数控回转刀架或刀具回转主轴的动力刀架，工件经一次装夹后能完成车、铣、钻、铰、车螺纹等多种工序，也常被称为车铣复合数控机床。

（3）按数控系统的功能分类 按数控系统的功能不同，数控车床可分为全功能型数控车床和经济型数控车床。

1）全功能型数控车床配有如 FANUC、华中 HNC 等系统的数控车床。这类车床功能全，精度高，售价高。

2）经济型数控车床是在普通车床基础上改造而来的，一般采用步进电动机驱动的开环控制系统。这类车床功能少，精度低，比较经济。

2. 数控车床的基本结构

（1）数控车床的组成　如图 10-1 所示，数控车床与普通车床相比较，其结构仍然是由床身、主轴箱、刀架、主传动系统、进给传动系统、液压系统、冷却系统、润滑系统等部分组成。数控车床刀架实现纵向（Z 向）和横向（X 向）进给运动。

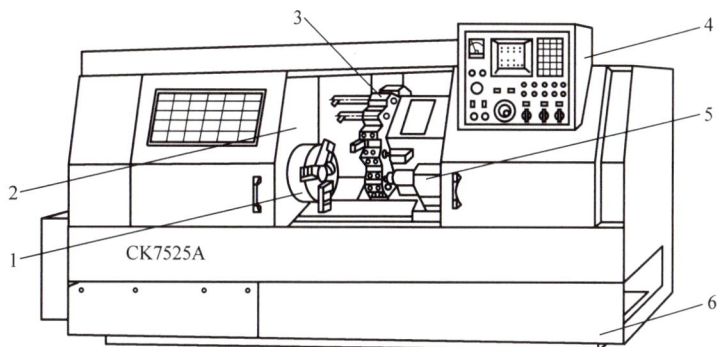

图 10-1　CK7525A 型数控车床的组成部件

1—主轴卡盘　2—主轴箱　3—刀架　4—操作面板　5—尾座　6—底座

（2）数控车床的刀架布局　根据刀架回转中心线相对于主轴的方位不同，刀架在机床上常有两种布局形式：一种是其回转中心线与主轴平行，常称卧式刀架；另一种是其回转中心线与主轴垂直，常称立式刀架。根据回转刀架相对于主轴的方位不同，刀架在机床上也有两种布局形式：一种是刀架在主轴前，即前置式（图 10-2a）；另一种是刀架在主轴后，即后置式（图 10-2b、c、d）。不管是前置式还是后置式，装在刀架上的镗刀都应能过工件中心，以便退刀，否则可能会造成无法镗孔的严重缺陷。前后置刀架使用的车刀和镗刀刀头偏向正好相反。

175

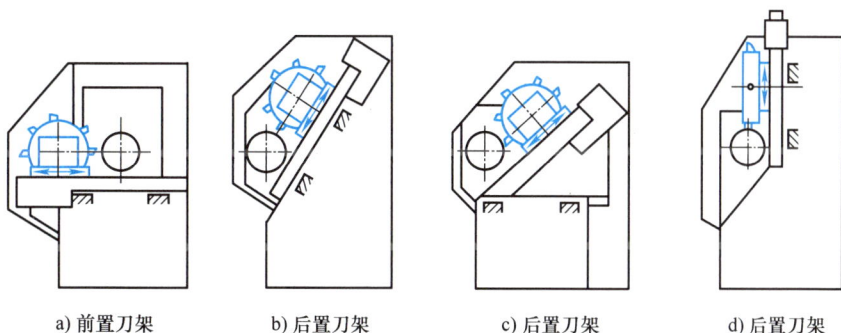

a）前置刀架　　　b）后置刀架　　　c）后置刀架　　　d）后置刀架

图 10-2　卧式数控车床刀架的布局

3. 数控车床的用途及技术参数

（1）用途　数控车床能轻松地加工普通车床所能加工的内容，但简单的零件用数控车床加工未必经济。数控车床的主要加工对象是：

1）表面形状复杂的回转体类零件。由于数控车床具有直线和圆弧插补功能，只要不发生干涉，可以车削由任意直线和曲线组成的形状复杂的零件，如图 10-3 所示。

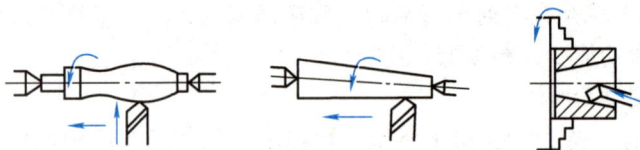

图 10-3 数控车床加工形状复杂的回转体类零件

2）"口小肚大"的封闭内腔零件。图 10-4 所示零件在普通车床上是难以加工的，而在数控车床上则可以较容易地加工出来。

3）有特殊螺纹的零件。数控车床由于主轴旋转和刀具进给具有同步功能，所以能加工恒导程和变导程的圆柱螺纹、圆锥螺纹和端面螺纹，还能加工多线螺纹。螺纹加工是数控车床的一大优点，它车制的螺纹表面光滑、精度高。

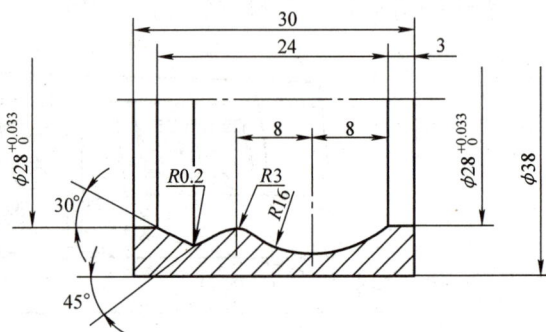

图 10-4 "口小肚大"的封闭内腔零件

4）精度要求高的零件。由于数控车床刚性好，制造和对刀精度高，能方便和精确地进行人工补偿和自动补偿，所以能加工尺寸精度要求较高的零件，在有些场合可以以车代磨；数控车削的刀具运动是通过高精度插补运算和进给驱动来实现的，所以数控车床能加工对母线直线度、圆度、圆柱度等形状精度要求较高的零件；工件一次装夹可完成多道工序的加工，提高了加工工件的位置精度；数控车床具有恒线速切削功能，能加工出表面粗糙度值小而均匀的零件。

（2）技术参数 数控车床的主参数是最大车削直径。CK7525A 型数控车床的主要技术参数见表 10-1。

表 10-1 CK7525A 型数控车床的主要技术参数

名 称	参 数	名 称	参 数
床身上最大工件回转直径/mm	410	主轴转速/(r/min)	32 ~ 2000
滑板上最大车削直径/mm	250	进给速度/(mm/min)	X 向 3 ~ 1500
最大车削长度/mm	850		Z 向 6 ~ 3000
刀架	12 工位	手动尾座莫氏锥孔	Morse No. 4
方形外圆车刀刀杆/mm	25 × 25	数控系统	按用户要求确定
圆形镗孔车刀刀杆/mm	$\phi20$	控制轴数	2 轴
刀架最大 X 向行程/mm	230	同时控制轴数	2 轴
刀架最大 Z 向行程/mm	850		

（二）数控车床通用编程规则

1. 数控车床坐标系统

（1）坐标轴的命名 所有数控机床的坐标名称和运动方向命名标准相同，全球通用。

1）直线轴 Z。一般选取产生切削力的主轴轴线为 Z 轴。卧式车床的 Z 轴与车床床身导轨平行，正方向是刀架纵向离开卡盘（工件）的方向，如图 10-5a 所示。立式车床的 Z 轴与其回转工作台面垂直，与立柱导轨平行，如图 10-5b 所示。

2）直线轴 X。X 轴与 Z 轴垂直，正方向为刀架横向远离主轴轴线的方向，如图 10-5 所示。

3）直线轴 Y。根据已确定的 X、Z 轴，按右手笛卡儿直角坐标系规则来确定 Y 轴。对于普通数控车床，Y 轴是虚设轴，实际不存在。

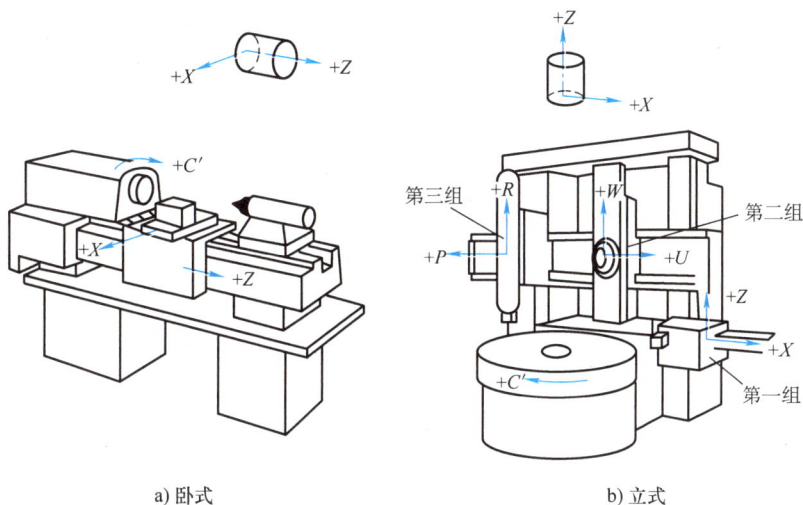

a) 卧式   b) 立式

图 10-5　数控车床坐标系统

4）回转轴 A、B、C。根据已确定的 X、Y、Z 直线轴，用右手螺旋法则分别确定 A、B、C 三个回转坐标轴，螺旋前进方向为各自的正方向。

5）附加坐标轴。平行于第一组直线坐标轴 X、Y、Z 的第二组直线坐标轴是 U、V、W，第三组直线坐标轴是 P、Q、R。第二组回转轴是 D、E、F。第二组、第三组坐标轴都是附加坐标轴。

（2）机床坐标系与机床原点　为了用户测量方便等，数控车床的机床原点通常设在卡盘后端面与主轴回转中心线的交点处，如图 10-6a 所示的 M 点。

（3）参考点与测量基点　对于增量式位置反馈系统，机床返回参考点后便建立了机床坐标系，从此机床每动一下，操作面板上将同步显示。如图 10-6b 所示，机床 X、Z 轴返回到参考点 R 后（X、Z 原点指示灯变亮），机床坐标系中显示的 X = 250、Z = 700 就是参考点 R 在机床坐标系中的坐标值。返回参考点的目的是为了建立机床坐标系。

通常把数控车床的刀架回转中心命名为测量基点 E，E 点在机床行程范围内运动，是动点，数控机床就是控制 E 点的轨迹，规定这点的刀具长度、刀尖半径都等于零。如图 10-6 所示，机床返回参考点后，E 点与 R 点重合。R 点和 M 点都是机床制造厂家确定的、位置不变的点。

增量式位置反馈系统的数控机床，数控系统关机后不能记忆测量基点的位置，所以总是要求开机后先回参考点，再做其他工作。

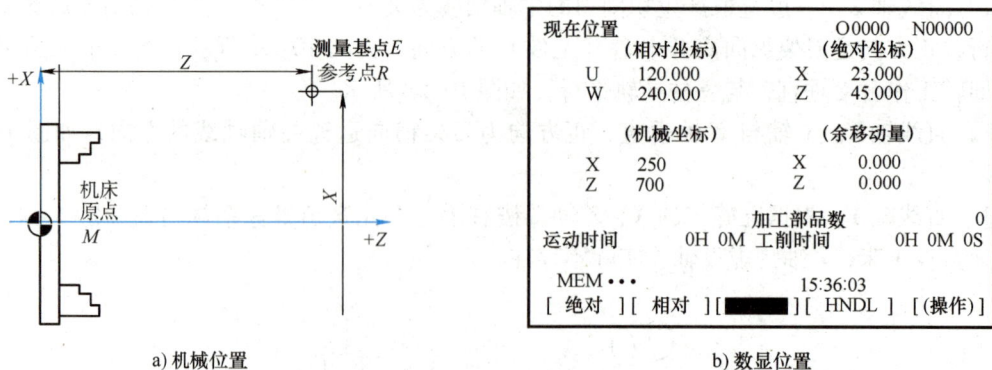

a) 机械位置　　　　　　　　　　b) 数显位置

图 10-6　机床原点 M 和参考点 R 的关系

对于绝对式位置反馈系统，数控系统关机后能记忆测量基点的位置，所以开机后即使要返回参考点，也是用自动方式返回参考点，常不设置手动返回参考点方式。

2. 程序结构三要素及程序段格式

每一个程序都由程序名、加工程序段和程序结束符号三要素组成。

（1）程序名　程序名书写格式见表 10-2。

表 10-2　程序名（号）的书写格式

系　统	FANUC		华中 HNC
格式	O□□□□；		
说明	□□□□是四位数字，导零可省略 如 10 号程序可以写为 O0010，其中，0010 中的前两个"00"称为导零，故可写成 O10		同 FANUC 系统

（2）加工程序段　程序段格式与铣削系统完全相同。

（3）程序结束符号　FANUC 数控系统和华中 HNC 系统均以 M30 或 M02 作为主程序的结束符号，以 M99 作为子程序的结束符号。

3. 准备功能

数控车削系统功能代码的意义与铣削系统基本相同，但个别代码的含义有区别，特别是固定循环 G 代码大不相同。车床数控系统常用 G 代码见表 10-3。

表 10-3　车床数控系统常用 G 代码

G 代码	FANUC 0i-T（A 型）			华中 HNC-21/22T
	状态	含　　义		状态
G00	模态	快速定位		模态
G01*		直线插补		
G02		顺时针圆弧插补		
G03		逆时针圆弧插补		
G32		恒螺距螺纹车削		

（续）

G 代码	FANUC 0i-T（A 型）		华中 HNC-21/22T
	状态	含　　义	状态
G04	非模态	进给暂停	非模态
G10	模态	可编程数据输入	—
G11		可编程数据取消	—
G17	模态	XY 平面	模态
G18 *		ZX 平面	
G19		YZ 平面	
G20	模态	英制输入	模态
G21		米制输入	
G36 *	—	直径尺寸	模态
G37		半径尺寸	
G27	非模态	自动返回参考点检查 —	—
G28		返回参考点	非模态
G29		从参考点返回	
G30		返回第 2、3、4 参考点 —	—
G40 *	模态	取消刀尖圆弧半径补偿	模态
G41		刀尖圆弧半径左补偿	
G42		刀尖圆弧半径右补偿	
G50	非模态	工件坐标系设定或主 轴最高转速设定 —	—
G52	非模态	局部坐标系设定 —	—
G53	非模态	机床坐标系设定，即取消工件坐标系	非模态
G54 *	模态	工件坐标系 1	模态
G55		工件坐标系 2	
G56		工件坐标系 3	
G57		工件坐标系 4	
G58		工件坐标系 5	
G59		工件坐标系 6	
G65	非模态	宏程序调用 —	—
G66	模态	宏程序模态调用 —	—
G67 *		宏程序模态调用取消 —	
G70	非模态	精车固定循环 —	模态
G71		轴向粗车固定循环	轴向车削固定循环
G72		端面粗车固定循环	端面车削固定循环
G73		轮廓粗车固定循环	轮廓车削固定循环

179

（续）

G 代码	FANUC 0i-T（A 型）			华中 HNC-21/22T
	状态	含　义		状态
G74	非模态	渐进钻孔固定循环	—	—
G75		车槽固定循环	—	
G76		螺纹车削固定循环		模态
G90	模态	单一形状内、外圆车削固定循环	绝对尺寸	模态
G91	—	—	增量尺寸	
G92	模态	单一形状螺纹切削循环	工件坐标系设定	非模态
G94	模态	单一形状端面车削固定循环	每分钟进给/(mm/min)	模态
G95		—	每转进给/(mm/r)	
G96	模态	恒线速功能		模态
G97*		取消恒线速功能		
G98	模态	每分钟进给/(mm/min)	—	—
G99		每转进给/(mm/r)	—	

注：＊表示原（初）始 G 代码。

4. M、S、F、T 功能

数控机床常用的 M 功能基本相同，见表 0-7；数控车床进给功能 F 常用每转进给，S 功能指令主轴转速，T 功能用于选刀或换刀。

（三）数控车床的基本操作加工方法

通过测量或试切来确定工件坐标系零点偏置值或刀具几何尺寸的方法叫对刀，如图 10-7 所示。

1. Z 轴方向刀具几何长度补偿值的测量与设定

起动主轴旋转，在 JOG 方式下用具体刀具（如 1 号刀，即番号 01）切削工件端面 A，保持 Z 轴不动退出 X 轴，停止主轴，在 MDI 面板显示屏刀具几何（形状）补偿界面（如图 10-8 所示）中将光标定在 01 行 Z 列，输入"Z0"、单击［测量］软键，系统自动计算并存储 Z 轴方向刀具几何长度补偿值，数值显示在光标所在行、Z 列单元格中。

2. X 轴方向刀具几何长度补偿值的测量与设定

起动主轴旋转，在 JOG 方式下用同一把刀切削外圆柱面 B，保持 X 轴不动退出 Z 轴，停止主轴，用游标卡尺测量圆柱面 B 的直径 a，在 MDI 面板刀具几何补偿界面（如图 10-8 所示）中将光标定在 01 行 X 列，输入"Xa"、单击［测量］软键，系统自动计算并存储 X 轴方向刀具几何长度补偿值，数值显示在光标所在行、X 列单元格中。可见 X 方向设定的是刀具的直径补偿值，并且是绝对大小。

图 10-8 中 R 列单元格中存放刀具刀尖半径值，T 列单元格中存放刀具刀位码（刀位码

在下一项目中介绍）。

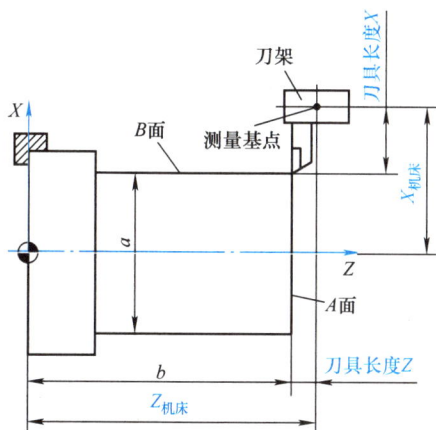

图 10-7 数控车床试切对刀

图 10-8 刀具几何补偿数据输入界面

思考与练习题

一、填空题

1. 数控车床的测量基点通常设定在刀架的（　　）上。

2. 增量式位置反馈系统的数控机床返回参考点后，机床坐标系中显示的坐标值均为正数，说明机床原点与机床参考点（　　），数控机床的（　　）点将在机床坐标系的（　　）半轴运行。

3. 数控车床的刀架纵向离开工件的方向为坐标轴（　　）轴的正方向，横向离开工件的方向为坐标轴（　　）轴的正方向。

二、问答题

1. 卧式数控车床的刀架布局有哪几种？

2. 机床回到参考点位置，机床坐标系中显示的坐标值是通过机床参数设定的，可以是任意值吗？为什么？

三、综合题

标注图 10-9 所示机床的坐标轴。

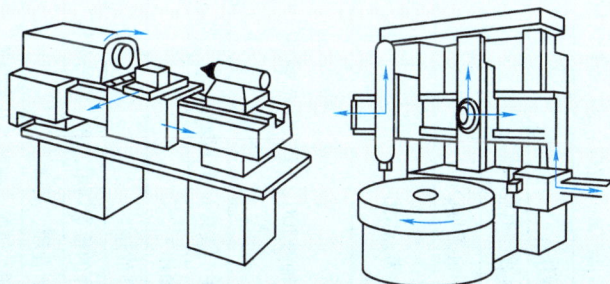

图 10-9 数控车床坐标系

182

项目十过程考核卡 1

班级 _____ 班组 _____ 学号 _____ 姓名 _____ 互评学生 _____ 指导教师 _____ 组长 _____ 考核日期 ____年__月__日

评 分 表

序号	项 目	评分标准	配分	得分	整改意见
1	机床型号及主要技术参数	会解释机床型号的含义，理解主要参数	5		
2	标显示器，MDI 键盘，遥控面板区域	方位正确	5		
3	开机操作	正确检查相关项目后进行开机	5		
4	关机操作	使机床处在安全防变形位置下关机	5		
5	面板的组成与功用	面板各按钮、旋钮的功用清楚	10		
6	返回参考点操作	正确返回参考点，记住其机床坐标值和可动部件极限位置	5		
7	X，Z 轴的 JOG，MPG，INC 操作	正确进行二维正、负方向的移动操作，比较可动部件实际移动的方向与坐标显示值的正负关系，记住其大概极限位置	15		
8	主轴正、反转及停止操作	能对机床进行主轴正转、反转及停止操作	5		
9	MDI 操作	能进行 MDI 方式下的各种操作	10		
10	新程序的建立	会建立新程序	5		
11	旧程序的检索调用、字、段的编辑	会调用旧程序，检索字、段的编辑	10		
12	程序的管理、复制	会程序管理，复制	5		
13	切削液、照明、排屑器开关操作	在手动方式下进行切削液的开、关操作等	5		
14	安全操作，机床维护保养	按安全操作规程进行，操作结束后进行机床的维护保养	5		
15	现场纪律	遵守现场纪律	5		
	合 计		100		

考核内容

1. 机床标牌
2. 面板的组成与功用
3. 开机与关机
4. 返回参考点与其他手动操作
5. 主轴、切削液开关操作
6. 程序的输入、编辑
7. 操作规程
8. 机床的维护保养
9. 遵守现场纪律

数控车床基本操作

项目十过程考核卡 2

班级＿＿＿＿＿　班组＿＿＿＿＿　学号＿＿＿＿＿　姓名＿＿＿＿＿　互评学生＿＿＿＿＿　指导教师＿＿＿＿＿　组长＿＿＿＿＿　考核日期＿年＿月＿日

考核内容

1. 工件安装（图 10-10，图 10-11）

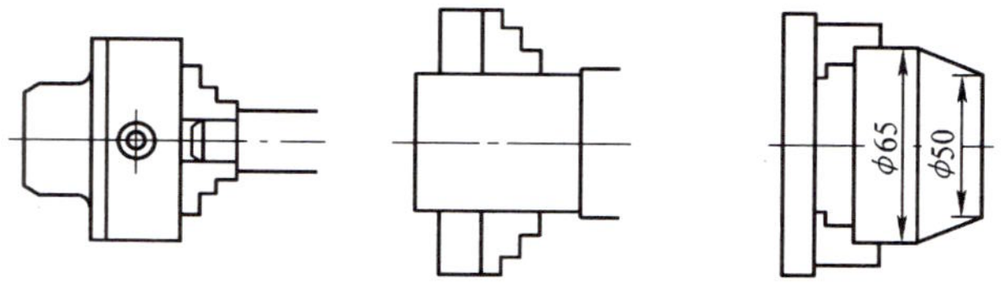

a）正装三爪轴向定位　　b）正装三爪轴向不定位　　c）反装三爪轴向定位

图 10-10　自定心卡盘装夹工件

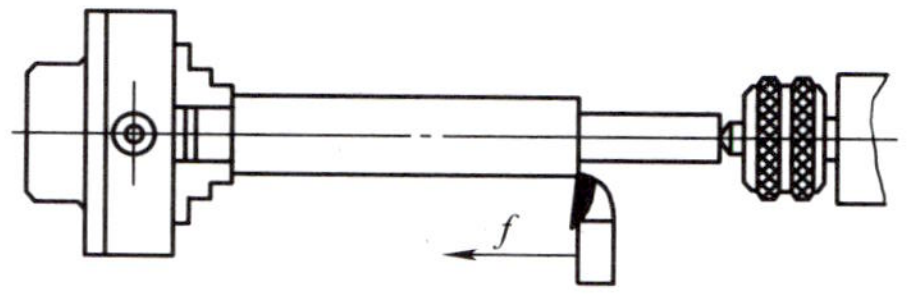

图 10-11　一夹一顶装夹工件

评　分　表

序号	项目	评分标准	配分	得分	整改意见
1	用自定心卡盘安装工件	正装三爪轴向定位正确	5		
2		正装三爪轴向不定位正确	5		
3		反装三爪轴向定位正确	20		
4	用卡盘和顶尖一夹一顶工件	一夹一顶要领正确	10		

183

（续）

序号	项目	评分标准	配分	得分	整改意见
5	刀具的拆装	正确认识各种刀具	15		
6		正确装夹可转位刀片	10		
7		正确拆卸内、外圆车刀	10		
8		正确拆卸螺纹车刀	10		
9	使用变径套	正确使用变径套	10		
10	现场纪律	遵守现场纪律	5		
合　计			100		

考核内容

2. 刀具拆装（图10-12～图10-14）

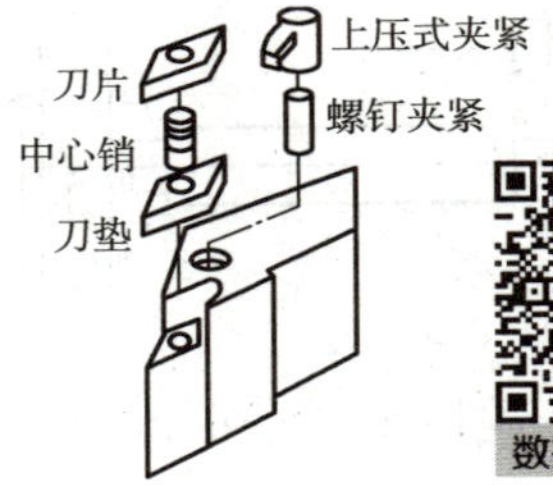
上压式夹紧
刀片
螺钉夹紧
中心销
刀垫
数控车床对刀

图10-12　可转位车刀夹紧方式爆炸图

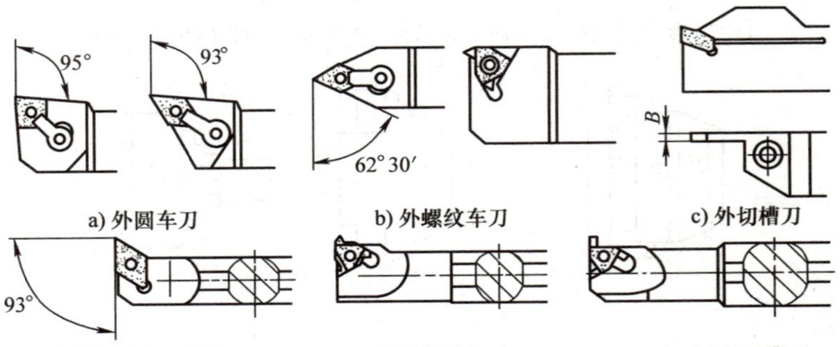
95°
93°
62°30′
B
a) 外圆车刀
b) 外螺纹车刀
c) 外切槽刀
93°
d) 内孔车刀(镗刀)
e) 内螺纹车刀
f) 内切槽刀

图10-13　常用车刀

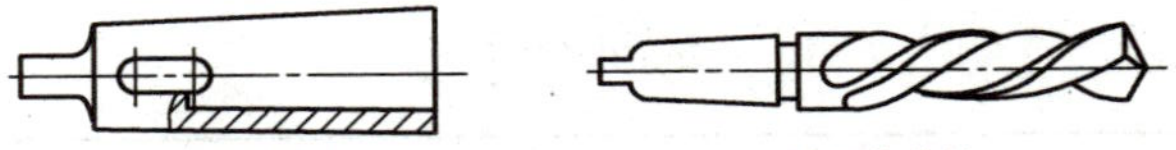
a) 莫氏变径套
b) 锥柄麻花钻

图10-14　莫氏变径套与锥柄麻花钻

项目十一　直线圆弧插补编程数控车削小轴

一、学习目标

● 终极目标：会数控车削阶梯轴类零件。

● 促成目标

1）会直线插补 G01 编程。

2）会圆弧插补 G02/G03 编程。

3）会用 G01 倒角/倒圆编程。

4）会设置刀位码。

5）会用外圆车刀车削阶梯轴类零件。

6）小件大用，举一反三。

二、工学任务

（1）零件图样　10-1001 小轴，如图 11-1 所示。

（2）任务要求

1）外圆车刀仿真加工或在线加工图 11-1 所示零件，用 G00 ～ G03 特别是 G01 倒角/倒圆编程并备份正确程序和加工零件的电子照片。

2）核对或填写"项目十一过程考核卡"相关信息。

3）提交电子和纸质程序、照片以及"项目十一过程考核卡"。

三、相关知识

1. 选择工件坐标系 G53～G59/G500

对于卧式数控车床，工件坐标系原点通常设定在工件的右端面回转中心或夹具的合适位置上，便于测量、计算。如图 11-2 所示，Z_{G54} 表示工件坐标系原点 W 在机床坐标系 $Z_M X_M$ 中的坐标值，加工前把零点偏置值 Z_{G54} 保存到与 G54 对应的 1 号存储器，编程时工件坐标系用 G54。工件坐标系指令见表 11-1。

表 11-1　工件坐标系

FANUC、华中 HNC	SIEMENS	说　明
G54/G55/G56/G57/G58/G59…;	G54/G55/G56/G57/G58/G59… L_F	选择工件坐标系
G53;	G500 L_F	取消工件坐标系，进入机床坐标系。一般设成初始 G 代码

2. 半径与直径编程参数设定 G36、G37/DIAMOF、DIAMON

半径与直径编程指定径向尺寸 X 的格式，如图 11-3 所示。用直径编程时，程序执行过程中数控系统自动将直径值除以 2，变成半径使用。直径编程是数控车削编程的一大特点，符合回转体类零件图样标注直径尺寸的机械制图规则，指令格式和设置方法见表 11-2。

185

项目十一 过程考核卡

班级＿＿ 班组＿＿ 学号＿＿ 姓名＿＿ 互评学生＿＿ 指导教师＿＿ 组长＿＿ 考核日期＿＿年＿月＿日

评 分 表

序号	项 目	评分标准	配分	得分	整改意见
1	X向刀具长度对刀	各操作环节正确	5		
2	Z向刀具长度对刀	各操作环节正确	5		
3	刀位码设定	各操作环节正确	5		
4	刀尖半径设定	各操作环节正确	5		
5	工件坐标系设定	各操作环节正确	5		
6	程序路径模拟或空运行	各操作环节正确	5		
7	单程序段运行	各操作环节正确	5		
8	程序错误查找、修正	各操作环节正确	5		
9	试切	各操作环节熟练	5		
10	连续自动运行加工	各操作环节熟练	5		
11	倒角 C1	不倒角扣10分	10		
12	倒圆 R1 mm	不倒圆扣10分	10		
13	工件表面粗糙度 Ra3.2μm	超一级扣5分	10		
14	2处长度尺寸	超0.5mm扣2分	10		
15	安全操作、量具使用与摆放	正确安全操作	5		
16	遵守纪律	遵守现场纪律	5		
	合　计		100		

考核内容

任务：数控车削图11-1所示的零件，用G00、G01编程
备料：φ40mm×80mm尼龙棒
备刀：93°复合压紧式可转位外圆左手车刀（L），刀片正装
量具：游标卡尺测量范围为0~125mm，分度值为0.02mm

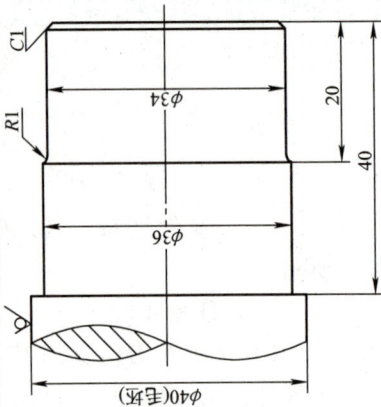

图11-1 10-1001 小轴

左右手车刀的判断：刀头朝上刀柄朝下看，刀头偏向右侧，即从左向右看刀刃的为左手车刀（L）；反之为右手车刀（R）。左右手车刀与前后置刀架有一一对应关系。

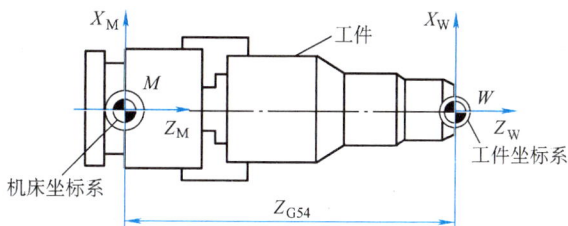

图 11-2　数控车床工件坐标系

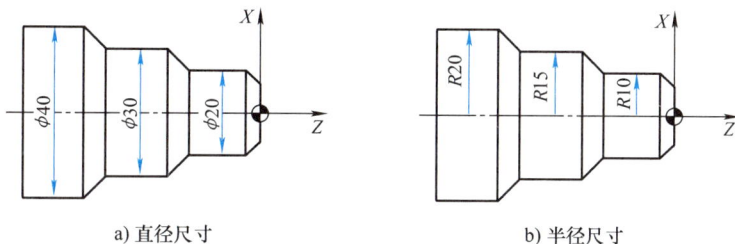

a) 直径尺寸　　　　　　　　　b) 半径尺寸

图 11-3　直径与半径数据尺寸

表 11-2　半径与直径编程指令格式和设置方法

FANUC 设置方法	华中 HNC 指令格式	SIEMENS	说　明
参数 1006 第 3 位 DIA = 0	G37…;	DIAMOF	半径编程
参数 1006 第 3 位 DIA = 1	G36…;	DIAMON	直径编程，一般设成初始状态

3. 绝对尺寸与相对尺寸编程 X、Z、U、W/G90、G91（或 U、W）/G90、G91（或 AC、IC）

绝对尺寸编程表示目标点坐标值直接用工件坐标系中的坐标值。相对尺寸（又称增量尺寸）编程表示待运行的位移量，即目标点坐标是终点坐标减去起点坐标，差值为正时，表示刀具运动方向与坐标轴正方向相同；为负时，表示刀具运动方向与坐标轴负方向相同。绝对尺寸编程与相对尺寸编程坐标指令格式见表 11-3。

表 11-3　绝对尺寸编程与相对尺寸编程坐标指令格式

FANUC	华中 HNC	SIEMENS	说　明
X、Z	G90	G90 或 AC	绝对尺寸编程，一般设成初始状态
U、W	G91（或 U、W）	G91 或 IC	相对尺寸编程
A（X40，Z30） B（X24，Z10）	G90：A（X40，Z30） 　　　B（X24，Z10）	G90：A（X40，Z30） 　　　B（X24，Z10） 或 AC：A（X = AC（40）， 　　Z = AC（30）） B（X = AC（24）， 　　Z = AC（10））	A、B 点的坐标如图 11-4 所示
B（U − 16，W − 20）	G91：B（X − 16，Z − 20） 或 B（U − 16，W − 20）	G91：B（X − 16，Z − 20） IC：B（X = IC（−16）， 　　Z = IC（−20））	 图 11-4　绝对/相对尺寸编程

应该说明的是，由于程序开始运行前，刀具位置不确定，所以第一条加工程序段应该用绝对尺寸编程，相对尺寸编程因不便计算而不用。

FANUC 系统、华中 HNC 系统和 SIEMENS 系统在同一程序段中均可混用绝对/相对尺寸编程，使用绝对尺寸编程、相对尺寸编程还是混用编程都不影响零件的加工精度，完全由零件图样尺寸标注形式和编程者的喜好决定。一般情况下，并列尺寸用绝对尺寸编程，串列尺寸用相对尺寸编程，可以减少计算量。

4. 英制与米制转换 G20、G21/G70、G71

英制与米制转换指令指定编程坐标尺寸、可编程零点偏置值、进给速度的单位（见表 11-4），而补偿数据的单位由机床参数设定，因此要注意查看机床使用说明书。

表 11-4　英制与米制转换指令

FANUC、华中 HNC	SIEMENS	说　明
G20…;	G70… L_F	长度单位为 in（英寸）
G21…;	G71… L_F	长度单位为 mm（毫米）

G20、G21/G70、G71 是同组、模态 G 代码，建议将 G21/G71 设成初始 G 代码。程序中就不需要书写了。

5. 返回参考点编程 G28/G74

返回参考点编程指令的具体格式见表 11-5。

表 11-5　返回参考点编程指令

功能	FANUC、华中 HNC	SIEMENS
返回参考点	G28 X_　Z_; 或 G28 U_　W_;	G74 X1 =0 Z1 =0;
说明	G28 指令刀具经中间点自动返回到参考点，如图 11-5 所示。X、Z 表示中间点在工件坐标系中的坐标值，参考点由机床存储。用 G28 前应先取消刀补。G28 程序段能记忆中间点的坐标值，直至被新的 G28 中对应的坐标值替换为止 　G28 常用相对尺寸编程为 G28 U0 W0，从当前点直接返回参考点换刀位置等，此时应防止与工件等发生干涉	必须指令坐标轴名称，但不识别其值，因参考点都保存在系统参数中。G74 之后，先前的 G00/G01/G02…等插补仍有效

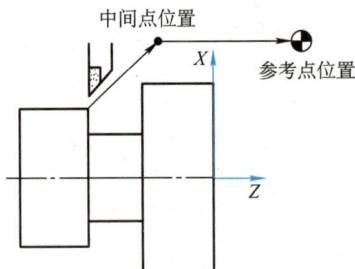

图 11-5　G28 返回参考点

6. 分进给/转进给 G98、G99/G94、G95

G98、G99/ G94、G95 指定进给功能 F 的单位，见表 11-6。

表 11-6　进给功能单位

FANUC	华中 HNC、SIEMENS	说　明
G98…;	G94… L_F	每分钟进给（mm/min）
G99…;	G95… L_F	每转进给（mm/r），一般设成初始 G 代码

数控车床常用每转进给（mm/r），这主要是因为工艺设计手册上主要以此单位给出进给量。

7. 刀具长度补偿

经常把数控车床的刀架回转中心作为测量基点，测量基点的刀具尺寸大小为零，而实际刀具是有具体尺寸的，如图 11-6 所示，刀具长度补偿就是用来补偿实际刀具和测量基点的偏差的，加工前从操作面板输入。X 向的刀具长度补偿值为直径值。图 11-7所示为刀具补偿数据窗口，编程时不需要知道具体补偿数据，但需要用相应的补偿号调用。刀具长度补偿的指令格式见表 11-7。

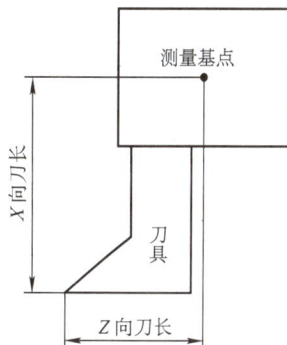

图 11-6　刀具长度

a) FANUC系统

b) 华中HNC系统

c) SIEMENS系统

图 11-7　刀具补偿数据窗口

189

表 11-7　刀具长度补偿指令格式

系统	FANUC、华中 HNC		SIEMENS
指令格式	T□ □ ××；　　　　刀具补偿数据生效 G00/G01 X_ Z_；　　两个方向刀具长度补偿 … T□□00；　　　　　取消刀具补偿		T□□D1 或 T□□D × ×　L_F G00/G01 X_ Z_　L_F T□□D00　L_F
	其中，□□——刀具号 　　　××——补偿号		
说明	1）刀具号就是刀架上的刀位号 2）刀具号与补偿号不一定相同，但为了方便记忆，通常使它们一致或有特殊对应关系，如 T0202、T0212		SIEMENS 每个 T 都有 D1 ~ D9 个补偿号，D1 默认

8. 刀位码

用刀位码来确定刀尖与切削进给的方向，即刀具长度补偿方向，该刀位码从操作面板的刀具补偿数据窗口输入，如图 11-7 所示。刀位码有 1 ~ 9，其中 9 是圆刀片（球刀）的圆心位置，如图 11-8 所示。图 11-8a 所示为后置刀架的刀位码，图 11-8b 所示为前置刀架的刀位码。球刀用作槽刀时刀位码是 5/6/7/8，用来车轮廓时，刀位码是球心 9，刀具长度要计算至球心，刀具半径补偿加工。

图 11-8a、b 两图关于 Z 轴对称。对于图 11-8a，Z 轴上方为加工外圆的刀位码，Z 轴下方为加工孔的刀位码，X 轴左侧为逆车的刀位码，X 轴右侧为顺车的刀位码，图 11-8b 中正好相反，记住一个即可推出另一个。

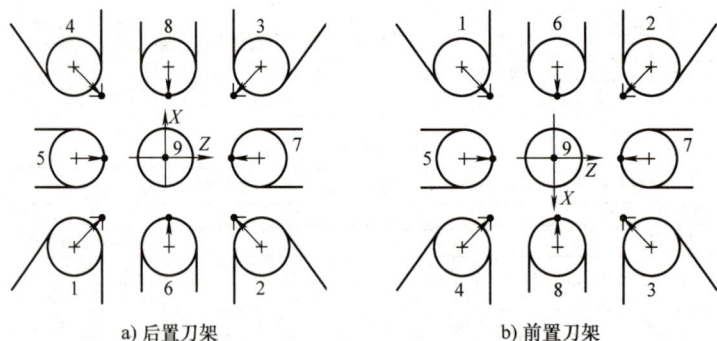

a) 后置刀架　　　　　b) 前置刀架

图 11-8　刀位码示意图

●代表刀具刀位点 A　　+代表刀尖圆弧圆心

9. 快速定位 G00

G00 指令刀具以机床参数设定的快速移动速度从起点运动到终点，该指令中不需指定进给速度 F 代码，即使指定了，有的仅存储保留，但也有些系统会有效的，G00 无效了。其指令格式见表 11-8。

刀具从起点运动到终点有两种运动轨迹，如图 11-9 所示，直线轨迹 1 或折线轨迹 2。具体是哪一种轨迹由机床数据设定。G00 由于速度最快，主要用于定位，不用于加工。

如图 11-10 所示，刀具从起点快速移至终点，程序段见表 11-9。

表 11-8　快速定位指令格式

FANUC、华中 HNC	SIEMENS
G00 X（U）_ Z（W）_；	G90 G00 X_ Z_　L$_F$ G91 G00 X_ Z_　　L$_F$ G00 X = AC（　） Z = AC（　）　L$_F$ G00 X = IC（　） Z = IC（　）　　L$_F$
X、Z 为终点的绝对坐标值， U、W 为终点的相对坐标值	G90/AC 是终点的绝对坐标值，G91/IC 是终点的相对坐标值

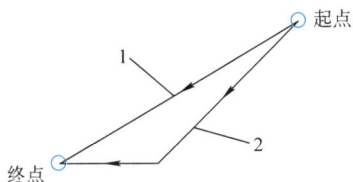

图 11-9　执行 G00 指令的两种刀具运动轨迹

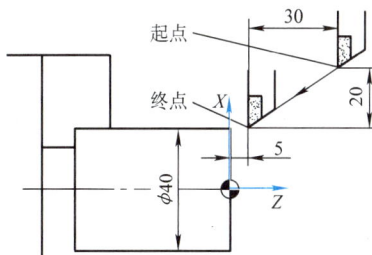

图 11-10　G00 指令的应用

表 11-9　G00 指令的应用程序

FANUC	华中 HNC	SIEMENS
G00 X40 Z5； 　或 G00 U – 40 W – 30； 　或 G00 X40 W – 30； 　或 G00 U – 40 Z5；	G90 G00 X40 Z5； 或 G91 G00 X – 40 Z – 30；或 G00 U – 40 W – 30； 或 G90 G00 X40 W – 30； 或 G90 G00 U – 40 Z5；	G90 G00 X40 Z5　L$_F$ 或 G91 G00 X – 40 Z – 30　L$_F$ 或 G00 X = IC（ – 40） Z = IC（ – 30）　L$_F$ 或 G90 G00 X40 Z = IC（ – 30）　L$_F$ 或 G90 G00 X = IC（ – 40） Z5　L$_F$

10. 直线插补 G01

执行直线插补指令 G01，刀具以 F 代码指令的进给速度沿直线从起点移动到终点，其指令格式见表 11-10。

表 11-10　直线插补指令格式

FANUC、华中 HNC	SIEMENS
G01 X（U）_ Z（W）_ F_；	G90 G01 X_ Z_ F_　L$_F$ G91 G01 X_ Z_ F_　L$_F$ G01 X = AC（　） Z = AC（　） F_　L$_F$ G01 X = IC（　） Z = IC（　） F_　L$_F$
X、Z 为终点的绝对坐标值，U、W 为终点的相对坐标值	G90/AC 是终点的绝对坐标值，G91/IC 是终点的相对坐标值

G01 直线插补指令是模态指令。进给速度 F 由于是模态量，可以提前赋值，所以该编程格式中不一定要指定 F 代码，但前面一定要指定 F，否则机床报警。G01 仅用于加工直线。

如图 11-11 所示，刀具从 1 点运动至 2 点，直线插补，其程序段见表 11-11。

数控编程与加工技术　第4版

表 11-11　G01 指令的应用程序

FANUC	华中 HNC	SIEMENS
G01 X40 Z – 36 F_ ； 或 G01 U24 W – 41 F_ ； 或 G01 X40 W – 41 F_ ； 或 G01 U24 Z – 36 F_ ；	G90 G01 X40 Z – 36 F_ ； G91 G01 X24 Z – 41 F_ ；或 G01 U24 W – 41 F_ ； 或 G90 G01 X40 W – 41 F_ ； 或 G90 G01 U24 Z – 36 F_ ；	G90 G01 X40 Z – 36 F_　L_F G91 G01 X24 Z – 41 F_　L_F 或 G01 X = IC (24) Z = IC (– 41) F_　L_F 或 G90 G01 X40 Z = IC (– 41) F_　L_F 或 G90 G01 X = IC (24) Z = 36 F_　L_F

11. 插补平面选择 G17、G18、G19

圆弧插补只能在选定的平面内以 F 指定的进给速度两轴联动进行。G17 选择 XY 平面；G18 选择 ZX 平面；G19 选择 YZ 平面。车床一般在 ZX 平面（G18）内加工，设定 G18 为初始代码。

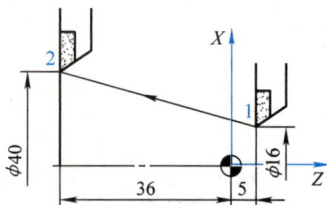

图 11-11　G01 指令的应用

12. 圆弧插补 G02、G03

G02 是顺时针圆弧插补，G03 是逆时针圆弧插补。顺时针、逆时针圆弧插补方向与平面选择的关系是：逆着插补平面的法线方向看插补平面，刀具顺时针方向做圆弧运动是 G02，刀具逆时针方向做圆弧运动是 G03，如图 11-12 所示。如果站在插补平面的反面看，G02 与 G03 的方向正好与图 11-12 所示相反，刀架前置式数控车床就是如此，这点必须引起高度重视。

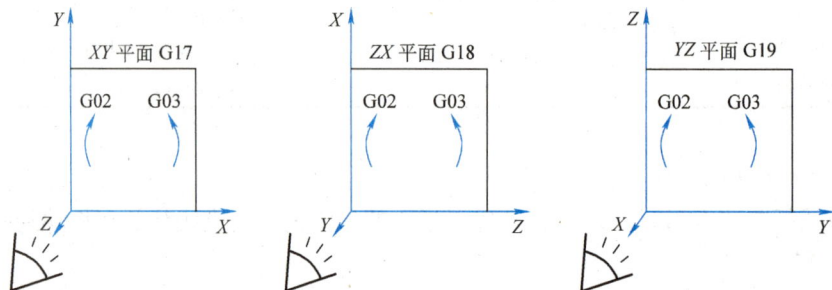

图 11-12　圆弧插补方向与平面选择的关系

如图 11-13 所示，后置刀架在 ZX 平面的正面进行圆弧插补，其方向符合常规情况，而前置刀架在 ZX 平面的背面进行圆弧插补，故 G02、G03 的方向恰好与常规方向相反。后置刀架程序的通用性好，本书以后置刀架编程为主。如果是前置刀架机床，一般只要将后置刀架程序的 M03（M04）改为 M04（M03），并更换左右偏（手）刀后，程序即可运用，再不需要考虑 G02/G03、G41/G42 等反向问题，这是数控车削的通用数据设定规则。特殊情况，请查阅机床说明书。

（1）用圆弧半径编程　两轴联动数控车床基本上是在 ZX 平面内插补圆弧，其指令格式见表 11-12。

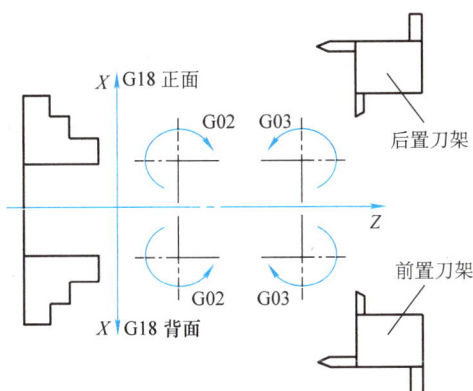

图 11-13　圆弧顺时针、逆时针插补与刀架的关系

表 11-12　圆弧半径编程指令格式

FANUC、华中 HNC	SIEMENS
$G18\begin{Bmatrix}G02\\G03\end{Bmatrix}X（U）\_Z（W）\_R\_F\_;$	$G18\begin{Bmatrix}G02\\G03\end{Bmatrix}X\_Z\_CR=\_F\_\quad L_F$
R 为圆弧半径 X、Z 为圆弧终点的绝对坐标值，U、W 为圆弧终点的相对坐标值	CR 为圆弧半径 X、Z 为圆弧终点的坐标值

圆弧半径有正负之分。如图 11-14 所示，当圆弧所对应的 0 < 圆心角 α < 180°时，圆弧半径 R/CR 取正值，+ 号省略不写；当 180°≤圆心角 α < 360°时，圆弧半径 R/CR 取负值；圆心角 α 等于 360°即整圆时，不能用圆弧半径 R/CR 编程。进给速度（F 指定的）是模态量，可以提前赋值，不一定要在上述指令格式中出现。

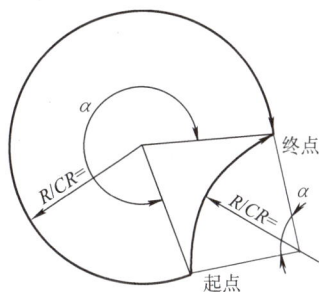

图 11-14　圆弧半径的正负

（2）圆弧插补参数编程　其指令格式见表 11-13。

表 11-13　圆弧插补参数编程指令格式

FANUC、华中 HNC	SIEMENS
$G18\begin{Bmatrix}G02\\G03\end{Bmatrix}X（U）\_Z（W）\_I\_K\_F\_;$	$G18\begin{Bmatrix}G02\\G03\end{Bmatrix}X\_Z\_I\_K\_F\_\quad L_F$
I、K 为圆弧插补参数 X、Z 为圆弧终点的绝对坐标值，U、W 为圆弧终点的相对坐标值	I、K 为圆弧插补参数，X、Z 为圆弧终点的坐标值

插补参数 I、K 分别是圆弧起点到圆心的矢量在 X、Z 方向的分量，即插补参数等于圆心坐标减去起点坐标，即 $I=X_{圆心}-X_{起点}$、$K=Z_{圆心}-Z_{起点}$，与绝对或增量编程无关，如图 11-15 所示。当 I、K 的方向与坐标轴正方向相同时为正值，与坐标轴正方向相反时为负

193

值；参数 I、K 为零时，可以省略不写。用圆弧插补参数可以编制任意大小的圆弧插补程序，包括整圆，不过整圆由于其终点与起点重合，编制程序时终点坐标不能书写，只写 I、K 即可。

加工图 11-16 所示 AB 圆弧，用 G02 编程，其程序段见表 11-14。

加工图 11-17 所示 CD 圆弧，用 G03 编程，其程序段见表 11-15。

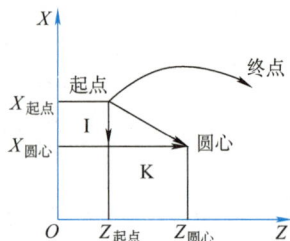

图 11-15 插补参数 I、K　　图 11-16 G02 编程图　　图 11-17 G03 编程图

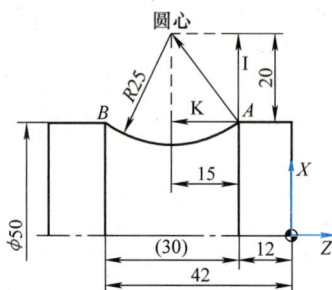

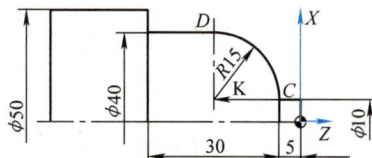

表 11-14　AB 圆弧加工程序段

系统	FANUC	华中 HNC	SIEMENS
圆弧半径编程	G02 X50 Z－42 R25 F0.2； 或 G02 U0 W－30 R25 F0.2；	G90 G02 X50 Z－42 R25 F0.2； 或 G91 G02 X0 Z－30 R25 F0.2； 或 G02 U0 W－30 R25 F0.2；	G90 G02 X50 Z－42 CR＝25 F0.2 L$_F$ 或 G91 G02 X0 Z－30 CR＝25 F0.2 L$_F$ 或 G02 X＝IC（0）Z＝IC（－30）CR＝25 F0.2 L$_F$
插补参数编程	G02 X50 Z－42 I20 K－15 F0.2； 或 G02 U0 W－30 I20 K－15 F0.2；	G90 G02 X50 Z－42 I20 K－15 F0.2； 或 G91 G02 X0 Z－30 I20 K－15 F0.2； 或 G02 U0 W－30 I20 K－15 F0.2；	G90 G02 X50 Z－42 I20 K－15 F0.2 L$_F$ 或 G91 G02 X0 Z－30 I20 K－15 F0.2 L$_F$ 或 G02 X＝IC（0）Z＝IC（－30）I20 K－15 F0.2 L$_F$

表 11-15　CD 圆弧加工程序段

系统	FANUC	华中 HNC	SIEMENS
圆弧半径编程	G03 X40 Z－20 R15 F0.2； 或 G03 U30 W－15 R15 F0.2；	G90 G03 X40 Z－20 R15 F0.2； 或 G91 G03 X30 Z－15 R15 F0.2； 或 G03 U30 W－15 R15 F0.2；	G90 G03 X40 Z－20 CR＝15 F0.2 L$_F$ 或 G91 G03 X30 Z－15 CR＝15 F0.2 L$_F$ 或 G03 X＝IC（30）Z＝IC（－15）CR＝15 F0.2 L$_F$
插补参数编程	G03 X40 Z－20 I0 K－15 F0.2； 或 G03 U30 W－15 I0 K－15 F0.2；	G90 G03 X40 Z－20 I0 K－15 F0.2； 或 G91 G03 X30 Z－15 I0 K－15 F0.2； 或 G03 U30 W－15 I0 K－15 F0.2；	G90 G03 X40 Z－20 I0 K－15 F0.2 L$_F$ 或 G91 G03 X30 Z－15 I0 K－15 F0.2 L$_F$ 或 G03 X＝IC（30）Z＝IC（－15）I0 K－15 F0.2 L$_F$

194

四、相关实践

完成本项目图 11-1 所示的 10-1001 小轴的程序设计。

（1）建立工件坐标系　对于卧式车床，工件坐标系原点通常设在工件右端面中心上，如图 11-18 所示，编程、对刀比较方便。

（2）确定加工方案　选用 93°复合压紧式可转位外圆左手车刀（L）T01，刀具补偿数据存放在 01 补偿号内。先车端面后车外轮廓，如图 11-19 所示。

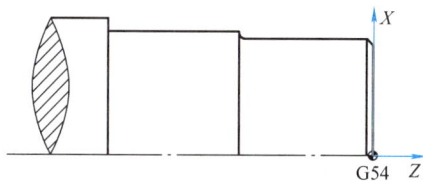

图 11-18　工件坐标系

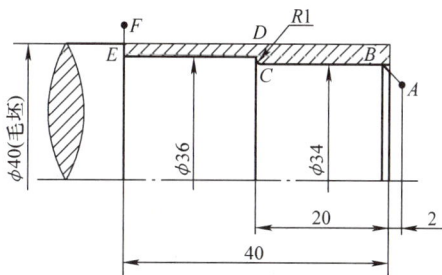

图 11-19　加工方案

（3）编制程序　完工零件不切断，加工程序见表 11-16。

表 11-16　加工程序

段号	FANUC	华中 HNC	SIEMENS	备　注
	O11；	O11；	SM. MPF	
N10	T0101；	T0101；	T01 D1 L_F	换刀 T01，导入 01 号存储器中的刀补数据，左手车刀（L）
N20	G54 G99 G00 X45 Z0 S680 M04；	G54 G95 G90 G00 X45 Z0 S680 M04；	G54 G95 G90 G00 X45 Z0 S680 M04 L_F	完成两个方向的刀具长度补偿。后置刀架、刀具正装、主轴反转
N40	G01 X－1 F0.1；	G01 X－1 F0.1；	G01 X－1 F0.1 L_F	车端面
N50	G00 X28 Z2 S810 M04；	G00 X28 Z2 S810 M04；	G00 X28 Z2 S810 M04 L_F	车轮廓下刀点，（X28，Z2）在倒角延长线上，变速，点 A
N60	G01 X34 Z－1 F0.1；	G01 X34 Z－1 F0.1；	G01 X34 Z－1 F0.1 L_F	车倒角 C1，点 B
N70	Z－19；	Z－19；	Z－19 L_F	车 $\phi34$mm 外圆，点 C
N80	G02 X36 Z－20 R1；	G02 X36 Z－20 R1；	G02 X36 Z－20 CR＝1 L_F	车圆角 R1，点 D
N90	G01 Z－40；	G01 Z－40；	G01 Z－40 L_F	车 $\phi36$mm 外圆至 E 点
N100	X43；	X43；	X43 L_F	抬刀至 F 点，高度大于 $\phi40$mm 毛坯以车齐轴阶
N110	G00 X100 Z100；	G00 X100 Z100；	G00 X100 Z00 L_F	退刀
N120	M30；	M30；	M30 L_F	主程序结束

加工后检验，R1/CR＝1 尺寸不合格，这是个遗留问题，下个项目解决。

195

五、拓展知识

G01 倒角与倒圆

倒角与倒圆指令用来简化在两条线间有倒角或倒圆轨迹的编程，指令格式见表11-17。

表 11-17　G01 倒角与倒圆指令格式

FANUC	华中 HNC	SIEMENS	说明
G01 X_ Z_ , C_ ;	G01 X_ Z_ C_ ;	G01 X_ Z_ CHR = _　L_F	在两直线之间倒角。X、Z 表示倒角前两边线的交点坐标，C/CHR = 表示倒边长度，如图 11-20 所示，刀具从①→②点
G01 X_ Z_ , R_ ;	G01 X_ Z_ R_ ;	G01 X_ Z_ RND = _　L_F	在两直线之间或在直线与圆弧之间倒圆。X、Z 表示倒圆角前两边线的交点坐标，R/RND = 表示倒圆圆角半径，如图 11-21 所示，刀具从①→②点

注：1. 如果其中一条边线长度不够，则自动削减倒角或倒圆大小。

2. 仅在同一插补平面内倒角或倒圆，不能跨插补平面进行。

3. 如果连续三条以上程序段没有运动指令，一般不能倒角、倒圆。

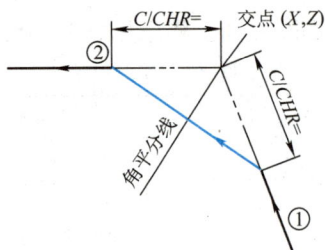

图 11-20　G01 倒角

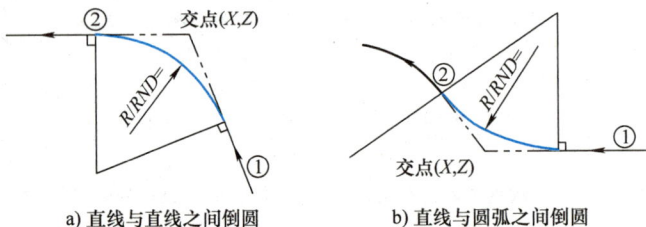

a) 直线与直线之间倒圆　　b) 直线与圆弧之间倒圆

图 11-21　G01 倒圆

加工图 11-22 所示零件轮廓 A ~ D，其程序见表 11-18。

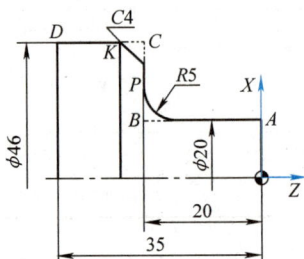

图 11-22　G01 倒角/倒圆应用

表 11-18　G01 倒角/倒圆程序

FANUC	华中 HNC	SIEMENS	说明
G00 X20 Z5;	G90 G00 X20 Z5;	G90 G00 X20 Z5　L$_F$	在 BA 延长线上给出切入距离 5mm
G01 X20 Z – 20，R5 F0.2;	G01 X20 Z – 20 R5 F0.2;	G01 X20 Z – 20 RND = 5 F0.2 L$_F$	B 点坐标，但加工 R5 后刀具到达切点 P
X46　Z – 20，C4;	X46 Z – 20 C4;	X46 Z – 20 CHR = 4　L$_F$	倒角 C4 后，刀具到达 K 点
Z – 35;	Z – 35;	Z – 35　L$_F$	点 D

思考与练习题

一、填空题

1. G00 指令刀具从起点运动到终点可能有两种运动轨迹，即（　　）轨迹或（　　）轨迹。

2. 圆弧插补参数 I =（　　　　）、J =（　　　　）、K =（　　　　），它们可编制任意大小的圆弧程序。

3. 数控车床通常用（　　）编程，这符合回转类零件标注（　　）的机械制图规则。

二、问答题

1. 用增量值编程时，坐标值为负，刀具的运动方向与坐标轴的正方向有何关系？

2. 为什么常用 G28 U0 W0 或 G91 G28 X0 Z0 形式编程？

3. 刀具长度补偿的实质是将机床测量基点移到刀位点，使编程时再不要考虑具体刀具长度对编程的影响，那么刀具长度补偿值一定是刀具的实际长度吗？请说出刀具的实际长度、刀具的长度补偿值、工件的大小三者间的关系？

4. 圆弧插补 G02、G03 的方向、圆弧半径 R 的正负如何规定的？整圆能用圆弧半径编程吗？

三、综合题

1. 用刀架后置车床车削一个 ZX 平面上的圆弧时，圆弧起点在（X40，Z0），终点在（X40，Z – 30），半径为 25mm，圆弧起点到终点的旋转方向为逆时针，分别用圆弧半径和插补参数编程。

2. 设 G54 的零点偏置值（Z，X）=（200，0），在刀架后置车床上执行表 11-19 所示程序，请画出编程轨迹。

表 11-19　程序

段号	FANUC	华中 HNC	SIEMENS
	O1101;	O1101;	SM1101. MPF
N10	T0202;	T0202;	T02 D1　L$_F$
N20	G54 G99 G00 X20 Z2 S800 M4 F0.1;	G54 G95 G90 G00 X20 Z2 S800 M4 F0.1;	G54 G95 G90 G00 X20 Z2 S800 M4 F0.1　L$_F$
N30	G01 Z – 20;	G01 Z – 20;	G01 Z – 20　L$_F$
N40	X35，C3;	X35 C3;	X35 CHR = 3　L$_F$
N50	Z – 40，R5;	Z – 40 R5;	Z – 40 RND = 5　L$_F$
N60	X50;	X50;	X50　L$_F$
N70	Z – 50;	Z – 50;	Z – 50　L$_F$
N80	X60 Z – 55;	X60 Z – 55;	X60 Z – 55　L$_F$
N90	Z – 65;	Z – 65;	Z – 65　L$_F$
N100	X70，R4;	X70 R4;	X70 RND = 4　L$_F$
N110	Z – 80;	Z – 80;	Z – 80　L$_F$
N120	X80;	X80;	X80　L$_F$
N130	G28 U0 W0;	G28 U0 W0;	G74 X1 = 0 Z1 = 0　L$_F$
N140	M30;	M30;	M30　L$_F$

3. 编程、数控仿真加工或在线加工图 11-23、图 11-24 所示的零件。

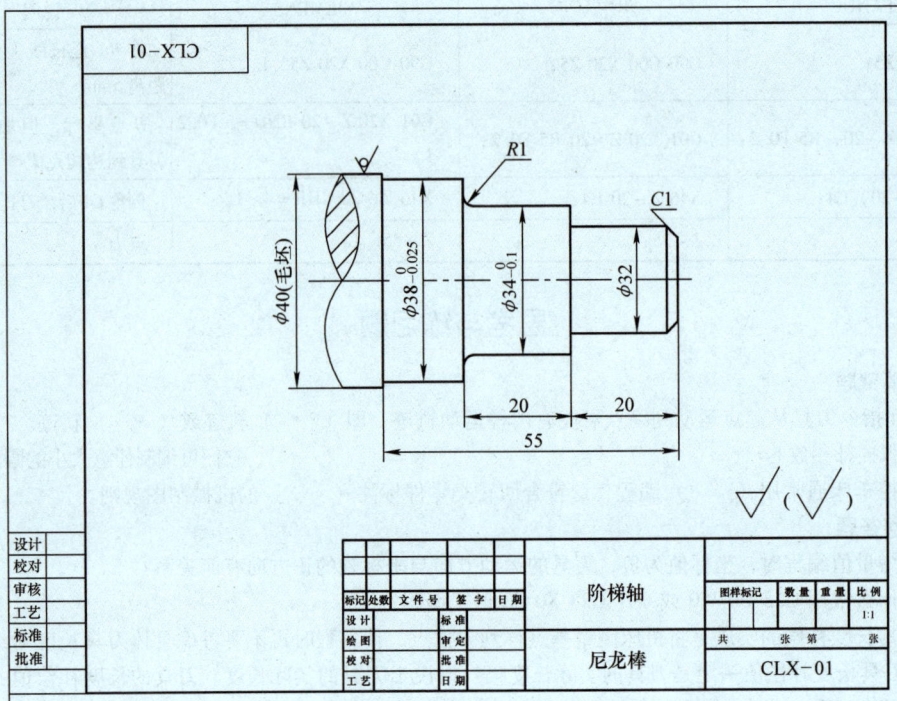

图 11-23　CLX-01 阶梯轴

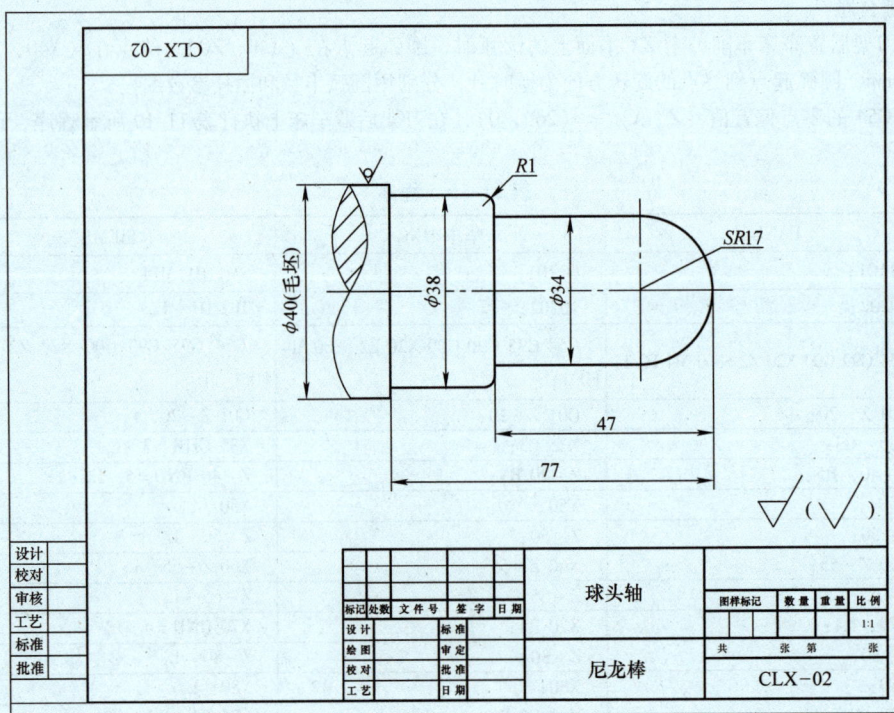

图 11-24　CLX-02 球头轴

项目十二 刀尖半径补偿编程数控车削阀芯

三、相关知识

1. 刀具半径补偿 G40 ～ G42

在车床上，刀具半径补偿又称刀尖圆弧半径补偿，简称刀尖半径补偿。

为了提高刀尖强度，通常可转位刀片刀尖磨成圆弧形状，如图 12-3 所示，C 点是理论刀尖点，若不用刀具半径补偿功能 G41/G42 时，则数控系统控制点 C 沿编程轨迹运动。试切对刀时，A 点切于工件外圆柱面，测量该刀具的 X 向尺寸；点 B 切于工件端面，测量该刀具的 Z 向尺寸。A、B 点分别是两个方向的切削点。

在加工内、外圆柱面或端面时，切削点就是 A 点或 B 点，而 A 点或 B 点与数控系统控制的理论刀尖点 C 在同一圆柱面上或同一端面上，刀尖圆弧 R 不影响加工尺寸、形状；但在加工锥面或圆弧时，由于切削点不再是 A 或 B 点，而变成了 AB 圆弧段内的某一点，与理论刀尖点 C 的切削结果不同，就会造成多切或少切（图 12-3）少切会使工件加工尺寸不到位，多切会使工件报废，多切和少切程序都不会报警，而欠切和过切程序会报警的。用刀具半径补偿功能 G41、G42 能消除这种误差。当然，用刀具半径补偿功能，即可解决上一项目的 $R1/CR = 1$ 不合格的问题。

刀具半径补偿分为建立、执行和取消三个过程。FANUC、华中 HNC、SIEMENS 系统指令格式相同。

项目十二过程考核卡

班级＿＿＿ 姓名＿＿＿ 学号＿＿＿ 班组＿＿＿ 互评学生＿＿＿ 指导教师＿＿＿ 组长＿＿＿ 考核日期＿＿＿年＿月＿日

考核内容

任务：数控车削图 12-1 所示的零件

备料：尺寸为 $\phi60mm \times 200mm$ 的 45 钢棒料 1 根

备刀：T01 $\phi3mm$ 中心钻

T02 93°复合压紧式可转位左手车刀（L）

T03 62°30'复合压紧式可转位双向车刀

T04 外螺纹车刀

T05 6mm 宽外切断（槽）刀

量具：游标卡尺测量范围为 0～125mm，分度值为 0.02mm；25～50mm/50～75mm 千分尺各一把；半径样板、螺纹环规规各一套

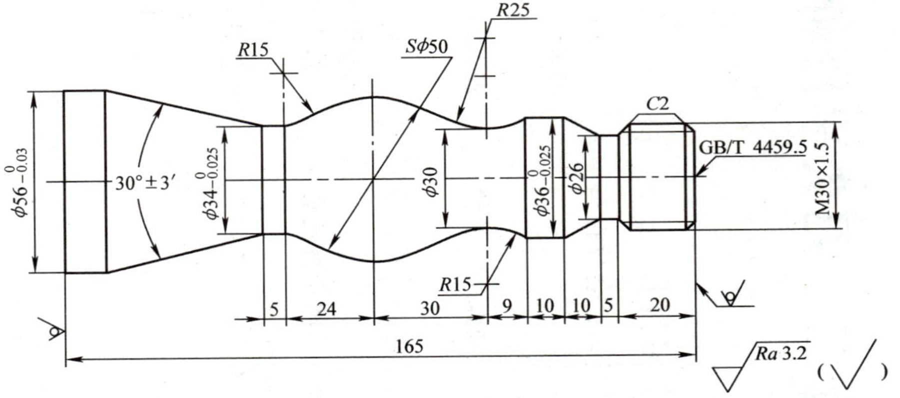

图 12-1 20-2001 阀芯

评 分 表

序号	项目	评分标准	配分	得分	整改意见
1	轮廓形状	错一处扣 5 分	15		
2	$\phi56_{-0.03}^{\ 0}$ mm	超差 0.01mm 扣 5 分	10		
3	$\phi34_{-0.025}^{\ 0}$ mm	超差 0.01mm 扣 5 分	10		
4	$\phi36_{-0.025}^{\ 0}$ mm	超差 0.01mm 扣 5 分	10		
5	Ra3.2μm	一处超差一级扣 5 分	10		
6	圆弧过渡	一处过渡不光滑扣 5 分	10		
7	M30×1.5 螺纹	乱牙扣 5 分	20		
8	安全操作、量具使用	正确、安全操作	5		
9	机床保养	机床维护保养	5		
10	遵守纪律	遵守现场纪律	5		
	合 计		100		

表12-1　阀芯数控加工工序卡片

（单位）	数控加工工序卡片		产品名称或代号	曲面轴类零件	零件名称	阀芯	零件图号	20-2001
	程序编号		夹具名称	活动顶尖	夹具编号			
					使用设备	CK7525A 型数控车床	车间	数控实训中心
工序号	工步号	工步内容	刀具号	刀具规格/mm	主轴转速/(r/min)	进给量/(mm/r)	背吃刀量/mm	量具	备注
---	---	---	---	---	---	---	---	---	---
		备料 φ60mm×200mm							
1	1	钻端面中心孔	T01	φ3	800			游标卡尺 0～125mm±0.02mm	手动
		活动顶尖顶中心孔							
2	2	粗车外轮廓，留单边余量 0.1mm	T02	93°外圆车刀	500	0.3	1.5		自动
3	3	精车外轮廓至图样要求	T03	62°30′车刀	1200	0.08	0.1	千分尺	自动
4	4	车螺纹至要求	T04	外螺纹车刀	320	1.5		螺纹环规 M30×1.5	自动
5	5	切断	T05	6mm 宽切断刀	450	0.1			自动

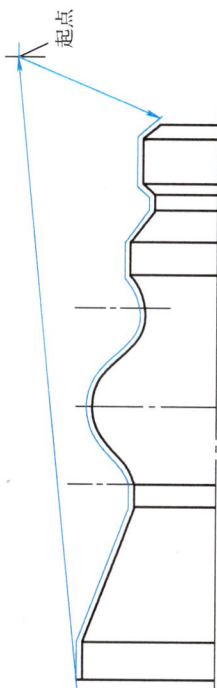

| 编制 | | 审核 | | 批准 | | 共　页 | 第　页 |

起点

图12-2　精车进给路线

201

表12-2 阀芯数控加工刀具卡片

（单位）		数控加工刀具卡片			产品名称或代号	零件名称		零件图号
					曲面轴类零件	阀芯		20-2001
工序号		程序编号		夹具名称	夹具编号	使用设备		车 间
				活动顶尖		CK7525A 型数控车床		数控实训中心
序号	刀具号	刀 具				刀 片		备注
		名称规格	刀具型号		名称	型号	刀尖圆弧半径	
1	T01	中心钻	φ3mm					
2	T02	93°复合压紧式可转位车刀	MVJNL2525M16		35°菱形刀片	VNMG160408 CNMG120404FL-CF	0.8mm	
3	T03	62°30′复合压紧式可转位车刀	MDPNN2525M11N		55°菱形刀片	DNMG110402FL-CF	0.2mm	
4	T04	外螺纹车刀	SEL2525M16T		外螺纹车刀片	16ELAG60ISO		
5	T05	6mm 宽外切断（槽）刀	QA2525L06		切断（槽）刀片	Q06		
编 制		审 核			批 准		共 页	第 页

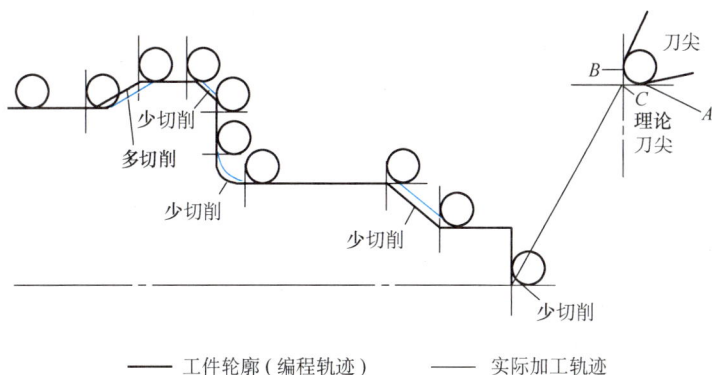

图 12-3　刀尖圆弧与多切和少切现象

（1）刀具半径补偿的建立

指令格式 $\left\{\begin{matrix} G41 \\ G42 \end{matrix}\right\}$ $\left\{\begin{matrix} G00 \\ G01 \end{matrix}\right\}$ X_　Z_；

G41 为刀具半径左补偿，简称左刀补；G42 为刀具半径右补偿，简称右刀补。左、右刀补的偏置方向是这样规定的：逆着插补平面的法线方向看插补平面，沿着刀具前进方向，刀具在工件的左侧为左刀补 G41，刀具在工件的右侧为右刀补 G42。如图 12-4 所示，前置刀架的刀补与后置刀架的正好相反。

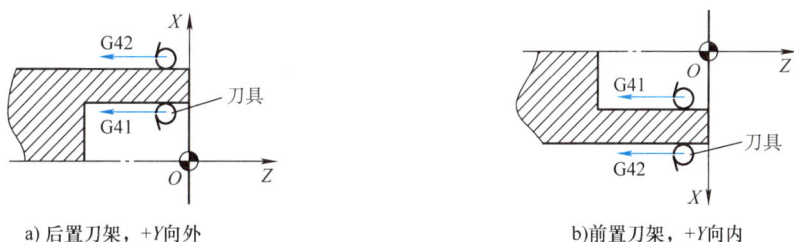

a) 后置刀架，+Y 向外　　　　　　　　b) 前置刀架，+Y 向内

图 12-4　刀具半径补偿偏置方向

203

刀具半径补偿的建立是一个逐渐由零偏置到刀具半径补偿值的偏移过程，因此，必须与运动指令连用。机床执行完建立刀具半径补偿的程序段后，在紧接着的下一程序段起点处的编程轨迹的法线方向上，刀尖圆弧中心偏离编程轨迹一个刀具半径补偿值的距离 R，如图 12-5 所示。

（2）刀具半径补偿的执行　刀具半径补偿建立之后，刀具中心始终在编程轨迹的法线方向上偏离一个刀具半径补偿值的距离，形成刀具中心轨迹，加工出工件轮廓。刀具中心轨迹可以简单理解为是编程轨迹的等距线。

（3）刀具半径补偿的取消

指令格式　G40 $\left\{\begin{matrix} G00 \\ G01 \end{matrix}\right\}$ X_　Z_；

刀具半径补偿的取消是建立的逆过程。刀具执行完取消刀具半径补偿程序段后，理论刀尖点与编程轨迹重合，如图 12-6 所示。

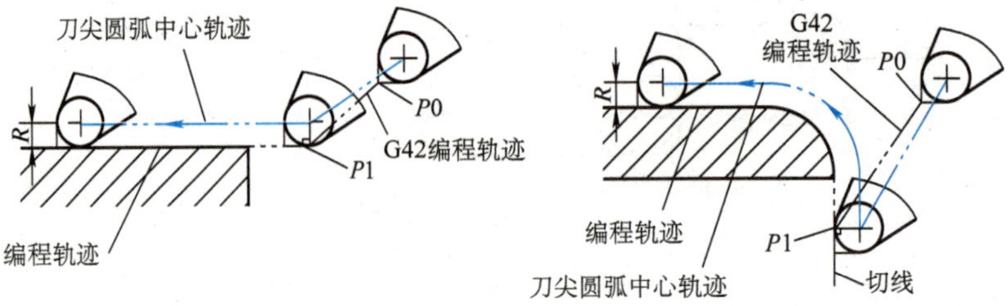

a) 直线到直线　　　　　　b) 圆弧到直线

图 12-5　刀具半径补偿的建立

P0—刀尖半径补偿建立起点　P1—刀尖半径补偿建立终点　R—刀尖圆弧半径

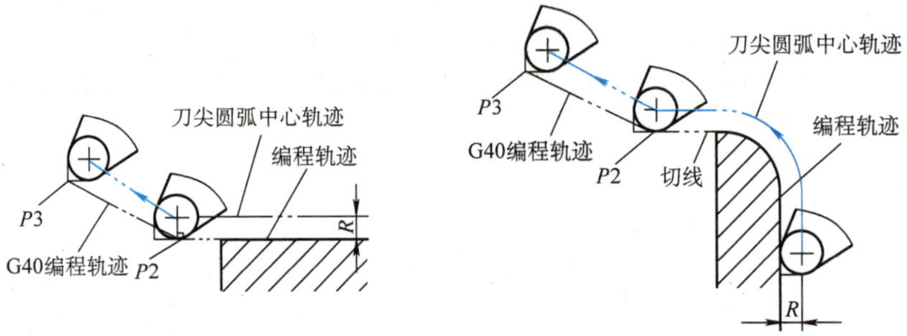

a) 直线到直线　　　　　　b) 圆弧到直线

图 12-6　刀具半径补偿的取消

P2—刀尖半径补偿取消起点　P3—刀尖半径补偿取消终点　R—刀尖圆弧半径

使用 G41、G42、G40 指令时应注意下列几点：

1）G41、G42、G40 指令必须和 G00 或 G01 指令一起使用，而不能与 G02 或 G03 指令一起使用。

2）刀尖圆弧半径补偿必须在轮廓加工之前建立，在轮廓结束后取消，防止出现误切或接刀痕迹而损坏工件。

3）建立或取消刀尖圆弧半径补偿的移动距离应大于刀尖圆弧半径补偿值。

4）实际刀尖圆弧半径及刀尖圆弧半径补偿值均要小于工件轮廓内圆弧半径。

5）刀尖圆弧半径补偿建立之后，最好不要在连续两个或两个以上的程序段内都不写插补平面内的坐标字，否则可能会发生程序错误报警或误切。

6）在刀补执行过程中，G41 和 G42 最好不要相互变换，若要变换，可先取消，再重新建立。

2. 子程序

子程序格式见表12-3，子程序调用格式见表12-4。

表 12-3　子程序格式

FANUC	华中 HNC	SIEMENS	说明
O××××； … M99；	%××××； … M99；	L×××××××或 *.SPF … M17 L_F	1）对于 FANUC 和华中系统：×× ××为子程序号，最多用 4 位数字表 示，导零可以省略 2）对于 SIEMENS 系统，同表 5-1

表 12-4　子程序调用格式

系统	FANUC、SIEMENS	华中 HNC
调用格式	同铣削，见表 5-2	M98 P×××× L△△△△；
说明		××××为被调用的子程序号，△△△△ 为子程序重复调用次数，导零均可省略

3. 进给暂停 G04

在两个程序段之间插入一个 G04 程序段，则进给中断给定的时间（见表 12-5），待到规定时间后，自动恢复正常运行。该指令可以用于某些需要计算延时的地方，如要切出尖角、槽底停留等。G04 是非模态、单程序段 G 代码。

表 12-5　进给暂停指令 G04

系统	FANUC	华中 HNC	SIEMENS
格式	G04　X_；暂停时间（s） G04　P_；暂停时间（ms）	G04　P_；暂停时间（s）	G04　F_　L_F 暂停时间 G04　S_　L_F 暂停主轴转数
举例	G04　X2.5；暂停 2.5s G04　P1000；暂停 1000ms	G04 P2.5；暂停 2.5s	G04　F1　L_F 暂停 1s G04　S2　L_F 暂停 2r

【促成任务 12-1】　加工如图 12-7 所示零件上的三个槽，用子程序编程。

【解】　由图 12-7 可以看出，要加工的三个槽的宽度、深度、槽与槽之间的距离均一样，即前一个槽的起点位置到后一个槽的起点位置之间的距离均为 15mm + 3mm = 18mm。根据这样的规律，可以使用增量尺寸来编制子程序，主程序中调用三次子程序来简化编程，完成三个槽的加工。

现选用切槽刀宽 3mm，刀位点在切槽刀的左侧，直径编程，子程序中的刀具起点（X，Z）=（44，5）由主程序给定，程序见表 12-6。

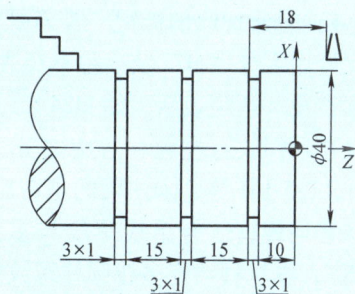

图 12-7　促成任务 12-1 图样

4. 螺纹加工 G32/G33

（1）普通螺纹加工工艺　普通螺纹是应用最为广泛的一种螺纹，牙型角为 60°，有圆柱螺纹、圆锥螺纹、端面螺纹等几种形状，如图 12-8 所示。

205

表12-6 促成任务12-1程序

段号	FANUC	华中HNC	SIEMENS	备注
	O1202;	%1202;	L1202	子程序
N10	G00 W−18;	G00 W−18;	G91 G00 Z−18 L_F	平移到槽左侧上方
N20	G01 U−6;	G01 U−6;	G01 X−6 L_F	径向进给切槽
N30	G04 X1;	G04 P1;	G04 F1 L_F	槽底进给暂停1s
N40	U6;	U6;	X6 L_F	抬刀退刀
N50	M99;	M99;	M17 L_F	子程序结束∑U=0,∑W=−18
段号	O1222;	O1222;	SM1222	主程序
N10	T0606;	T0606;	T06 D1 L_F	换6号切槽刀
N20	G54 G99 G00 X44 Z5 S350 M04;	G54 G95 G90 G00 X44 Z5 S350 M04;	G54 G95 G90 G00 X44 Z5 S350 M04 L_F	子程序中的刀具起点 (X44, Z5)
N25	F0.1;	F0.1;	F0.1 L_F	
N30	M98 P31202;	M98 P1202 L3;	L1202 P3 L_F	调用3次子程序,加工3槽
N40	G00 X100 Z100;	G00 X100 Z100;	G00 X100 Z100 L_F	到安全位置
N50	M30;	M30;	M30 L_F	主程序结束

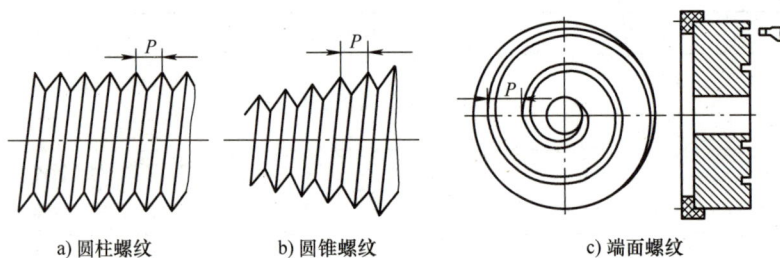

a) 圆柱螺纹　　　　b) 圆锥螺纹　　　　c) 端面螺纹

图12-8 常见普通螺纹形状

1）普通螺纹的标记。普通螺纹分粗牙螺纹和细牙螺纹。粗牙普通螺纹采用标准螺距，其代号用字母"M"及公称直径表示，如M16、M12等。细牙普通螺纹代号用字母"M"及公称直径×螺距表示，如M24×1.5、M27×2等。

普通螺纹有左旋和右旋之分，左旋螺纹应在螺纹标记的末尾处加注"-LH"字样，如M20×1.5-LH等，未注明的是右旋螺纹。

普通螺纹还有单线螺纹与多线螺纹之分，单线普通螺纹标记已标准化（GB/T 197—2018），本教材约定多线圆柱螺纹标记为：螺纹公称直径×Ph 导程 P 螺距−公差带代号−旋向，例如M30×Ph3P1.5-7h，表示螺纹公称直径是M30、导程是3mm、螺距是1.5mm（即线数是2）、中径顶径公差为7h的右旋细牙外螺纹。

2）螺纹基本牙型和尺寸。普通螺纹牙型高度是指在螺纹牙型上，牙顶到牙底在垂直于螺纹轴线方向上的距离。根据GB/T 192—2003国家标准规定，普通螺纹基本牙型和尺寸见表12-7。

3）螺纹加工数据。加工外螺纹圆柱和内螺纹底孔与车削螺纹不在同一工步完成，对于外螺纹要先车好外螺纹圆柱、倒角，后车外螺纹；对于内螺纹，要先钻或镗好内螺纹底孔、倒角，后车内螺纹，这样必须确定外螺纹圆柱、内螺纹底孔大小。实践中常按以下经验公式计算取值

$$外螺纹圆柱 = M - 0.12P \qquad (12-1)$$
$$内螺纹底孔 = M - P(当 P \leqslant 1 \text{ 或加工钢件等扩张量较大时}) \qquad (12-2)$$
$$内螺纹底孔 \approx M - (1.04 \sim 1.08)P(当 P > 1 \text{ 或加工铸件等扩张量较小时}) \qquad (12-3)$$

表 12-7　普通螺纹基本牙型和尺寸

普通螺纹基本牙型和尺寸	项目	计算
图 12-9　普通螺纹	螺距	P
	牙形角	$60°$
	原始三角形高度	$H = 0.866P = \dfrac{\sqrt{3}}{2}P$
	削平高度	外螺纹牙顶和内螺纹牙底要削平 $H/8$，外螺纹牙底和内螺纹牙顶要削平 $H/4$
	牙型高度	$h_0 = 5H/8 = 0.5413P$
	大径	$d = D = M$
	中径	$d_2 = d - 2 \times \dfrac{3}{8}H = d - 0.6495P$
		$D_2 = D - 2 \times \dfrac{3}{8}H = D - 0.6495P$
	小径	$d_1 = d - \dfrac{10}{8}H = d - 1.0825P$
		$D_1 = D - \dfrac{10}{8}H = D - 1.0825P$

内、外螺纹配合时，牙顶与牙底之间要留有间隙，所以常按牙顶和牙底各削平 $H/8$ 来计算牙型加工高度

$$牙型加工高度 \ h_1 = 6H/8 = 0.645P \approx 0.65P \qquad (12-4)$$

式中　P——螺距（mm），不是导程。

由式（12-4）可计算出

$$外螺纹牙槽底径(实际小径) = M - 2 \times 0.65P \qquad (12-5)$$
$$内螺纹牙槽底径(实际大径) = 外螺纹理论大径 = M \qquad (12-6)$$

中径是理论值，用于测量。

4）进给次数与背吃刀量。如果螺纹牙型较高或螺距较大，可分几次进给，每次进给的背吃刀量按递减规律分配，且有直进法和斜进法之分，如图 12-10 所示。常用米制圆柱螺纹切削的进给次数与背吃刀量可参考表 12-8。

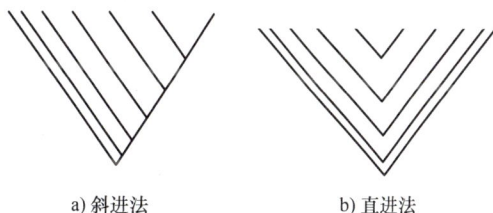

a）斜进法　　　　b）直进法

图 12-10　进给次数与背吃刀量

5）主轴转速。在切削螺纹时，主轴转速应根据导程大小、零件材料、刀具材料、驱动电动机升降频特性及螺纹插补运算速度等选择，必要时查阅机床说明书。对于大多数普通型数控车床，推荐车螺纹主轴转速如下

$$n \leqslant \frac{1200}{P_h} - \kappa \qquad (12-7)$$

207

式中 P_h——螺纹导程（mm）；

    n——主轴转速（r/min）；

    κ——保险系数，一般取80。

表12-8 常用米制圆柱螺纹切削进给次数与背吃刀量 （单位：mm）

螺 距 P		1.0	1.5	2.0	2.5	3.0	3.5	4.0
牙型加工高度 h_1		0.649	0.974	1.299	1.624	1.949	2.273	2.598
进给次数与背吃刀量	1 次	0.349	0.394	0.449	0.499	0.599	0.748	0.748
	2 次	0.2	0.3	0.3	0.35	0.35	0.35	0.4
	3 次	0.1	0.2	0.3	0.3	0.3	0.3	0.3
	4 次		0.08	0.2	0.2	0.2	0.3	0.3
	5 次			0.05	0.2	0.2	0.2	0.2
	6 次				0.075	0.2	0.2	0.2
	7 次					0.1	0.1	0.2
	8 次						0.075	0.15
	9 次							0.1

6）空刀导入量和空刀退出量。不论是主轴电动机还是进给电动机，加减速到要求转速都需要一定的时间，此期间内车螺纹导程不稳定，所以在车削螺纹之前、之后，需留有适当的空刀导入量 L_1 和空刀退出量 L_2，如图12-11所示。这里需要说明的是，螺纹空刀槽的宽度应能保证空刀退出量 L_2 的大小，在工艺分析时应予以注意

$$L_1 \geqslant 2P_h \tag{12-8}$$
$$L_2 \geqslant 0.5P_h \tag{12-9}$$

式中 L_1——空刀导入量（mm）；

    L_2——空刀退出量（mm）；

    P_h——螺纹导程（mm）。

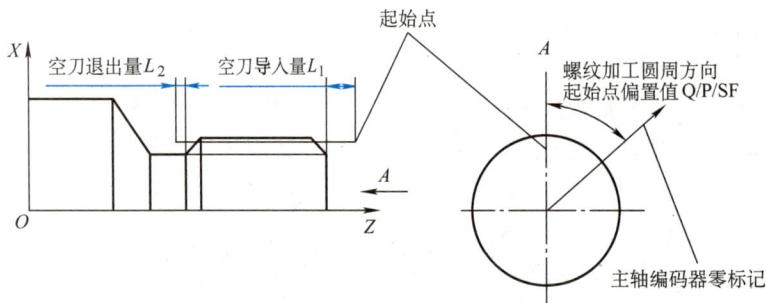

图12-11 螺纹加工数据

7）螺纹加工设备要求。数控车床加工螺纹的前提条件是主轴转速与进给同步，并能在同一圆周截面上自动均分多线螺纹螺旋线的起始点，如图12-11所示。数控车床一般均有同步转速功能，但要均分螺纹线数，主轴必须专门配备位置测量装置，如脉冲编码器等。例如，双线螺纹任一条螺旋线的起始点偏置值设定一个度数，另一条的起始点位置自动与第一条相差180°。

8）四向一置关系。四向指螺纹左右旋向、主轴转向、刀具安装方向及进给方向，一置指车床刀架前置或后置。车螺纹时，四向一置必须匹配，否则不可能加工出合格螺纹。螺纹

项目十二　刀尖半径补偿编程数控车削阀芯

左右旋向是生产图样给定的，不能更改。车床选定之后，其刀架前置还是后置已确定。安装刀具时，前刀面朝上为正装，前刀面朝下为反装。可见四向一置关系匹配主要是在给定螺纹旋向、选定数控车床的情况下，对主轴转向、刀具安装方向及进给方向的配置。几种常用配置关系如图 12-12，图中刀具正装以小黑三角表示。

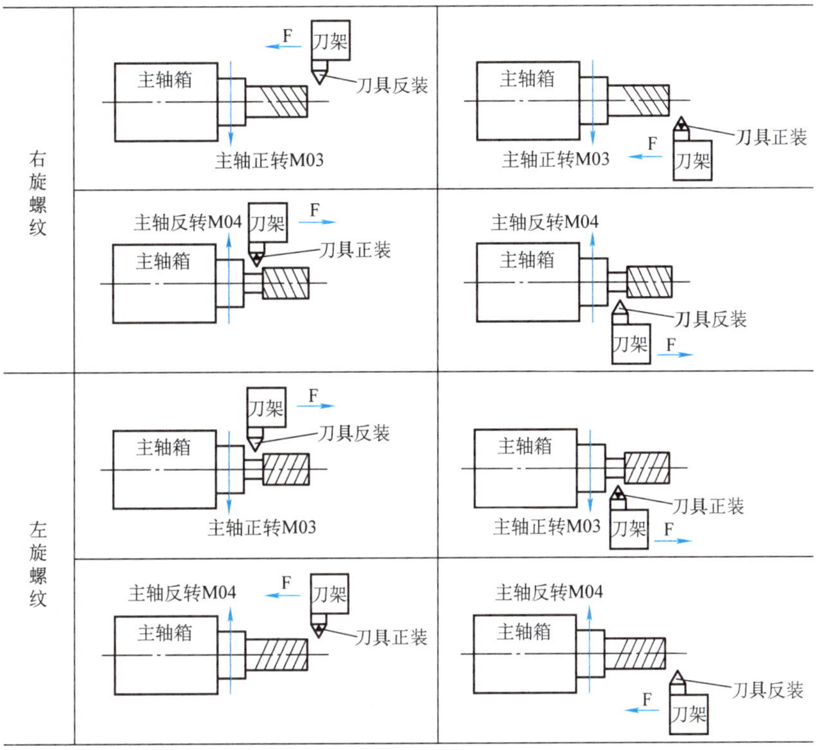

图 12-12　四向一置关系

（2）恒螺距螺纹切削指令 G32/G33　该指令可以车削恒螺距的圆柱螺纹、圆锥螺纹、端面螺纹等，格式见表 12-9。

表 12-9　恒螺距螺纹切削 G32/G33 指令格式

系统	FANUC	华中 HNC	SIEMENS
圆柱螺纹	G32 Z（W）_ F_ Q_；	G32 Z（W）_ R_ E_ F_ P_；	G33 Z_ K_ SF = _ L$_F$
圆锥螺纹	G32 X（U）_ Z（W）_ F_ Q_；	G32 X（U）_ Z（W）_ R_ E_ F_ P_；	G33 X_ Z_ K_ SF = _ L$_F$ G33 X_ Z_ I_ SF = _ L$_F$
端面螺纹	G32 X（U）_ F_ Q_；	G32 X（U）_ R_ E_ F_ P_；	G33 X_ I_ SF = _ L$_F$
说明	X（U）、Z（W）为螺纹终点坐标 　　如果为圆锥螺纹，螺纹斜角 α≤45°时，长轴为 Z 轴，斜角 α＞45°时，长轴为 X 轴，F 表示导程，如图 12-13 所示	X（U）、Z（W）为螺纹终点坐标 　　R、E 为螺纹切削的退尾量，R 表示 Z 向退尾量，E 表示 X 向退尾量，R、E 在绝对或增量编程时都是以增量方式指定，其为正表示沿 Z、X 正向回退，为负表示沿 Z、X 负向回退，使用 R、E 可免去退刀槽。R、E 可以省略，表示不用回退功能。F 表示导程 　　螺纹切削参数如图 12-14 所示	X、Z 为螺纹终点坐标 　　如果为圆锥螺纹，螺纹斜角 α≤45°时，长轴为 Z 轴，导程为 K；螺纹斜角 α＞45°时，长轴为 X 轴，导程为 I

209

（续）

系统	FANUC、华中 HNC、SIEMENS
说明	螺纹起始角 Q/P/SF 是螺纹起点在圆周方向的偏置值，取值在 0～360°之间，对于单线螺纹，可以省略不写或取任意值；对多线螺纹，第一条螺纹线的 Q/P/SF 任意取值，以后每条螺纹的 Q/P/SF 间隔应为 360 除以螺纹线数的商。比如加工三线螺纹时，三条螺纹的 Q/P/SF 间隔 360/3 = 120，若第一条螺纹 Q/P/SF 取值 30，则第二条螺纹 Q/P/SF 取值 150，第三条螺纹 Q/P/SF 取值 270
图示	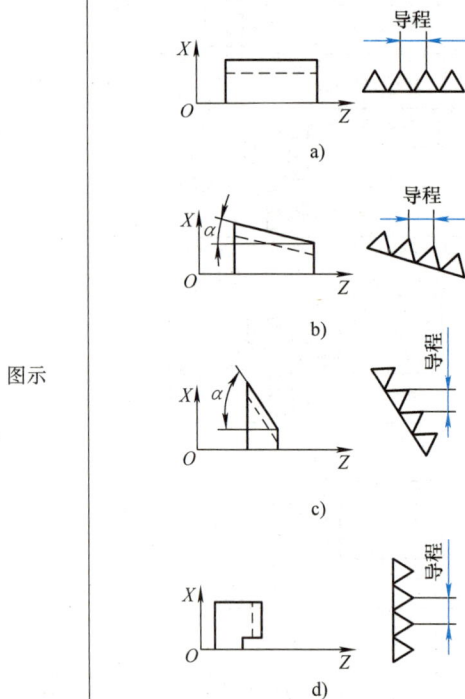 图 12-13　螺纹导程 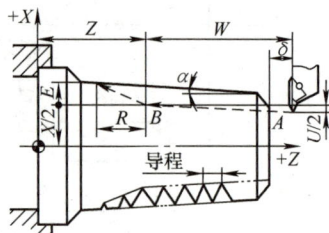 图 12-14　螺纹切削参数

　　G32/G33 的执行轨迹如图 12-15 所示，刀具从 B 点以每转进给一个导程的速度切削至 C 点。其切削前的进刀和切削后的退刀都要通过其他程序段来实现，如图中的 AB、CD、DA 程序段。

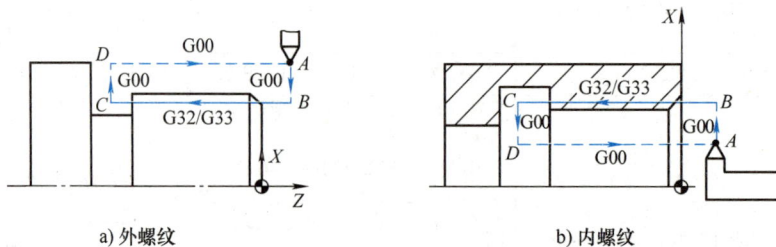

图 12-15　G32/G33 加工圆柱螺纹轨迹

　　从图 12-15 中可看出，G32/G33 切削螺纹实际上仅切 1 次。之所以多次走刀，完全是人为给定的，即每次切削的背吃刀量可以根据切削刃和工件的接触长度逐渐减小（见表 12-8），从而均化切削抗力，防止崩刃。

【促成任务 12-2】　加工图 12-16 所示的外螺纹，外螺纹圆柱、倒角及退刀槽已车好，用 G32/G33 编程。

【解】　计算 $M30 \times 3$ 螺纹的牙型高度 $= 0.65 \times 3\text{mm} = 1.95\text{mm}$，切削 5 次（0.6，0.5，0.5，0.25，0.1）至小径 $d_1 = (30 - 1.95 \times 2)\text{mm} = 26.1\text{mm}$，故每次车削后 X 直径值为（28.8，27.8，26.8，26.3，26.1）。刀架后置，60° 外螺纹车刀，刀具反装。程序见表 12-10。

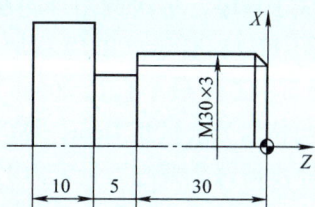

图 12-16　促成任务 12-2 图样

表 12-10　促成任务 12-2 程序

段号	FANUC	华中 HNC	SIEMENS	备注
	O0301;	O0301;	SM0301	
N10	T0505;	T0505;	T05 D1 L_F	换 5 号螺纹车刀
N20	G54 G99 G00 X32 Z6 S320 M03;	G54 G95 G90 G00 X32 Z6 S320 M03;	G54 G95 G90 G00 X32 Z6 S320 M03 L_F	定位到切削起点，刀具反装，主轴正转
N30	G00 X28.8;	G00 X28.8;	G00 X28.8 L_F	第一刀深度位置
N35	G32 Z－32 F3 Q0;	G32 Z－32 F3 P0;	G33 Z－32 K3 SF＝0 L_F	车螺纹
N40	G00 X32;	G00 X32;	G00 X32 L_F	抬刀
N50	Z6;	Z6;	Z6 L_F	退刀
N60	X27.8;	X27.8;	X27.8 L_F	第二刀深度位置
N70	G32 Z－32 F3 Q0;	G32 Z－32 F3 P0;	G33 Z－32 K3 SF＝0 L_F	
N80	G00 X32;	G00 X32;	G00 X32 L_F	
N90	Z6;	Z6;	Z6 L_F	
N100	X26.8;	X26.8;	X26.8 L_F	第三刀深度位置
N110	G32 Z－32 F3 Q0;	G32 Z－32 F3 P0;	G33 Z－32 K3 SF＝0 L_F	
N120	G00 X32;	G00 X32;	G00 X32 L_F	
N130	Z6;	Z6;	Z6 L_F	
N140	X26.3;	X26.3;	X26.3 L_F	第四刀深度位置
N150	G32 Z－32 F 3 Q0;	G32 Z－32 F3 P0;	G33 Z－32 K3 SF＝0 L_F	
N160	G00 X32;	G00 X32;	G00 X32 L_F	
N170	Z6;	Z6;	Z6 L_F	
N180	X26.1;	X26.1;	X26.1 L_F	第五刀深度位置
N190	G32 Z－32 F3 Q0;	G32 Z－32 F3 P0;	G33 Z－32 K3 SF＝0 L_F	
N200	G00 X32;	G00 X32;	G00 X32 L_F	
N210	Z6;	Z6;	Z6 L_F	
N220	G00 X100 Z100;	G00 X100 Z100;	G00 X100 Z100 L_F	到安全位置
N230	M30;	M30;	M30 L_F	

211

四、相关实践

完成本项目图 12-1 所示 20-2001 阀芯零件的程序设计。

（1）建立工件坐标系　工件坐标系原点选在工件的右端面回转中心上，如图 12-17 所示。

（2）确定加工方案　将工件外轮廓用增量方式编写成子程序，多次调用外轮廓子程序分层车削加工，如图 12-18 所示。单边总加工余量 =［（毛坯直径 60mm – 工件最小直径 26mm）/2］mm = 17mm，单边径向精加工余量 0.1mm，轴向精加工余量 0。分层车削厚度即每次背吃刀量定为 1.5mm，粗车调用次数 = 单边总加工余量 17mm/层厚 1.5mm = 11.3 次，取整

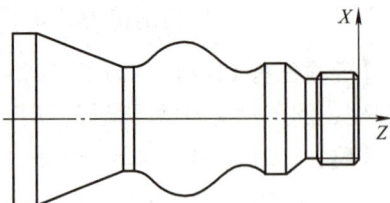

图 12-17　工件坐标系

次 12，即调用 12 次子程序分 12 层进行粗加工，调用 1 次子程序精加工，然后换外螺纹车刀加工螺纹，最后换切断刀切断。

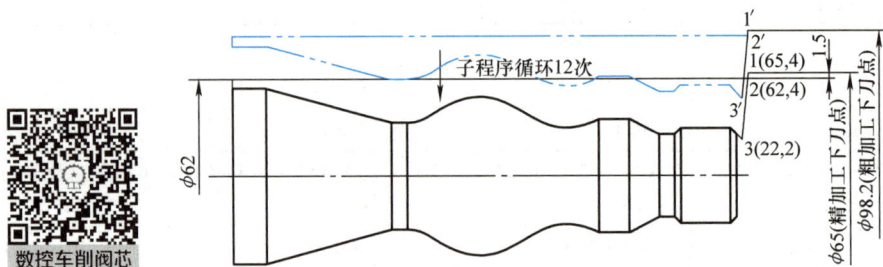

图 12-18　分层加工示意图

（3）计算基点坐标　用基本尺寸编程，各基点坐标见表 12-11。

表 12-11　轮廓基点坐标

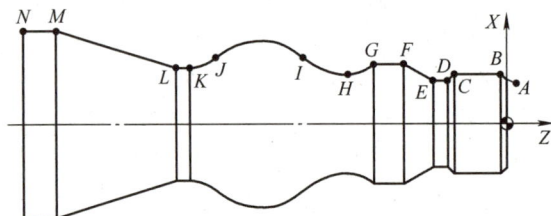

图 12-19　轮廓基点

基点	X 坐标	Z 坐标	基点	X 坐标	Z 坐标
A 点延长线	22	2	H	30　R15	-54
B	30	-2	I	40　R25	-69
C	30	-18	J	40　R25	-99
D	26	-20	K	34　R15	-108
E	26	-25	L	34	-113
F	36	-35	M	56	-154
G	36	-45	N	56	-165

粗车下刀加工最高一层第 12 层时，下刀到第 11 层高度，下刀直径 = ϕ［精车余量 + "桥梁"起点 + 层厚 ×（次数 – 1）］× 2 = ϕ（0.1 + 32.5 + 1.5 × 11）× 2mm = ϕ98.2mm。

精车下刀直径 = "桥梁"起点 = ϕ65mm。

螺纹加工数据见表 12-12。

表 12-12　螺纹加工数据　　　　　　　　　　　　　　（单位：mm）

加工次数	背吃刀量 （螺纹牙型加工高度0.974）	X 坐标（直径）
第一次	0.394	30 − 0.394 × 2 = 29.212
第二次	0.3	29.212 − 0.3 × 2 = 28.612
第三次	0.2	28.612 − 0.2 × 2 = 28.212
第四次	0.08	28.212 − 0.08 × 2 = 28.052

（4）编制程序　图 12-1 所示阀芯加工程序见表 12-13。

表 12-13　阀芯加工程序

段号	FANUC	华中 HNC	SIEMENS	备注
	O0122；	%0122；	L0122	轮廓子程序，"桥梁"起点(65,4)
N10	G00 U − 3 W0；	G00 U − 3 W0；	G91 G00 X − 3 Z0 L_F	轮廓起点(62,4)，U = 62 − 65，W = 4 − 4
N20	G42 U − 40 W − 2；	G42 U − 40 W − 2 F0.3；	G42 X − 40 Z − 2 F0.3 L_F	从倒角延长线 A 点切入，U = 22 − 62，W = 0 − 2
N30	G01 U8 W − 4 F0.3；	G01 U8 W − 4；	G01 X8 Z − 4 L_F	B 点
N40	U0 W − 16；	U0 W − 16；	X0 Z − 16 L_F	C 点
N50	U − 4 W − 2；	U − 4 W − 2；	X − 4 Z − 2 L_F	D 点
N60	U0 W − 5；	U0 W − 5；	X0 Z − 5 L_F	E 点
N70	U10 W − 10；	U10 W − 10；	X10 Z − 10 L_F	F 点
N80	U0 W − 10；	U0 W − 10；	X0 Z − 10 L_F	G 点
N90	G02 U − 6 W − 9 R15；	G02 U − 6 W − 9 R15；	G02 X − 6 Z − 9 CR = 15 L_F	H 点
N100	G02 U10 W − 15 R25；	G02 U10 W − 15 R25；	G02 X10 Z − 15 CR = 25 L_F	I 点
N110	G03 U0 W − 30 R25；	G03 U0 W − 30 R25；	G03 X0 Z − 30 CR = 25 L_F	J 点
N120	G02 U − 6 W − 9 R15；	G02 U − 6 W − 9 R15；	G02 X − 6 Z − 9 CR = 15 L_F	K 点
N130	G01 U0 W − 5；	G01 U0 W − 5；	G01 X0 Z − 5 L_F	L 点
N140	U22 W − 41；	U22 W − 41；	X22 Z − 41 L_F	M 点
N150	U0 W − 11；	U0 W − 11；	X0 Z − 11 L_F	N 点
N160	U6 W0；	U6 W0；	X6 Z0 L_F	抬刀
N170	G00 G40 U0 W169；	G00 G40 U0 W169；	G00 G40 X0 Z169 L_F	返回，验算∑U = − 3，验算∑W = 0
N180	M99；	M99；	M17 L_F	子程序结束
段号	O121；	O121；	SM121.MPF	主程序
N10	T0202；	T0202；	T02 D1 L_F	换粗车刀 T2
N20	G54 G99 G00 X98.2 Z4 S500 M04；	G54 G95 G90 G00 X98.2 Z4 S500 M04；	G54 G95 G90 G00 X98.2 Z4 S500 M04 L_F	粗车下刀点
N25	F0.3；	F0.3；	F0.3 L_F	
N30	M98 P120122；	M98 P0122 L12；	L0122 P12 L_F	子程序循环 12 次，分 12 层粗加工
N40	G00 X100 Z50；	G00 X100 Z50；	G90 G00 X100 Z50 L_F	到安全位置
N50	T0303；	T0303；	T03 D1 L_F	换精车刀 T03

213

（续）

段号	FANUC	华中 HNC	SIEMENS	备注
	O121；	O121	SM121. MPF	主程序；
N60	G54 G99 G0 X65 Z4 S1200 M04；	G54 G95 G90 G00 X65 Z4 S1200 M04；	G54 G95 G90 G00 X65 Z4 S1200 M04 L$_F$	精车下刀点
N65	F0. 08；	F0. 08；	F0. 08 L$_F$	
N70	M98 P0122；	M98 P0122；	L0122 L$_F$	精车轮廓
N80	G00 X29. 82 Z6；	G00 X29. 82 Z6；	G90 G00 X29. 82 Z6 L$_F$	车螺纹圆柱至（M − 0.12P）
N90	G01 Z − 22；	G01 Z − 22；	G01 Z − 22 L$_F$	
N100	G00 X32；	G00 X32；	G00 X32 L$_F$	
N110	G00 X100 Z50；	G00 X100 Z50；	G00 X100 Z50 L$_F$	到安全位置
N120	T0404；	T0404；	T04 D1 L$_F$	换螺纹刀 T4，刀具反装
N130	G54 G99 G00 X29. 212 Z6 S320 M3；	G54 G95 G90 G00 X29. 212 Z6 S320 M3；	G54 G95 G90 G00 X29. 212 Z6 S320 M03 L$_F$	第 1 次进刀，变转速、转向、进给量
N140	G32 Z − 22 F1. 5 Q0；	G32 Z − 22 F1. 5 P0；	G33 Z − 22 K1. 5 SF = 0 L$_F$	
N150	G00 X32；	G00 X32；	G00 X32 L$_F$	
N160	Z6；	Z6；	Z6 L$_F$	
N170	X28. 612；	X28. 612；	X28. 612 L$_F$	第 2 次进刀
N180	G32 Z − 22 F1. 5 Q0；	G32 Z − 22 F1. 5 P0；	G33 Z − 22 K1. 5 SF = 0 L$_F$	
N190	G00 X32；	G00 X32；	G00 X32 L$_F$	
N200	Z6；	Z6；	Z6 L$_F$	
N210	X28. 212；	X28. 212；	X28. 212 L$_F$	第 3 次进刀
N220	G32 Z − 22 F1. 5 Q0；	G32 Z − 22 F1. 5 P0；	G33 Z − 22 K1. 5 SF = 0 L$_F$	
N230	G00 X32；	G00 X32；	G00 X32 L$_F$	
N240	Z6；	Z6；	Z6 L$_F$	
N250	X28. 052；	X28. 052；	X28. 052 L$_F$	第 4 次进刀
N260	G32 Z − 22 F1. 5 Q0；	G32 Z − 22 F1. 5 P0；	G33 Z − 22 K1. 5 SF = 0 L$_F$	
N270	G00 X32；	G00 X32；	G00 X32 L$_F$	
N280	Z6；	Z6；	Z6 L$_F$	
N290	G00 X100 Z50；	G00 X100 Z50；	G00 X100 Z50 L$_F$	到安全位置
N300	T0505；	T0505；	T05 D1	换切断刀 T5
N310	G54 G99 G00 X65 Z − 171 S450 M04 F0. 1；	G54 G95 G90 G00 X65 Z − 171 S450 M04 F0. 1；	G54 G95 G90 G00 X65 Z − 171 S450 M04 F0. 1 L$_F$	确定主轴转速和进给量，工件长 165mm + 6mm = 171mm
N320	G01 X − 1；	G01 X − 1；	G01 X − 1 L$_F$	切断工件
N330	G00 X65；	G00 X65；	G00 X65 L$_F$	刀具离开工件
N340	G00 X100 Z50；	G00 X100 Z50；	G00 X100 Z50 L$_F$	到安全位置
N350	M30；	M30；	M30 L$_F$	主程序结束

五、拓展知识

恒线速功能 G50、G96 ~ G97/G96 ~ G97/G96 ~ G97、LIMS

在加工端面、圆弧、圆锥、阶梯直径相差较大时，随着工件直径的变化，切削线速度在不断变化，而进给速度不变，导致工件表面质量不一。为了控制工件表面加工质量，有的数控车床配备了恒线速控制功能。如图 12-20 所示，G96 恒线速功能生效以后，刀具切削工件时刀尖的线速度 v 保持恒定，即当前加工工件直径 × 主轴转速 = 常数。如图 12-21 所示，设 n_1、n_2、n_3 为主轴转速（r/min），D_1、D_2、D_3 为阶梯轴直径，使用 G96 功能以后，$D_1 n_1 = D_2 n_2 = D_3 n_3 =$ 常数。

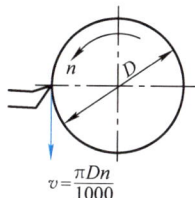

图 12-20　线速度 v

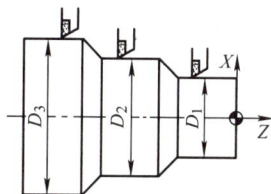

图 12-21　主轴恒线速功能

当工件直径 D 很小时，为了保持切削速度的恒定，主轴转速必定很高，特别是加工端面时，如果刀具走到工件中心即直径等于零时，要维持切削速度为常数，主轴转速要无穷大，所以必须对主轴最高转速做出限制：在机床主轴转速范围内选用，且不能超过自定心卡盘等夹具允许的极限转速。恒线速功能指令格式见表 12-14。

表 12-14　恒线速功能指令

系统	FANUC	华中 HNC	SIEMENS
恒线速功能生效	G50 S_ ；其中 S 后数值为最大主轴转速（r/min） G96 S_ ；其中 S 后数值为线速度（m/min）	参数中设定主轴最高转速 G96 S_ ；其中 S 后数值为线速度（m/min）	G96 S_ LIMS = _ L_F 其中 S 后数值为线速度（m/min），LIMS 是主轴最高转速限制（r/min）
取消恒线速功能	G97 S_ ；其中 S 后数值为主轴转速（r/min）		
举例	G50 S2000；主轴最高转速 2000r/min G96 S120；恒线速 120m/min … G97 S500；取消恒线速功能，重新给定主轴转速 500r/min	G96 S120；恒线速 120m/min … G97 S500；取消恒线速功能，重新给定主轴转速 500r/min	G96 S120 LIMS = 2000 L_F 恒线速度 120m/min，主轴最高转速限制 2000r/min G97 S500；取消恒线速度功能，重新给定主轴转速 500r/min

注：恒线速功能常用于精加工，在刀具切入工件轮廓前编制即可，粗加工很少使用。主电动机频繁调速会影响其使用寿命，因此要适度使用恒线速功能。

215

思考与练习题

一、填空题

1. 在加工内、外圆柱面或端面时，刀尖圆弧半径（　　）影响加工尺寸、形状。而加工锥面或圆弧等时，由于刀位点的变化使刀具的几何尺寸发生了变化，就会造成（　　）或（　　），用（　　）能消除这种误差。

2. G96 中的 S 表示（　　）；G97 中的 S 表示（　　）。

3. 数控车床加工螺纹时，由于车螺纹起始有一个加速过程，结束前有一个减速过程，所以在这个过程中，螺距不可能保持均匀，因此车螺纹时，两端必须设置足够的（　　）和（　　）。

4. FANUC 系统中，G32 中的 F 表示螺纹的（　　　），Q 表示螺纹起点在圆周方向的（　　　）。

5. 华中 HNC 系统中，G32 中的 F 表示螺纹的（　　　），P 表示螺纹起点在圆周方向的（　　　）。

6. 四向一置关系的四向指（　　）、（　　）、（　　）、（　　），一置指车床刀架前置或后置，车螺纹时，四向一置必须匹配，否则不可能加工出合格螺纹。

7. 螺纹加工时，主轴倍率开关和进给倍率开关（　　　）效。

二、问答题

1. 怎样确定刀尖圆弧半径补偿的方向？

2. 加工轮廓时，为何要从切线方向或延长线方向切入/切出？

3. 何谓刀位点？

4. 车削加工中，用了包含刀具半径补偿的编程，就可带入几种参数？哪些参数用于进行补偿？哪些只要识别即可？

5. 如何近似确定外螺纹的圆柱直径、内螺纹的孔径、牙型高、空刀切入量、空刀切出量？

三、综合题

1. 用同一把刀数控粗、精车外圆时，测得最后一次粗加工时的工件直径是 $\phi50.126$mm，要求直径是 $\phi50.02$mm，现要求精车用刀具磨损补偿，请问是修改轴向磨损补偿量还是修改径向磨损补偿量呢？补偿量的大小是多少？

2. 根据表 12-15 所给的加工程序，画出零件图形并标注尺寸。已知毛坯尺寸 $\phi42$mm × 140mm，零点在工件右端面回转中心上。

表 12-15　加工程序

段号	FANUC	华中 HNC	SIEMENS	备注
	O1；	%1；	L1	轮廓子程序
N10	G0 U－3 W0；	G0 U－3 W0；	G91 G0 X－3 Z0　L_F	
N20	G42 U－26 W－2；	G42 U－26 W－2；	G42 X－26 Z－2　L_F	从倒角延长线切入
N30	G01 U6 W－3；	G01 U6 W－3；	G01 X6 Z－3　L_F	
N40	W－29；	W－29；	Z－29　L_F	
N50	U7 W－30；	U7 W－30；	X7 Z－30　L_F	
N60	W－5；	W－5；	Z－5　L_F	
N70	U9，C1；	U9 C1；	X9 CHR＝1　L_F	
N80	W－10；	W－10；	Z－10　L_F	
N90	G02 W－30 R35；	G02 W－30 R35；	G02 Z－30 CR＝35　L_F	
N100	G01 W－5；	G01 W－5；	G01 Z－5　L_F	
N110	U4；	U4；	X4　L_F	抬刀
N120	G00 G40 W114；	G00 G40 W114；	G00 G40 Z114　L_F	返回
N130	M99；	M99；	M17　L_F	子程序结束
段号	O2；	O2；	SM2. MPF	主程序
N10	T0101；	T0101；	T01 D1　L_F	换粗车刀 T01
N20	G54 G99 G00 X62.2 Z4.1 S500 M04；	G54 G95 G90 G00 X62.2 Z4.1 S500 M04；	G54 G95 G90 G00 X62.2 Z4.1 S500 M04　L_F	粗车下刀点
N25	F0.3；	F0.3；	F0.3　L_F	

（续）

段号	FANUC	华中 HNC	SIEMENS	备　注
	O2；	O2；	SM2.MPF	主程序
N30	M98 P60001；	M98 P0001 L6；	L1P6　L_F	子程序循环6次，分6层粗加工
N40	G00 X100 Z100；	G00 X100 Z100；	G90 G00 X100 Z100 L_F	到安全位置
N50	T0202；	T0202；	T02 D1　L_F	换精车刀 T02
N60	G54 G99 G00 X47 Z4 S1200 M04；	G54 G95 G90 G00 X47 Z4 S1200 M04；	G54 G95 G90 G00 X47 Z4 S1200 M04　L_F	精车下刀点
N65	F0.08；	F0.08；	F0.08　L_F	
N70	G50 S2000； G96 S120；	G96 S120；	G96 S120 LIMS = 2000 L_F	恒线速切削，线速度120m/min
N80	M98 P0001；	M98 P0001；	L1　L_F	精车轮廓
N90	G97 S600；	G97 S600；	G97 S600　L_F	取消恒线速，重新给定主轴转速600r/min
N100	G00 X100 Z100；	G00 X100 Z100；	G00 X100 Z100　L_F	到安全位置
N110	M30；	M30；	M30　L_F	主程序结束

3. 编程、仿真加工或在线加工图 12-22、图 12-23 所示的零件。

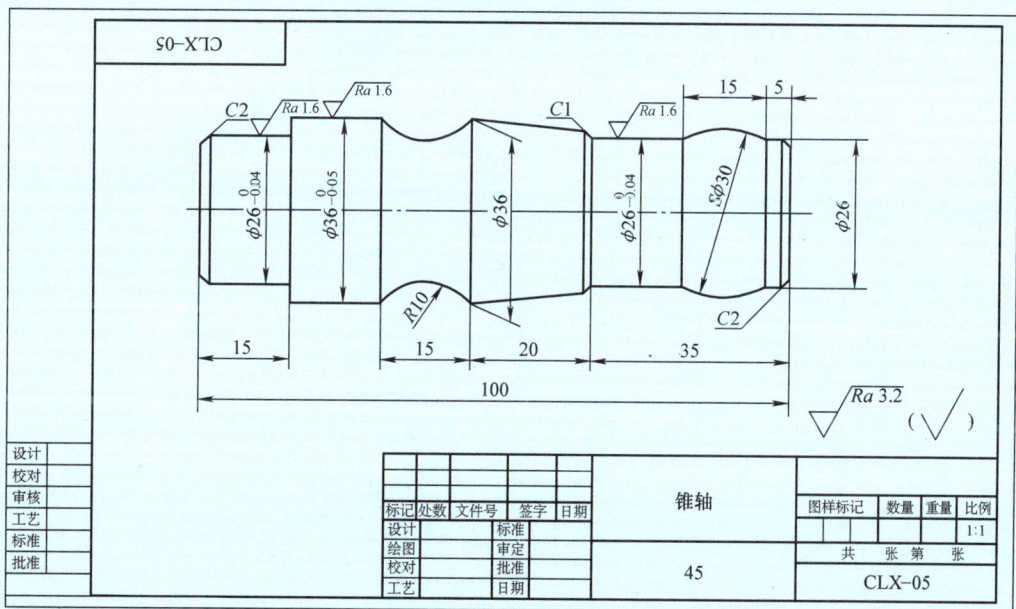

图 12-22　CLX-05 锥轴

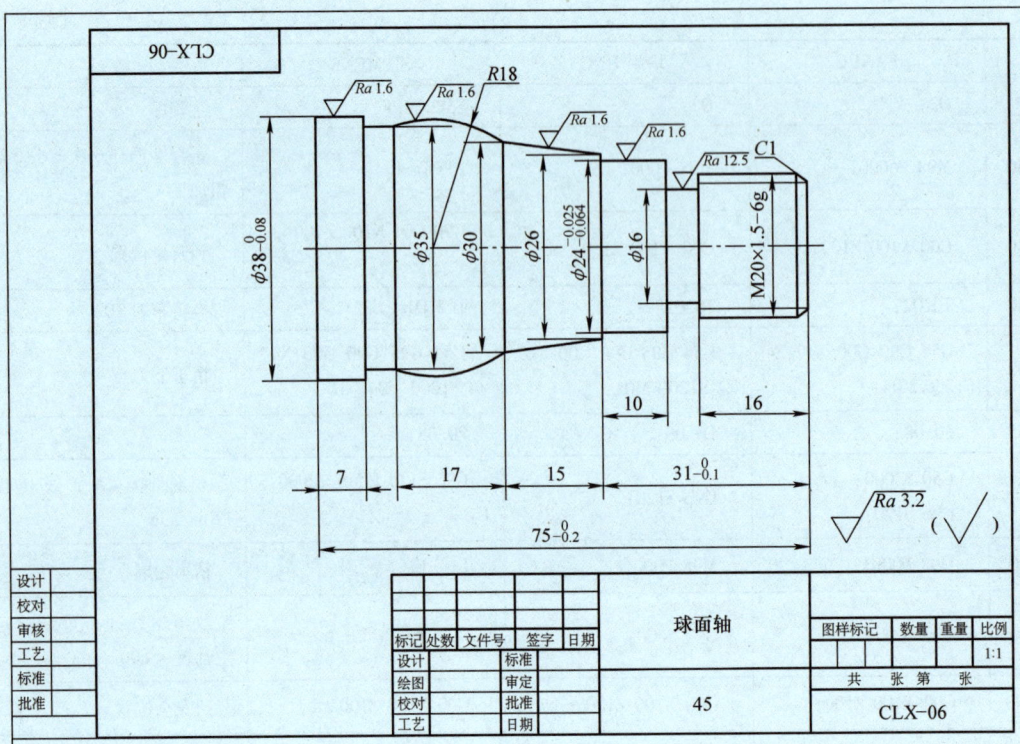

图 12-23　CLX-06 球面轴

项目十三　固定循环综合编程数控车削轴承套

一、学习目标

● 终极目标：会数控车削带内/外槽、内/外螺纹的轴套类零件。

● 促成目标

1）会为不同的加工内容选用相应的车削固定循环。

2）会说明不同固定循环的动作时序。

3）会给固定循环中的参数赋值。

4）会确定固定循环的起始位置。

5）会用固定循环编程。

6）结伴同行，综合应用。

二、工学任务

（1）零件图样　13-3001 轴承套，如图 13-1 所示。

（2）任务要求

1）仿真加工或在线加工图 13-1 所示的零件，用车削固定循环编程并备份正确程序和加工零件的电子照片。

2）核对或填写"项目十三过程考核卡"相关信息。

3）提交电子和纸质程序、照片以及"项目十三过程考核卡"。

三、相关知识

尽管同种系统数控车床的孔加工固定循环与铣镗床相同，但车削固定循环大不相同。

对于不能一刀车削完成的轮廓表面，即加工余量较大的表面，尽管可以用子程序分层车削来完成，但起点计算比较烦琐，常采用车削固定循环指令编程，可以缩短程序长度，减少程序所占容量。一般固定循环由参数设定，用直径编程。不同的加工形状配有相应的固定车削循环指令，详述如下。

（一）FANUC/华中系统车削循环

1. 轴向车削固定循环 G71、G70/G71

轴向车削固定循环 G71、G70/G71 适合于加工阶梯直径相差较小的轴套类零件，可有效缩短刀具长度，其指令格式见表 13-1。

表 13-1　轴向车削固定循环 G71、G70/G71 指令格式

系　统	FANUC（G70/G71）	华中 HNC（G71）
粗、精车刀合用	G00　Xα　Zβ； G71　UΔd　Re； G71　PN$_s$　QN$_f$　UΔu　WΔw　Ff； N$_s$ … N$_f$ G00　Xα　Zβ； G70　PN$_s$　QN$_f$；	G00　Xα　Zβ； G71　UΔd　Re　PN$_s$　QN$_f$　XΔu　ZΔw　Ff； N$_s$ … N$_f$

（续）

系 统	FANUC（G70/G71）	华中 HNC（G71）
粗、精车刀分开使用	G00　Xα　Zβ； G71　UΔd　Re； G71　PN_s　QN_f　UΔu　WΔw　Ff； N_s … N_f …（换精车刀等） G00　Xα　Zβ； G70　PN_s　QN_f；	G00　Xα　Zβ； G71　UΔd　Re　PN_s　QN_f　XΔu　ZΔw　Ff； …（换精车刀等） N_s … N_f
说明	1）G71 径向分层完成粗车，不执行 $N_s \sim N_f$ 程序段中的刀尖圆弧半径补偿 2）G70 一层完成精车，并执行 $N_s \sim N_f$ 程序段中的刀尖圆弧半径补偿	径向分层完成粗、精车，并执行 $N_s \sim N_f$ 程序段中的刀尖圆弧半径补偿

其中：

α、β——循环起点 A 坐标（图 13-2），α 值确定切削起始直径，粗车外径时，α 值应比毛坯直径大，镗孔时，应比毛坯孔内径小；β 值应离开毛坯右端面一个安全距离，即两个方向给出合适的切入量；

Δd——X 向背吃刀量，半径值，无正负号；

e——X 向退刀量，半径值，无正负号；

N_s——轮廓开始程序段的段号，该程序段只能有 X 坐标，不能有 Z 坐标，该段并非工件轮廓，仅仅是刀具进入工件轮廓的导入方式，编程轨迹垂直于 Z 轴，用 G00 或 G01 编程，常用 G00 编程；

N_f——轮廓结束程序段的段号；

Δu——X 方向精车余量的大小和方向，带正负号的直径值，由此决定是外圆还是孔加工，车外圆时为正，车内孔时为负；

Δw——Z 方向精车余量的大小和方向，带正负号，为正时，表示沿着 Z 轴负方向加工，为负时，表示沿着 Z 轴正方向加工；

f，s，t——粗加工时 G71 中编程的 F 或 G71 指令前就近的 F 有效，而精加工时处于 $N_s \sim N_f$ 程序段之间的 F 有效，如果 $N_s \sim N_f$ 程序段之间无 F 时，则沿用粗加工时的 F。

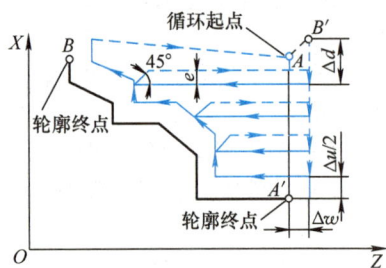

图 13-2　轴向车削固定循环

轴向车削固定循环动作分解如图 13-2 所示，粗车时，由起点 A 自动计算出 B' 点，刀具从 B' 点开始径向吃刀一个 Δd 后，进行平行于 Z 轴的工进车削和 45°退刀 $e \rightarrow Z$ 向快速返回$\rightarrow X$ 向快速吃刀 $\Delta d + e$，由此下降第二个 Δd，如此多次循环分层车削，最后再按留有精加工余量 Δu 和 Δw 之后的形状（$N_s \sim N_f$ 程序段 $A' \rightarrow B$ 加上精加工余量 Δu 和 Δw）进行轮廓光整加工，后快速退到 A 点，完成分层粗车循环。精车路径是 $A \rightarrow A' \rightarrow B \rightarrow A$（$N_s \sim N_f$ 程序段），一层完成。

对于 Ⅰ 型车削固定循环，$N_s \sim N_f$（$A' \rightarrow B$）间的程序轨迹必须为 Z 轴、X 轴共同单调增大或单调减小，而对于 Ⅱ 型车削固定循环则没有这个要求，具体查阅机床使用说明书。总之，当作具有单调性要求，总是对的。

项目十三过程考核卡

班级＿＿＿　班组＿＿＿　学号＿＿＿　姓名＿＿＿　互评学生＿＿＿　指导教师＿＿＿　组长＿＿＿　考核日期＿＿＿　年＿月＿日

考核内容

任务：数控车削图 13-1 所示的零件，用固定循环编程加工

备料：管料 φ80mm×φ20mm×110mm

备刀：T01　93°外圆车刀

　　　T02　内孔镗刀

　　　T03　4mm 宽切槽（断）刀

　　　T04　60°外螺纹车刀

量具：游标卡尺测量范围 0～125mm，分度值 0.02mm；半径样规，螺纹环规各 1 把

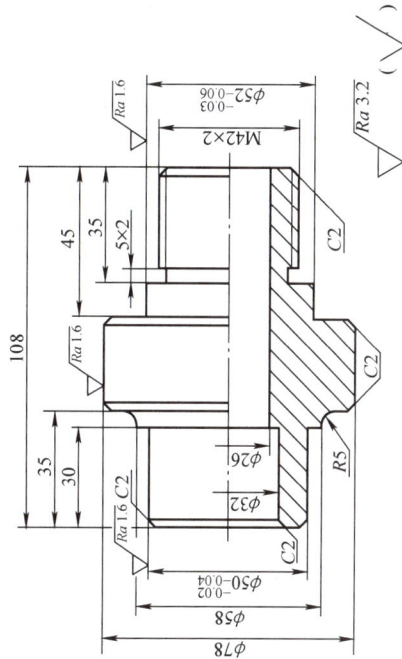

图 13-1　加工零件图样

评 分 表

序号	项目	评分标准	配分	得分	整改意见
1	轮廓外形	错一处扣 5 分	20		
2	所有径向尺寸	一处超差 0.5 扣 5 分，扣完为止	15		
3	所有轴向尺寸	一处超差 0.5 扣 5 分，扣完为止	15		
4	右侧倒角 C2	不倒角全扣	5		
5	左侧倒角 C2	不倒角全扣	5		
6	Ra1.6μm	一处超差一级扣 5 分	10		
7	Ra3.2μm	一处超差一级扣 5 分	5		
8	M42×2 螺纹	螺纹环规检验合格	10		
9	安全操作、规范使用量具	正确、安全操作	5		
10	机床保养	机床维护保养	5		
11	遵守纪律	遵守现场纪律	5		
	合　计		100		

$N_s \sim N_f$ 程序段内不得有固定循环、参考点返回、螺纹车削指令、调用子程序指令。

【促成任务 13-1】 用后置刀架车床、T01 外圆左手车刀（L）完成粗、精车，用 G71、G70/G71 指令编制图 13-3 所示零件的外圆车削程序。

【解】 毛坯用 φ40mm 棒料，刀具正装，工件坐标系设在右端面回转中心，径向精车余量 φ0.5mm，轴向精车余量 0.2mm，循环起点定在（X42，Z2），先车端面，后车轮廓，加工程序见表 13-2。

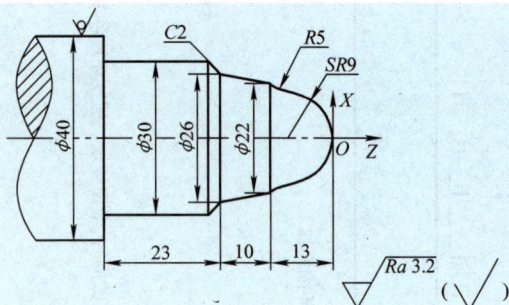

图 13-3 促成任务 13-1 图样

表 13-2 促成任务 13-1 程序

段号	FANUC	备 注	华中 HNC
	O358;		O358;
N10 N12 N16	T0101; G54 G99 G00 X50 Z0 S1500 M04; G01 X−1 F0.1;	换 T01 外圆车刀，导入 01 号存储器中的刀补数据 车端面	T0101; G54 G95 G90 G00 X50 Z0 S1500 M04; G01 X−1 F0.1;
N20	G00 X42 Z2;	到达循环起点（X42，Z2）	G00 X42 Z2;
N30	G71 U1.5 R0.5; G71 P40 Q130 U0.5 W0.2 F0.2;	轴向粗车固定循环 / 轴向车削固定循环（含粗、精车）	G71 U1.5 R0.5 P40 Q130 X0.5 Z0.2 F0.2;
N40	G00 X−4;	N_s 段，轨迹平行于 X 轴	G00 X−4;
N50	G42 X−2 Z1;	两轴联动刀补	G42 X−2 Z1;
N60	G02 X0 Z0 R1 F0.1;	圆弧光滑过度	G02 X0 Z0 R1 F0.1;
N70	G03 X18 Z−9 R9;		G03 X18 Z−9 R9;
N80	G02 X22 Z−13 R5;		G02 X22 Z−13 R5;
N90	G01 X26 Z−23;		G01 X26 Z−23;
N100	X30 Z−25;		X30 Z−25;
N110	Z−46;		Z−46;
N120	X41;		X41;
N130	G00 G40 U2 W−1;	N_f 段，两轴联动取消刀补	G00 G40 U2 W−1;
N140	G70 P40 Q130;	精车固定循环	
N150	G00 X100 Z100;		G00 X100 Z100;
N160	M30;		M30;

222

【促成任务 13-2】 后置刀架车床，T02、T03 镗刀分别粗、精镗孔，用 G71、G70/G71 指令编制图 13-4 所示零件的加工程序。

【解】 刀具正装，主轴反转，工件右端面在对刀时车出，并手动钻出 φ26mm 孔。工件坐标原点设在右端面与回转中心线交点处，径向精车余量 φ0.5mm，轴向精车余量 0.1mm，循环起点定在（X24，Z2），加工程序见表 13-3。

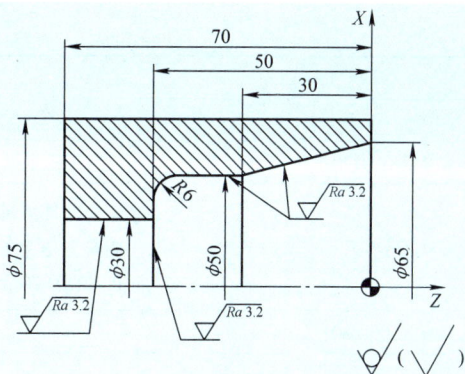

图 13-4　促成任务 13-2 图样

表 13-3　促成任务 13-2 程序

段号	FANUC	备注		华中 HNC
	O1009；			O1009；
N10	T0202；	换 T02 粗镗刀，导入 02 号存储器中的刀补数据		T0202；
N20	G54 G99 G00 X24 Z2 S1000 M04；	刀具长度补偿后到达循环起点（X24，Z2）		G54 G95 G90 G00 X24 Z2 S1000 M04；
N30	G71 U1 R0.5； G71 P70 Q120 U-0.5 W0.1 F0.2；	轴向粗车固定循环	轴向车削固定循环（含粗、精车）	G71 U1 R0.5 P70 Q120 X-0.5 Z0.1 F0.2；
N40			粗加工后，到换刀安全位置	G00 X100 Z80；
N50			换 T03 精镗刀	T0303；
N60			再次到达循环起点	G00 X24 Z2；
N70	G00 X66；	N_s 段，轨迹平行于 X 轴，且点（X66，Z2）在锥孔延长线上		G00 X66；
N75	G41 X65.5 Z1；	两轴联动建立刀补		G41 X65.5 Z1；
N80	G01 X50 Z-30 F0.1；			G01 X50 Z-30 F0.1；
N90	G01 Z-50，R6；			G01 Z-50，R6；
N100	X30；			X30；
N110	Z-71；			Z-71；
N120	G00 G40 U-1 W-1；	N_f 段		G00 G40 U-1 W-1；
N130	G00 X100 Z80；	粗加工后，到换刀安全位置		
N140	T0303；	换 T03 精镗刀		
N150	G00 X24 Z2；	再次到达循环起点		

223

（续）

段号	FANUC		备　注	华中 HNC
	O1009；			O1009；
N160	G70 P70 Q120；		精车固定循环	
N170	G00 Z5；		根据具体机床确定转折点，使刀具能安全退至孔口，一般机床不需要，自动循环在循环起点结束	G00 Z5；
N180	G00 X100 Z80；			G00 X100 Z80；
N190	M30；			M30；

值得注意的是，有些数控系统精加工时仅仅沿 $N_s \sim N_f$ 程序段所描述的轮廓加工，刀具并不会自动回到循环起点，这实际上是系统的固定循环指令不合理，因此孔加工退刀时要防止撞刀，必要时应给出转折点。

2. 端面车削固定循环 G72、G70/G72

端面车削固定循环 G72、G70/G72 适合于加工阶梯直径相差较大的孔盘类零件，可有效缩短刀具长度，提高刀具刚性，其指令格式见表 13-4。

表 13-4　端面车削固定循环 G72、G70/G72 指令格式

系　统	FANUC（G70/G72）	华中 HNC（G72）
粗、精车刀合用	G00　Xα　Zβ； G72　WΔd　Re； G72　PN_s　QN_f　UΔu　WΔw　Ff； N_s … N_f G00　Xα　Zβ； G70　PN_s　QN_f；	G00　Xα　Zβ； G72　WΔd　Re　PN_s　QN_f　XΔu　ZΔw　Ff； N_s … N_f
粗、精车刀分开使用	G00　Xα　Zβ； G72　WΔd　Re； G72　PN_s　QN_f　UΔu　WΔw　Ff　Ss　Tt； N_s … N_f …（换精车刀等） G00　Xα　Zβ； G70　PN_s　QN_f；	G00　Xα　Zβ； G72　WΔd　Re　PN_s　QN_f　XΔu　ZΔw　Ff Ss　Tt； …（换精车刀等） N_s … N_f
说明	1）G72 轴向分层完成粗车，不执行 $N_s \sim N_f$ 程序段中的刀尖圆弧半径补偿 2）G70 一层完成精车，并执行 $N_s \sim N_f$ 程序段中的刀尖圆弧半径补偿	轴向分层完成粗、精车，并执行 $N_s \sim N_f$ 程序段中的刀尖圆弧半径补偿

其中：

Δd——Z 向分层粗车的背吃刀量，无正负号；

e——Z 向退刀量，无正负号；

N_s——轮廓开始程序段的段号，该段程序只能有 Z 坐标，不能有 X 坐标，即轨迹 $A→A'$ 平行于 Z 轴；

其他含义同 G71。

执行端面车削固定循环指令动作分解如图 13-5 所示，进行平行于 X 轴的分层粗车、一层精车，轮廓路径 $A'→B$（$N_s \sim N_f$ 程序段），动作过程在 X 向类似于 G71，其他注意事项同 G71。

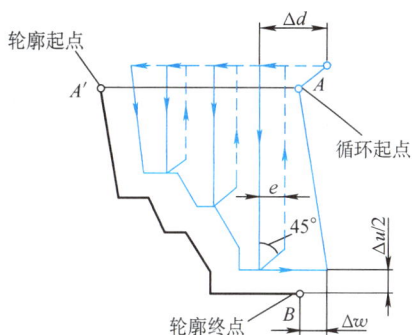

图 13-5 端面车削固定循环指令动作分解

【促成任务 13-3】 后置刀架车床、外圆右手车刀（R）、刀柄横置正装，$\phi 112mm \times 60mm$ 棒料毛坯，用 G72、G70/G72 指令编写图 13-6 所示零件的车削程序。

【解】 刀具正装，主轴反转，工件坐标系原点设在右端面与回转中心线交点处，径向精车余量 $\phi 1mm$，轴向精车余量 0.5mm，循环起点定在（$X116$，$Z2$），其加工程序见表 13-5。

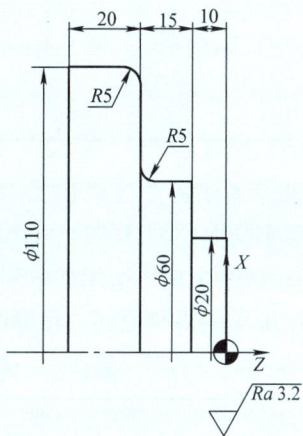

图 13-6 促成任务 13-3 图样

表 13-5 促成任务 13-3 程序

段号	FANUC	备 注		华中 HNC
	O360；			O360；
N10	T0101；	换 T01 外圆车刀，导入 01 号存储器中的刀补数据，车端面		T0101；
N12	G54 G99 G00 X116 Z0 S500 M04；			G54 G95 G90 G00 X116 Z0 S500 M04；
N16	G01 X-1 F0.1；			G01 X-1 F0.1；
N20	G00 X116 Z2；	到达循环起点（$X116$，$Z2$）		G00 X116 Z2；
N30	G72 W2 R0.5；	端面粗车固定循环	端面车削固定循环（含粗、精车）	G72 W2 R0.5 P40 Q130 X1 Z0.5 F0.2；
	G72 P40 Q130 U1 W0.5 F0.2；			
N40	G00 Z-47；	N_s 段		G00 Z-47；
N45	G41 X114 Z-45；			G41 X114 Z-45；
N50	G01 X110 F0.1；			G01 X110 F0.1；
N60	Z-30；			Z-30；
N70	G02 X100 Z-25 R5；			G02 X100 Z-25 R5；
N80	G01 X70；			G01 X70；

225

（续）

段号	FANUC		备　注	华中 HNC
	O360；			O360；
N90	G03 X60 Z – 20 R5；			G03 X60 Z – 20 R5；
N100	G01 Z – 10；			G01 Z – 10；
N110	X20；			X20；
N120	Z1；			Z1；
N130	G00 G40 X18 Z2；		N_f 段	G00 G40 X18 Z2；
N135	G54 G00 X116 Z2；			
N140	G70 P40 Q130；		精车固定循环	
N150	G00 X100 Z100；		到安全位置	G00 X100 Z100；
N160	M30；		程序结束	M30；

3. 轮廓车削固定循环 G73、G70/G73

轮廓车削固定循环 G73、G70/G73 不要求工件轮廓成单调增加或减小，轮廓方向由编程的 N_s、N_f 次序决定，适用于车削锻件、铸件等毛坯轮廓形状与工件轮廓形状基本接近的工件，也用来车削棒料毛坯、轮廓凹凸不平的工件，其指令格式见表 13-6。

表 13-6　轮廓车削固定循环 G73、G70/G73 指令格式

系　统	FANUC（G70/G73）	华中 HNC（G73）
粗、精车刀合用	G00　Xα　Zβ； G73　Ui　Wk　Rd； G73　PN_s　QN_f　UΔu　WΔw　Ff； N_s … N_f G00 Xα Zβ； G70　PN_s　QN_f；	G00　Xα　Zβ； G73　Ui　Wk　Rd　PN_s　QN_f　XΔu　ZΔw Ff； N_s … N_f
粗、精车刀分开使用	G00　Xα　Zβ； G73　Ui　Wk　Rd； G73　PN_s　QN_f　UΔu　WΔw　Ff； N_s … N_f …（换精车刀等） G00　Xα　Zβ； G70　PN_s　QN_f；	G00　Xα　Zβ； G73　Ui　Wk　Rd　PN_s　QN_f　XΔu　ZΔw Ff； …（换精车刀等） N_s … N_f
说明	1）G73 轮廓分层完成粗车，不执行 N_s～N_f 程序段中的刀尖圆弧半径补偿 2）G70 一层完成精车，并执行 N_s～N_f 程序段中的刀尖圆弧半径补偿	分层完成粗、精车，并执行 N_s～N_f 程序段中的刀尖圆弧半径补偿

其中：

i——X 方向第一次粗车后剩余的粗车余量，半径值，即等于对于轴，第一刀粗车后的半径 – $A'B$ 工件轮廓的最小半径。对于孔，第一刀粗车后的半径 – $A'B$ 工件轮廓的最大半径。由此计算的 i 有正负之分，向 X 正方向退刀时为正，向 X 负方向退刀时为负，图 13-7 中 i 为正；

k——Z 方向粗车余量，k 有正、负之分，向 Z 正方向退刀时为正，向 Z 负方向退刀时为负，图 13-7 中 k 为正；

d——分层粗车次数；

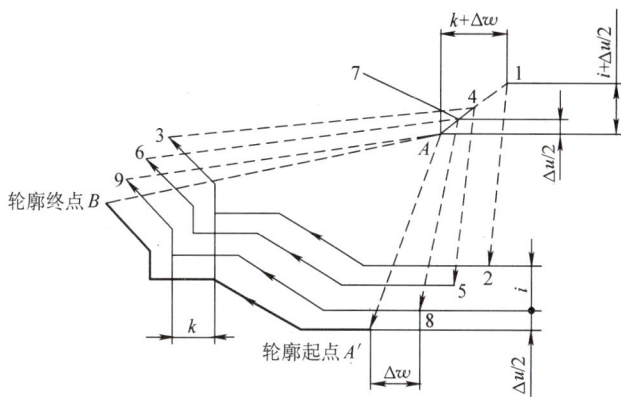

图 13-7　轮廓车削固定循环

$N_s \sim N_f$ 程序段中可有 X、Z 两个坐标，其余各地址的含义同前。

执行轮廓车削固定循环动作分解如图 13-7 所示，由程序给定的循环起点 A 自动计算到点 1，刀具沿 $1 \rightarrow 2 \rightarrow 3 \rightarrow 4 \rightarrow 5 \rightarrow 6 \rightarrow 7 \rightarrow 8 \rightarrow 9 \rightarrow A$ 分层粗车，留精加工余量 Δu、Δw，精车路径 $A \rightarrow A' \rightarrow B \rightarrow A$ 一层完成。

【促成任务 13-4】　用后置刀架车床、外圆左手车刀（L）加工，零件毛坯余量为 $\phi 4mm$，两端面余量足够。用 G73、G70/G73 指令编制图 13-8 所示零件的车削程序。

【解】　刀具正装，主轴反转，工件坐标系原点设在右端面与零件中心线交点处，径向精车余量 0.6mm，轴向精车余量 0.2mm，循环起点定在（$X44$，$Z2$），加工程序见表 13-7。

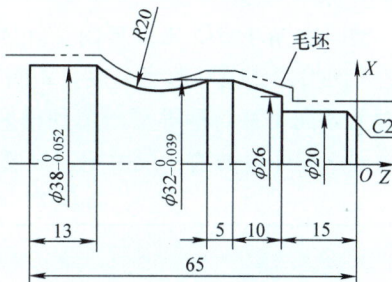

图 13-8　促成任务 13-4 图样

表 13-7　促成任务 13-4 程序

段号	FANUC	备　　注	华中 HNC
	O362；		O362；
N10	T0303；	换 T03 外圆车刀，导入 03 号存储器中的刀补数据，车端面	T0303；
N12	G54 G99 G00 X50 Z0 S1500 M04；		G54 G95 G90 G00 X50 Z0 S1500 M04；
N16	G01 X – 1 F0.1；		G01 X – 1 F0.1；
N20	G00 X44 Z2；	到达循环起点（$X44$，$Z2$）	G00 X44 Z2；
N30	G73 U11 W0.5 R6；	轮廓粗车固定循环	轮廓车削固定循环（含粗、精车）	G73 U11 W0.5 R6 P50 Q135 X0.6 Z0.2 F0.2；
N40	G73 P50 Q135 U0.6 W0.2 F0.2；		

（续）

段号	FANUC O362；	备　注	华中 HNC O362；
N50	G00 X12 Z2；	N_s 段，点（X12，Z2）在倒角延长线上	G00 X12 Z2；
N55	G42 X14 Z1；		G42 X14 Z1；
N60	G01 X20 Z－2 F0.15；		G01 X20 Z－2 F0.15；
N70	Z－15；		Z－15；
N80	X26；		X26；
N90	X32 Z－25；		X32 Z－25；
N100	Z－30；		Z－30；
N110	G02 X38 Z－52 R20；		G02 X38 Z－52 R20；
N120	G01 Z－70；	Z 向多车5mm，以备切断	G01 Z－70；
N130	G01 X43；		G01 X43；
N135	G00 G40 U1 W－1；	N_f 段	G00 G40 U1 W－1；
N136	G00 G54 X44 Z2；		
N140	G70 P50 Q135；	精车固定循环	
N150	G00 X100 Z50；	到安全位置	G00 X100 Z50；
N160	M30；	程序结束	M30；

4. 车槽固定循环 G75

车槽固定循环 G75 可以车内、外环形、矩形槽。从循环起点开始，X 向分层渐近车削到槽底，X 向抬刀到循环起点高度，Z 向平移进刀，X 向再次分层渐近车削到槽底，依次循环加工直至 Z 向平移与槽等宽，切到槽底后，刀具 X 向抬刀再回到循环起点。加工内槽时应在循环起点程序段的前一段给定刀具转折点，防止干涉，其指令格式见表13-8。

表 13-8　车槽固定循环 G75 指令格式

FANUC	华中 HNC
G00 Xα_1 Zβ_1； G75 RΔe； G75 Xα_2 Zβ_2 PΔi QΔk RΔw Ff Ss Tt；	无

其中：

α_1、β_1——切槽循环起点坐标，加工外圆槽时，α_1 应比槽口最大直径大，如图 13-9 所示；加工内圆槽时，α_1 应比槽口最小直径小，以免在刀具快速移动时发生撞刀；β_1 与左、右刀位点及切槽起始位置从左侧或右侧开始有关，图 13-9 中，用左刀位点对刀，当切槽起始位置从左侧开始时，β_1 为－30；当切槽起始位置从右侧开始时，β_1 为－24；

Δe——切槽过程中径向退刀量，半径值，无正负号；

α_2——槽底直径 X 坐标值；

β_2——槽底终点 Z 坐标，同样与切槽起始位置有关；

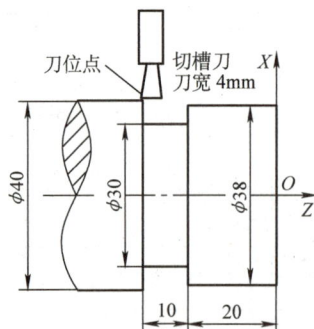

图 13-9　切槽循环

Δi——径向每次切入量，半径值，单位为 μm，无正负；

Δk——Z 向平移进刀量，单位为 μm，无正负，应注意其值应小于刀宽；

Δw——刀具每次切到槽底后，在槽底沿 Z 方向的退刀量，无正负，对槽侧加工质量无影响时，最好为 0，以免干涉断刀；为 0 时可省略不写；

f——进给速度，可以提前赋值。

【促成任务 13-5】　车图 13-9 所示零件的槽，用 G75 指令编程。

【解】　刀宽 4mm，从左侧开始加工，工件坐标系在右端面中心，加工程序见表 13-9。

表 13-9　促成任务 13-5 程序

段号	FANUC	备　注
	O364；	
N5	T0202；	换 T02 切槽刀（刀宽 4mm），导入 02 号存储器中的刀补数据
N10	G54 G99 G00 X42 Z−30 S600 M4；	刀具长度补偿后到达切槽循环起点（图中刀具所在位置）
N15	G75 R0.5；	指定径向退刀量 0.5mm
N20	G75 X30 Z−24 P1000 Q3500 R0 F0.08；	指定槽底、槽宽及加工参数
N25	G00 X80；	切槽完毕后，沿径向快速退出
N30	M30；	程序结束

5. 螺纹车削固定循环 G76

螺纹车削固定循环 G76 能自动分层车削单线恒导程圆柱螺纹、圆锥螺纹，指令格式见表 13-10。

表 13-10　螺纹车削固定循环 G76 指令格式

FANUC	华中 HNC
G00　Xα_1　Zβ_1； G76　Pmra　Q$\Delta dmin$　Rd； G76　X（U）_　Z（W）_　Ri　Pk　QΔd　FL；	G00　Xα_1　Zβ_1； G76　Cc　Rr　Ee　Aa　X（U）_　Z（W）_　Ii　Kk Ud　V$\Delta dmin$　QΔd　Pp　FL；
α_1、β_1——螺纹切削循环起点 A 坐标，X、Z 应留足安全距离，且在 Z 向包含空刀切入量	
m——精加工重复次数 1～99 次，必须用两位数表示	c——精加工重复次数（1～99）
r——螺纹收尾 45° 斜向退刀量，编程范围 00～99 个单位，必须用两位数表示，每个单位长度是 $0.1 \times$ 导程，具体要给多少个单位，以保证刀具切离工件为宜	r——螺纹 Z 向退尾长度，r 有正负之分，向 Z 正方向退刀时为正值，向 Z 负方向退刀时为负值，图 13-10b 中 r 为负值 e——螺纹 X 向退尾长度，e 有正负之分，向 X 正方向退刀时为正值，向 X 负方向退刀时为负值，图 13-10b 中 e 为正值
a——螺纹牙型角，用两位数表示，按图选取	
$\Delta dmin$——粗加工最小背吃刀量，半径值，单位为 μm	$\Delta dmin$——粗加工最小背吃刀量，半径值
d——精加工余量，半径值，无正负号	

229

（续）

FANUC	华中 HNC
X（U）、Z（W）——螺纹终点牙底 D 点坐标值，含空刀切出量	X（U）、Z（W）——螺纹终点牙底 D 点坐标值，不含 r，空刀切出量
i——螺纹两端的半径差，即螺纹起点 C 半径减去螺纹终点 D 半径，当 i=0 时，是圆柱螺纹，可以不写；图 13-10 所示 i<0	
k——螺纹牙型高，按 k=0.65P（P 为螺距）进行计算，半径值，单位为 μm，不带小数点	k——螺纹牙型高，按 k=0.65P（P 为螺距）进行计算，半径值
Δd——第一次切削深度，半径值，单位为 μm，不带小数点，无正负号	Δd——第一次切削深度，半径值，无正负号
	p——偏移值，确定螺旋线起始点圆周分布方位
L——螺纹导程	

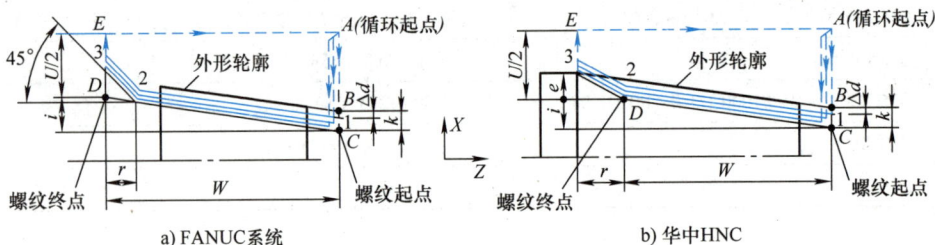

a) FANUC系统　　　　b) 华中HNC

图 13-10　G76 固定循环的运动路径

执行 G76 指令后，刀具动作分解如图 13-10 所示，刀具从循环起点 A 以 G00 方式沿 X 向到达 B 点（该点的 X 坐标值 = 小径 + 2 倍的牙型高），工进 Δd 到 1 点后，以螺纹切削方式 G32 平行于牙形圆柱面母线切削至 2 点，再斜向退刀至 3 点，以 G00 退刀至 E 点，快速返回 A 点，如此重复循环切削，最后精车路线是 A→C→D→E→A，完成螺纹加工。

G76 循环的背吃刀量是成等比级数递减的，粗车时采用斜进法进刀，精车时采用直进法进刀。

【促成任务 13-6】　图 13-11 所示螺纹圆柱、空刀槽、倒角均已车好，现用 G76 指令编制螺纹的加工程序。

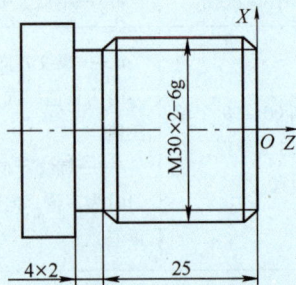

图 13-11　促成任务 13-6 图样

【解】　用 60°外螺纹车刀，刀具反装，加工程序见表 13-11。

表 13-11　促成任务 13-6 程序

段号	FANUC	备　注	华中 HNC
	O367;		O367;
N5	T0303;	换 T03 螺纹刀，导入 03 号存储器中的刀补数据	T0303;
N10	G54 G99 G00 X32 Z4 S520 M03;	刀具长度补偿后到达循环起点 (32, 4)，考虑空刀切入量。刀具反装，主轴正转	G54 G95 G90 G00 X32 Z4 S520 M03;
N15	G76 P011060 Q100 R0.05; G76 X27.4 Z -27 R0 P1300 Q450 F2;	螺纹切削循环	G76 C1 R -2 E2 A60 X27.4 Z -27 K1.3 U0.05 V0.1 Q0.45 F2;
N20	G00 X100 Z100;	快速从循环起点退出	G00 X100 Z100;
N25	M30;	程序结束	M30

6. 螺纹车削单一循环 G92/G82

螺纹车削单一循环 G92/G82 指令可车削圆柱螺纹、圆锥螺纹及端面螺纹。所谓单一循环，对纵向螺纹来说，就是 G92/G82 模态 G 代码生效期间，给一个层厚 X（直径值），自动执行一次 G92/G82 循环动作分层切削螺纹，直至螺纹牙高分层编程完毕为止，螺纹才加工完成。螺纹车削单一循环 G92/G82 指令格式见表 13-12，动作循环 $A \rightarrow B \rightarrow C \rightarrow D \rightarrow A$ 轨迹如图 13-12 所示，直至加工完成才单段结束，$B \rightarrow C$ 的切削情况同 G32。

表 13-12　螺纹车削单一循环 G92/G82 指令格式

FANUC	说明	华中
G92 X (U)_ Z (W)_ R_ Q_ F_;	指令	G82 X_ Z_ I_ R_ E_ C_ P_ F_;
只能加工单线螺纹，多线螺纹需重新编程逐条加工 Q——螺纹起始定位角度，多线螺纹用第一条螺旋线的起始定位角度 + 两条螺旋线的起始定位角度差的 n 倍进行偏置，逐条加工螺旋线 螺纹收尾量自动产生、并包括在螺纹总长 W 内	循环起点 A，须在循环前设定 X(U)、Z(W)——螺纹终点 C 的坐标 Q/P——编程值 0 ~ 360 R/I——螺纹两端的半径差，即螺纹起点 B 半径减去螺纹终点 C 半径，圆柱螺纹 R/I-0，可省略不写 F——螺纹导程	C——多线螺纹的头数，为 0 时是单线螺纹 P——单线螺纹起始定位角度，多线螺纹是相邻螺纹线的起始定位角度差 R、E——螺纹收尾量，无符号数值。R 是 Z 向收尾量、E 是 X 向收尾。R、E 可以省略，表示没有收尾量。螺纹收尾量不包括在螺纹总长 W 内

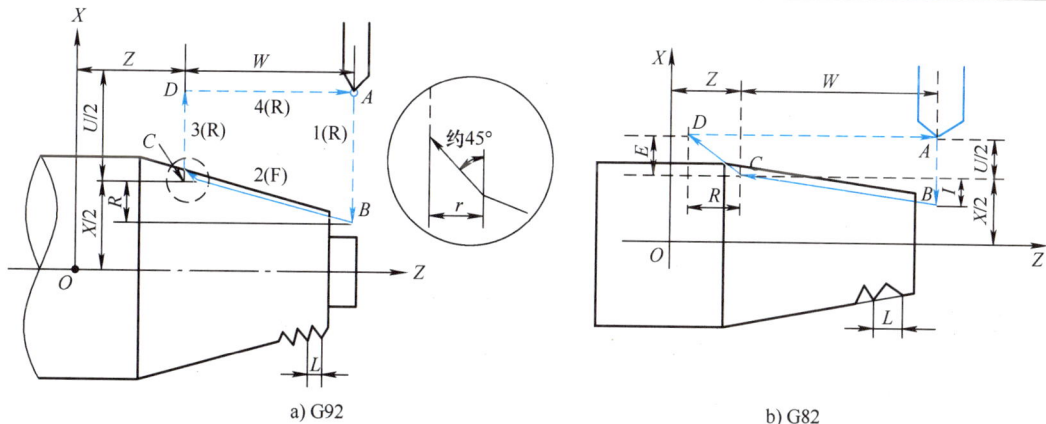

a) G92　　　　　　　　　　　b) G82

图 13-12　螺纹车削单一循环 G92/G82

231

螺纹车削单一循环 G92/G82 指令格式较 G76 的简单好记，但程序长。

【促成任务 13-7】 用 G92/G82 指令编写图 13-13 所示的单线圆锥螺纹加工程序。

【解】 经验公式 $d_1 = d - 1.3P$（d_1—螺纹小径；d—螺纹大径；P—螺纹螺距），则考虑空刀导出量 2mm 后的锥螺纹小径为：$\left(30 + 2 \times \dfrac{30-20}{16} - 1.3 \times 1.5\right)$mm = 29.3mm，用 60° 外螺纹车刀，后置刀架反装刀具，螺纹深度分 7 次加工完成，螺纹两端的半径差 R = I = $\left[\dfrac{(20-30)}{2} \div 16\right] \times (6 + 20 - 4 + 2) = -7.5$，程序见表 1-13。

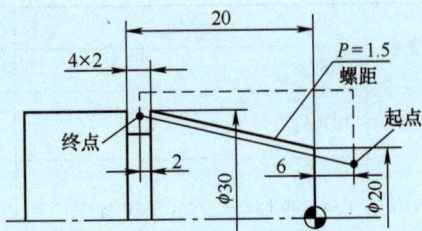

图 13-13 单线圆锥螺纹图样

表 13-13 促成任务 13-7 加工程序

段号	FANUC	说明	华中
	O366；	指令	O366；
N10	G28 U0 W0；	参考点换刀	G28 U0 W0；
N20	T0303；	换刀	T0303；
N30	G54 G99 G00 X32 Z6 S600 M3；	刀片反装，主轴正转	G54 G95 G00 X32 Z6 S600 M3；
N40	G92 X31.2 Z－18 R－7.5 Q0 F1.5；	切螺纹第一层	G82 X31.2 Z－18 I－7.5 R0 E0 C0 P0 F1.5；
N50	X30.4；	第二层	X30.4；
N60	X29.8；	第三层	X29.8；
N70	X29.46；	第四层	X29.46；
N80	X29.36；	第五层	X29.36；
N80	X29.32；	第六层	X29.32；
N90	X29.3；	第七层	X29.3；
N100	G28 U0 W0；	返回参考点	G28 U0 W0；
N110	M30；		M30；

232

（二）SIEMENS 车削循环

SIEMENS 车削循环较 FANUC/华中加工形状更丰富、好用，但指令格式完全不同，多字母组合命令更难记忆，好在系统的图形显示输入窗口能助一臂之力。这里重点介绍毛坯切削循环、切槽循环、螺纹车削循环。

1. 毛坯切削循环 CYCLE95

毛坯切削循环可以纵向、横向单调分层车削，可以双向凹凸轮廓分层车削；也可以加工外圆、孔；还可以粗加工、精加工和粗精综合加工，共有 12 种加工类型，应用十分广泛。

纵向/横向定义切削方向，纵向为 Z 轴方向切削、横向为 X 轴方向分层，横向为 X 轴方向切削、Z 轴方向分层。外部/内部定义分层吃刀方向，外部沿坐标轴负向分层吃刀，内部沿坐标轴正向分层吃刀。

（1）指令格式 CYCLE95（"NPP"，MID，FALZ，FALX，FAL，FF1，FF2，FF3，VARI，

DT，DAM，_VRT）；其参数含义见表 13-14，加工类型如图 13-14 所示，具体见表 13-15。

表 13-14　毛坯切削循环 CYCLE95 参数含义

序号	参数	含义
1	NPP	包括切入切出路径在内的轮廓起点到终点的轮廓子程序名称，有两种定义方式：一是以单独的子程序命名，二是调用程序的一部分，用"起始标志的名称：末尾标志的名称"调用
2	MID	粗加工最大吃刀层厚，无符号，分区域分别按接近最大吃刀层厚平均分配实际层厚
3	FALZ	纵向（Z 向）精加工余量，无符号，无符号数据均是半径值，后同
4	FALX	横向（X 向）精加工余量，无符号
5	FAL	轮廓精加工余量，无符号，设置 FALZ = 0，FALX = 0 时才起作用
6	FF1	粗加工单向轮廓进给率	三个均需赋值，不能有任一个为 0，防止没有 F
7	FF2	粗加工凹轮廓进给率
8	FF3	精加工进给率
9	VARI	加工类型 1~12 种，具体类型有说明
10	DT	粗加工时用于断屑的进给暂停时间（单位为 s）
11	DAM	粗加工因断屑而中断时所经过的路径长度
12	_VRT	粗加工时从轮廓的退刀量，无符号

表 13-15　毛坯切削循环加工类型

VARI 数值	纵向/横向	外部/内部	粗加工/精加工/综合加工	图例
1	纵向	外部	粗加工	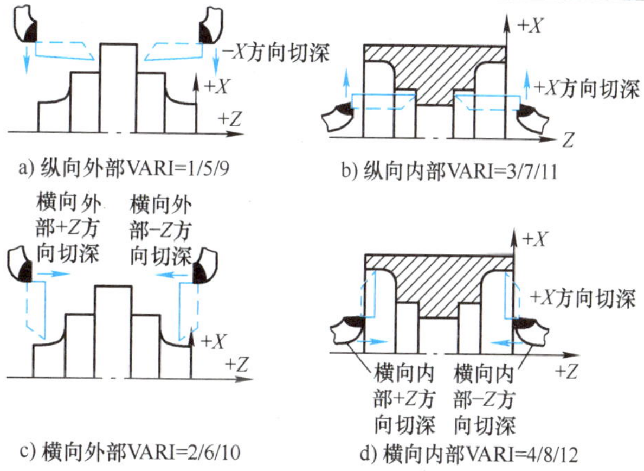
2	横向	外部	粗加工	
3	纵向	内部	粗加工	
4	横向	内部	粗加工	
5	纵向	外部	精加工	
6	横向	外部	精加工	
7	纵向	内部	精加工	
8	横向	内部	精加工	
9	纵向	外部	综合加工	
10	横向	外部	综合加工	
11	纵向	内部	综合加工	
12	横向	内部	综合加工	

图 13-14　毛坯切削循环加工类型

1）实际层厚与切削区域和粗加工最大吃刀层厚 MID。每个切削区域设定成共同的粗加工最大吃刀层厚 MID，而实际层厚由于粗加工切削的总厚度不同而不同，即按接近粗加工最大吃刀层厚 MID 自动平均分配的。例如，设定粗加工最大吃刀层厚 MID = 5mm，则总厚 39mm 的无凹凸轮廓切削区域的实际层厚是 4.875mm、8 层，总厚 36mm 的首个凹凸轮廓切削区域的实际层厚是 4.5mm、8 层，总厚 7mm 的第二个凹凸轮廓切削区域的实际层厚是

3.5mm、2 层，如图 13-15 所示。

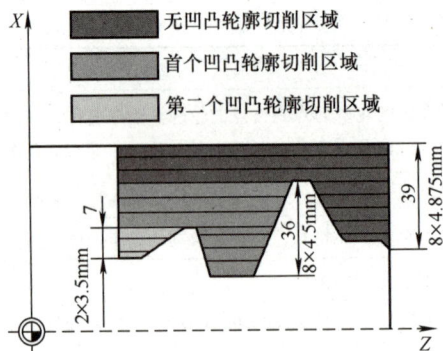

图 13-15　实际层厚与切削区域和粗加工最大吃刀层厚 MID

2）精加工余量 FAL、FALZ 和 FALX。精加工余量 FAL、FALZ 和 FALX 如图 13-16 所示。

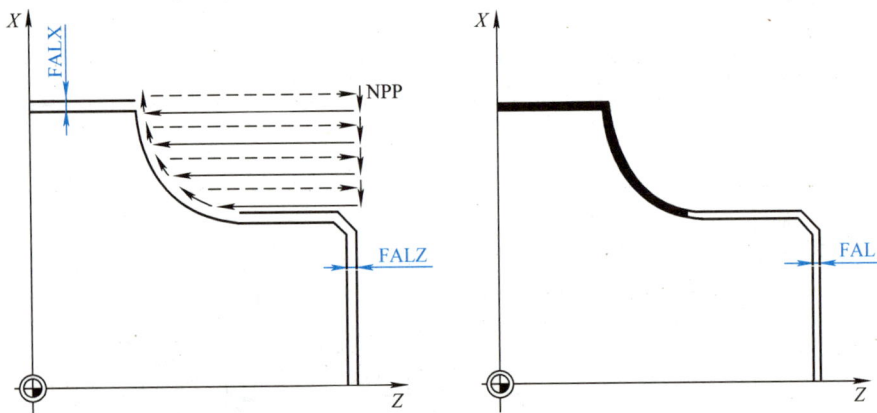

图 13-16　精加工余量 FAL、FALZ 和 FALX

用参数 FALZ 和 FALX 分别定义 Z 轴、X 轴向的精加工余量、斜轮廓精加工余量依此自动计算，也可以通过参数 FAL 定义整个轮廓的精加工余量。如果这三个参数都赋值，则 FALZ 和 FALX 优先，FAL 无效，常设定 FALZ 和 FALX 或 FAL 一种。

每个轴向加工过程完成后，立即清除平行于轮廓的锯齿残留量，粗加工完成后不再整个轮廓清理。

如果精加工余量为 0，则粗加工达到最后轮廓状态。

3）进给率 FF1、FF2 和 FF3。各个加工步骤可以定义不同的进给率，FF1 为粗加工单向轮廓进给率、FF2 为粗加工凹轮廓进给率、FF3 为精加工进给率，如图 13-17 所示。三个均需赋值，不能有任一个为 0，防止没有 F 进给停止。

4）粗加工断屑进给暂停时间 DT 及所经过的路径长度 DAM。这两个参数仅用于粗加工。DAM 定义断屑之前的最大距离。DT 定义每个中断点合适的停顿时间（以 s 为单位）。如果未定义切削中断前的距离（DAM =0），则粗加工步骤中不产生中断和停顿，如图 13-18 所示。

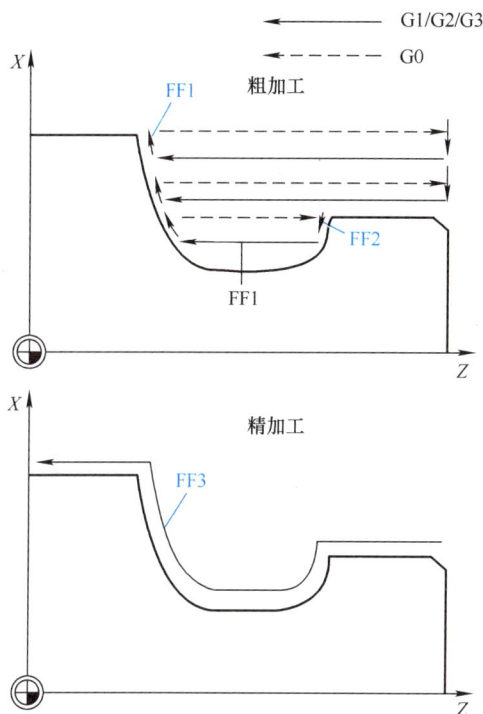

图 13-17　进给率 FF1、FF2 和 FF3

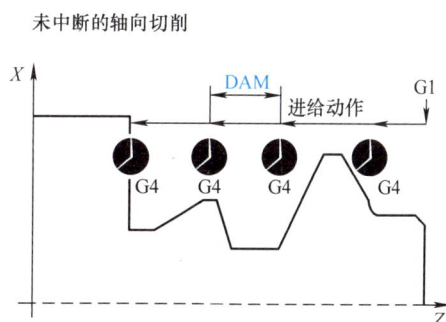

图 13-18　粗加工断屑进给暂停时间 DT 及所经过的路径长度 DAM

（2）动作循环　循环前刀具可以在任意位置，但须保证从该位置到轮廓起点时不发生任何碰撞干涉。

1）单调轮廓粗加工。单调轮廓粗加工动作如图 13-19 所示。

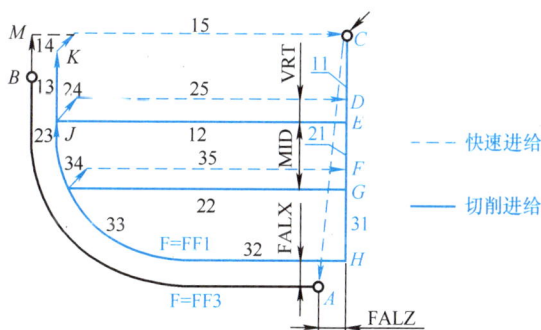

图 13-19　单调轮廓粗加工

① 自动计算轮廓的循环起始点 C，并两个坐标方向甲 G0 指令到达该点定位。

② 自动计算出到当前深度的近轴进给点 E，并 G1、FF1 切削到达。

③ 用 FF1 以 G1 切削到轴向粗加工的交点 J。

④ 用 FF1 以 G1/G2/G3 沿轮廓＋精加工余量进行平行于轮廓的倒圆切削到 K 点。

⑤ 每个轴以 G0 退回 _VRT 编程的量到 C 点。

235

⑥ 自动计算出到当前深度的近轴进给点 G，并 G1、FF1 切削到达。

⑦ 用 FF1 以 G1 切削到轴向粗加工的交点 34。

⑧ 用 FF1 以 G1/G2/G3 沿轮廓 + 精加工余量进行平行于轮廓的倒圆切削到 J 点。

⑨ 每个轴以 G0 退回_VRT 编程的量到 D 点。

⑩ 自动计算出到当前深度的近轴进给点 H，并 G1、FF1 切削到达。

⑪ 用 FF1 以 G1/G2/G3 经 32→33 沿轮廓 + 精加工余量进行平行于轮廓的切削到 34。

⑫ 每个轴以 G0 返回循环起点 C，完成无凹凸轮廓粗加工。

2）粗加工凹凸轮廓。先粗加工无凹凸轮廓的切削区域，后加工首个凹凸轮廓切削区域，再加工第二个凹凸轮廓切削区域，依此类推，粗加工凹凸轮廓顺序如图 13-20 所示。

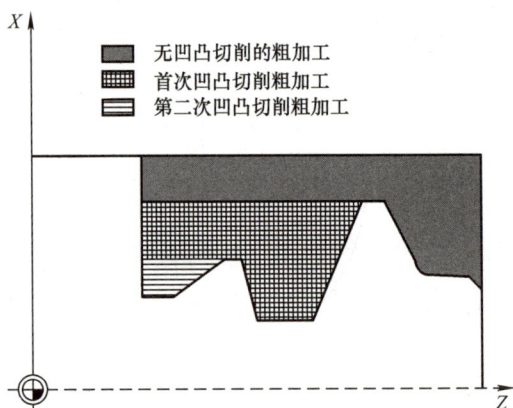

图 13-20　粗加工凹凸轮廓顺序

① 坐标轴以 G0 依次回到自动计算的安全起点，以便下一步的凹凸切削。

② 用 FF2 以 G1/G2/G3 沿轮廓 + 精加工余量吃刀分层。

③ 用 FF1 以 G1 切削到轴向粗加工的交点。

④ 用 FF2 以 G1/G2/G3 沿轮廓 + 精加工余量清理锯齿残留量。

⑤ 与第一次加工一样后退和返回。

⑥ 如果还有凹凸切削部分，为每个凹凸切削重复①~⑤动作。

3）精加工。

① 坐标轴以 G0 依次到达循环起点。

② 两轴使用 G0 同时到轮廓起点。

③ 用 FF3 以 G1/G2/G3 沿轮廓进行精加工到轮廓终点。

④ 以 G0 两轴退回到循环起点。

（3）毛坯切削循环 CYCLE95 的注意事项

1）子程序轮廓轨迹的编程顺序必须与精加工路径方向一致，横向外圆、纵向外圆加工的工件轮廓路径起点分别对应 A、B 点，否则机床产生报警。

2）循环起点 C 的坐标值根据工件加工轮廓、精加工余量、退刀量等因素由系统自动计算。

3）循环之前刀具所处的位置是任意的，但须保证刀具从该位置到循环起点 C 时不发生碰撞，在加工孔时要特别注意，一般需要在固定循环前给定转折点。

4）在精加工时，固定循环内部自动激活刀尖半径补偿，但粗加工时则没有刀尖半径补偿功能，最好在轮廓子程序中建立、执行、取消刀尖半径补偿，防止粗加工多切造成精加工余量不够、甚至工件报废的情况出现。

5）尽管自动计算循环起点，不过为安全起见，可以在循环之前给定一个合适的刀具起点。

【促成任务 13-8】　用 CYCLE95 纵向外部综合编程功能，完成图 13-3 所示图样的编程。

【解】　毛坯用 ϕ40mm 棒料，粗精一把刀具正装，刀尖圆弧半径 R0.4mm，工件坐标系设在右端面回转中心，径向精车余量 ϕ0.5mm、FALX = 0.25，轴向精车余量 0.2mm、FALZ = 0.2，先车端面，后车轮廓，单调纵向轮廓子程序，纵向外部综合编程，VARI = 9：

SM358. MPF　主程序名称

N10 G74 X1 = 0 Z1 = 0　L_F　换刀点

N20 T01　L_F　换刀，默认 D1 刀补数据

N30 G90 G00 G54 G95 X50 Z0 S1500 M04　L_F　车端面初始化，后置刀架、刀具正装

N40 G01 X – 1 F0.1　L_F　车端面过中心

N50 G00 X45 Z5　L_F　退刀至人为设定的安全点

N60 CYCLE95（"L358"，1.5，0.2，0.25，0，0.2，0.2，0.1，9，0，0，0.5）　L_F
（"NPP"，MID，FALZ，FALX，FAL，FF1，FF2，FF3，VARI，DT，DAM，_VRT）

N70 G74 X1 = 0 Z1 = 0　L_F　返回参考点

N80 M30　L_F

L358. SPF　子程序

N10 G00 X – 4 Z2　L_F　工艺轮廓起点，保证轮廓单调（人为设定主程序安全点是 X45 Z5）

N20 G42 X – 2 Z1　L_F　走斜线建立刀补，需要说明宇龙仿真软件必用 G42，不然刀尖 R 会产生加工误差，而有些实际机床，CYCLE95 子程序中用刀补会报警

N30 G02 X0 Z0 CR = 1　L_F　切入工艺圆弧 R1

N40 G03 X18 Z – 9 CR = 9　L_F

N50 G02 X22 Z – 13 CR = 5　L_F

N60 G01 X26 Z – 23　L_F

N70 X30 Z – 25　L_F

N80 Z – 46　L_F

N90 X41　L_F　端面切干净

N100 G00 G40 X = IC（2）Z = IC（–1）　L_F　切出工艺路径，取消刀补

N110 M17　L_F

【促成任务 13-9】　用 CYCLE95 纵向内部综合编程功能，完成图 13-4 所示图样的编程。

【解】　粗、精镗刀两把正装，刀尖圆弧半径 R0.4mm，主轴反转，工件右端面在对刀时车出，并手动钻出 ϕ26mm 孔，平端面对刀。工件坐标原点设在右端面与回转中心线交点处，径向精车余量 ϕ0.5mm、FALX = 0.25，轴向精车余量 0.1mm、FALZ = 0.1，单调纵向轮廓子程序，纵向内部粗（VARI = 3）、精加工（VARI = 7）分开编程，以减少精刀磨损、调整精车线速度等。

SM1009. MPF　主程序

N10 G74 X1 = 0 Z1 = 0　L_F

237

N20 T02 D1 L$_F$ 调用 T2 粗刀

N30 G90 G54 G00 G95 S1000 M04 L$_F$

N40 CYCLE95 （"L1009", 1, 0.1, 0.25, 0, 0.15, 0.15, 0.08, 3, 0, 0, 0.5） L$_F$

（"NPP", MID, FALZ, FALX, FAL, FF1, FF2, FF3, VARI, DT, DAM, _VRT）

N50 G74 X1 = 0 Z1 = 0 L$_F$ 返回换刀点

N60 T3 L$_F$ 调用 3 号精刀

N70 G96 S100 LIMS = 2500 L$_F$ 恒切削速度 100m/min，最高主轴转速 2500r/min

N80 CYCLE95 （"L1009", , , , , , , , 7, , ,） L$_F$ 设定纵向内部精加工 VARI = 7，其余默认粗加工参数。

N90 G97 S400 L$_F$ 取消恒切削速度，固定较低主轴转速

N100 G75 X1 = 0 Z1 = 0 L$_F$ 返回换刀点

N110 M30 L$_F$

L1009 子程序

N10 G0 X66 Z2 L$_F$ 工艺轮廓起点 A，保证轮廓单调

N20 G41 X65.5 Z1 L$_F$ 延长线

N30 G1 X50 Z − 30 L$_F$ 锥面

N40 X50 Z − 50 RND = 6 L$_F$ 倒圆角

N50 X30 L$_F$ 车孔底

N60 Z − 71 L$_F$

N70 G00 G40 X = IC （−1） Z = IC （−1） L$_F$ B 点

N80 M17 L$_F$

【促成任务 13-10】 用 CYCLE95 横向外部综合编程功能，完成图 13-6 所示图样的编程。

【解】 后置刀架车床、外圆右手车刀（R）、刀尖圆弧半径 R0.4mm，刀柄横置正装，主轴反转。Φ112mm×60mm 棒料毛坯。工件坐标系原点设在右端面与回转中心线交点处，径向精车余量 Φ1mm，轴向精车余量 0.5mm，平端面、光外圆对刀，单调横向轮廓子程序，用 CYCLE95 横向外部综合编程，VARI = 10。

SM360. MPF 主程序

N10 G74 X1 = 0 Z1 = 0 L$_F$

N20 T01 D1 L$_F$ 调用 T1 号外圆车刀

N30 G90 G54 G18 G00 X116 Z0 S500 M04 L$_F$ 程序初始化；

N40 G01 X − 1 F0.1 L$_F$ 车端面

N50 G00 X116 Z2 L$_F$ 安全点

N60 CYCLE95 （"L360", 2, 0.5, 0.5, 0, 0.2, 0.2, 0.1, 10, 0, 0, 0.5） L$_F$

（"NPP", MID, FALZ, FALX, FAL, FF1, FF2, FF3, VARI, DT, DAM, _VRT）

N70 G74 X1 = 0 Z1 = 0　L_F　返回换刀点

N80 M30　L_F

L360　子程序

N10 G0 X116 Z - 47　L_F　A 点

N20 G41 X114 Z - 45　L_F　延长线

N30 G1 X110　L_F

N40 Z - 30　L_F

N50 G02 X100 Z - 25 CR = 5　L_F　倒圆角

N60 G01 X70　L_F

N70 G03 X60 Z - 20 CR = 5　L_F

N80 G01 Z - 10　L_F

N90 X20　L_F

N100 Z1　L_F

N110 G00 G40 X18 Z2　L_F　B 点

N120 M17　L_F

【促成任务 13-11】　用 CYCLE95 纵向外部综合编程功能，完成图 13-8 所示凹凸非单调轮廓工件的编程。

【解】　凹凸非单调轮廓，$R20mm$ 跨象限圆弧，用 CYCLE95 粗加工需防止多切、少切问题发生，也要防止刀具后角碰撞干涉。

毛坯余量 $\Phi4mm$、两端面余量足够。工件坐标系原点设在右端面与回转中心线交点处。径向精车余量 $\Phi0.6mm$（FALX = 0.3），轴向精车余量 0.2mm（FALZ = 0.2）。平端面、光外圆对刀。后置刀架车床，分别用偏刀和球刀加工，外圆左手车刀（L）、刀尖圆弧半径 $R0.4mm$、30°菱形刀片、副偏角至少为 30°，刀具正装、主轴反转；球刀 $R2mm$。凹凸非单调轮廓内加刀补，纵向外部粗精综合编程，VARI = 9。

SM362. MPF　偏刀加工主程序

N10 G74 X1 = 0 Z1 = 0　L_F　返回参考点准备换刀

N20 T03　L_F　调用 T3 号外圆车刀，刀尖圆弧半径 $R0.4mm$

N30 G90 G54 G00 X50 Z0 S1500 M04　L_F　程序初始化准备车端面；

N40 G01 X - 1 F0.1　L_F　车端面

N50 G00 X44 Z2　L_F　安全点

N60 CYCLE95（"STAR_1：END_1"，1，0.2，0.3，0，0.15，0.15，0.08，9，0，0，0.5）　L_F　纵向外部综合编程（"NPP"，MID，FALZ，FALX，FAL，FF1，FF2，FF3，VARI，DT，DAM，_VRT）

N70 G74 X1 = 0 Z1 = 0　L_F

M80 M30　L_F

SM363. MPF　球刀加工主程序

N10 G74 X1 = 0 Z1 = 0　L_F　返回参考点准备换刀

N20 T04　L_F　调用 T4 号外圆球刀，圆弧半径 *R*2mm

N30 G90 G54 G00 X50 Z0 S1000 M04　L_F　程序初始化

N40 G01 X – 1 F0.1　L_F　车端面

N50 G00 X44 Z2　L_F　安全点

N60 CYCLE95 ("STAR_1：END_1", 1, 0.2, 0.3, 0, 0.15, 0.15, 0.08, 9, 0, 0, 0.5)
L_F　纵向外部综合编程 ("NPP", MID, FALZ, FALX, FAL, FF1, FF2, FF3, VARI, DT, DAM, _VRT)

N70 G74 X1 = 0 Z1 = 0　L_F　返回换刀点

N80 M30　L_F

N90 STAR_1：L_F　两个主程序公用的子程序

N100 G0 X12 Z2　L_F　倒角延长线轮廓起点 A（安全点 X44、Z2）

N110 G42 X14 Z1　L_F　延长线上加刀补

N120 G01 X20 Z – 2　L_F

N130 Z – 15　L_F

N140 X26　L_F

N150 X32 Z – 25　L_F

N160 Z – 30　L_F

N170 G02 X38 Z – 52 CR = 20　L_F

N180 G01 X38 Z – 52　L_F；　实际没移动，可以取消

N190 Z – 70　L_F　为可能的切断或调头平端面留出长度

N200 X43　L_F

N210 G00 G40 X = IC (1) Z = IC (–1)　L_F　*B* 点

N220 END_1：L_F　；

2. 切槽循环 CYCLE93

切槽循环 CYCLE93 可以纵向、横向、外部、内部切槽，可以在柱面、锥面、端面开槽，槽侧可以倾斜、槽口和槽底都可以倒角，槽两侧可以对称或不对称，但槽底只能平行于坐标轴，能加工的槽形状比对应 FANUC/华中_G75 多很多，应用十分广泛，当然包括数控大赛等在内。

始终把 Z 轴方向定义为纵向，把 X 轴方向定义为横向。纵向/横向指槽宽方向，纵向槽宽在 Z 方向的内、外柱面上，横向槽宽在 X 方向的左、右端面上。

外部/内部指槽的切深方向，外部指沿坐标轴负方向切槽深，内部指沿坐标轴正方向切槽深。可见外圆槽、右端面槽都是外部槽，内孔槽、左端面槽都是内部槽。

（1）指令格式　CYCLE93（SPD, SPL, WIDG, DIAG, STA1, ANG1, ANG2, RCO1, RCO2, RCI1, RCI2, FAL1, FAL2, IDEP, DTB, VARI）；

切槽循环 CYCLE93 参数如图 13-21 所示，其含义见表 13-16，共八种槽加工类型见表 13-17。

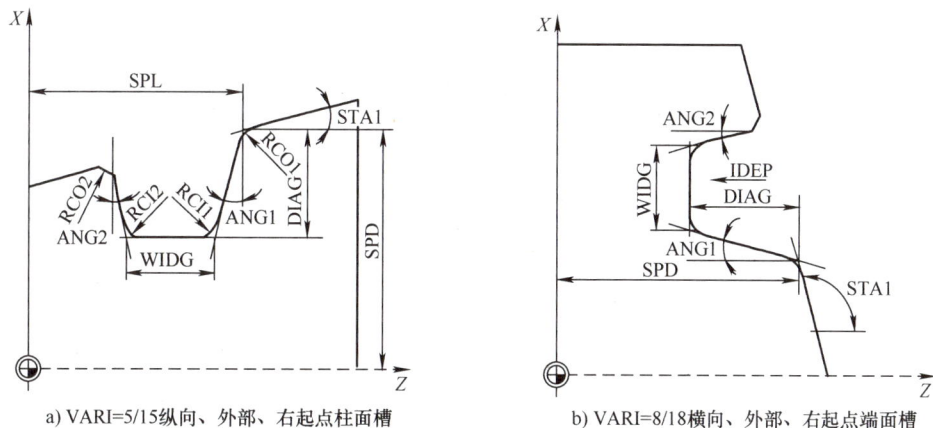

a) VARI=5/15纵向、外部、右起点柱面槽　　　b) VARI=8/18横向、外部、右起点端面槽

图 13-21　切槽循环 CYCLE93 参数图

表 13-16　切槽循环 CYCLE93 参数含义

序号	参数	意义	
1	SPD	槽口横向（槽深方向，图 a、b 中 X、Z 正好互换）起点坐标，与 STA1 有关	
2	SPL	槽口纵向（槽宽方向，图 a、b 中 X、Z 正好互换）起点坐标，与 STA1 有关	
3	WIDG	槽底不含倒角宽度，无符号	
4	DIAG	高点不带倒角槽深，无符号	
5	STA1	开槽柱面或端面轮廓与纵向轴（$+Z=0°$）之间的角度，$0 \leqslant STA1 \leqslant 180°$，决定轴面还是端面槽、决定 SPD（槽深方向）和 DPL（槽宽方向）坐标方向	
6	ANG1	起点槽口侧侧面角 1	小角度，无符号，$0 \leqslant ANG1$ 或 $ANG2 < 89.999°$，垂直槽底侧面是 $0°$
7	ANG2	终点槽口侧侧面角 2	
8	RCO1	起点槽口倒圆半径 1/倒角 1	如果 $VARI = 1 \sim 8$，倒角 CHF 如果 VARI11 $\sim$ 18，倒角 CHR 圆角为正（+） 倒角为负（－）
9	RCO2	终点槽口倒圆半径 2/倒角 2	
10	RCI1	起点槽底倒圆半径 1/倒角 1	
11	RCI2	终点槽底倒圆半径 2/倒角 2	
12	FAL1	槽底精加工余量	
13	FAL2	槽侧精加工余量	
14	IDEP	最大进给深度（层厚），无符号	
15	DTB	槽底进给暂停时间（s）	
16	VARI	加工类型 $1 \sim 8$、$11 \sim 18$，具体类型有说明。如果 $VARI = 1 \sim 8$，倒角 CHF（斜边长）；如果 VARI11 $\sim$ 18，倒角 CHR（邻边长）	

241

表 13-17 八种切槽类型 VARI 取值

数值	纵向（Z）/横向（X）	外圆/内孔	槽口起点位置①	图例
1/11	纵	外	左	VARI=1/11
2/12	横	内	左	VARI=2/12
3/13	纵	内	左	VARI=3/13
4/14	横	内	右	VARI=4/14
5/15	纵	外	右	VARI=5/15
6/16	横	外	左	VARI=6/16
7/17	纵	内	右	VARI=7/17
8/18	横	外	右	VARI=8/18

注：纵向槽沿着 +X 向看、横向槽沿着 +Z 向看，槽口起点黑色方块在槽左侧是左起点、在右侧是右起点。

（2）切槽动作循环 向槽底渐进切削槽深到底、再从一侧到另一侧切削槽宽，这些数据在循环内部计算并分配以相同的最大允许值。渐进断屑的后退距离是 1mm。

在锥面切槽时，刀具平行于锥面从槽的一侧逐步移动到另一侧，并自动计算刀具到锥面的安全距离。

如果在 ANG1 或 ANG2 下编程了角度值，对槽侧面不进行渐进切削而是一次性切削到底。如果槽宽较大，则分几步沿槽宽进行分步进给切削。

精加工沿槽两侧轮廓切削、到槽底中心退刀，如图 13-22 所示。在此过程中，循环自动选择或不选择刀具半径补偿。

（3）切槽循环注意事项

1）孔内切槽时，由于切槽起点在孔内，要特别注意刀具接近起点和离开终点的进退刀路线，必要时在固定循环前，给定转折点防止碰撞干涉，如图 13-23 所示。

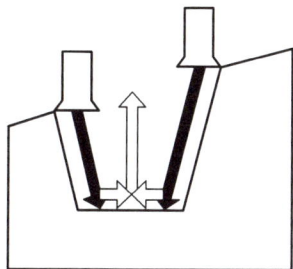

图 13-22　槽精加工路径

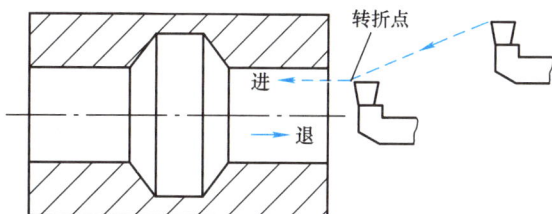

图 13-23　内切槽进/退刀路线

2）循环调用之前有效的 G 代码在循环之后仍保持有效。

3）循环调用之前必须定义加工平面 G18（ZX 平面），且纵向轴 Z 是第一轴、横向轴 X 是第二轴。

4）必须用相邻两个 D1 和 D2 代码分别定义两个刀位点，以确定刀宽。

5）槽口起点轮廓和纵向轴之间的角度是 0°≤STA1≤180°正小角度，没有负角度，按 +Z 方向是 0°逆时针计算，如图 13-24 所示。可以看出，左/右槽口、内/外槽口的 STA1 为互补角度，如 0°和 180°，20°和 160°等。

6）切槽循环参数内无进给率，需提前编程。

7）切槽循环自动留 1mm 安全距离，编程时可不再考虑槽口安全高度，但必须将槽侧最大深度作为槽深。

8）槽口、槽底圆角为正（＋）、倒角为（－）设定相应参数。

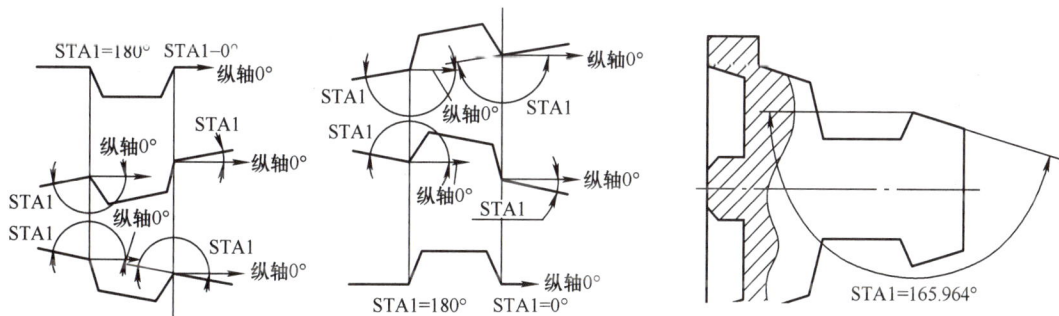

图 13-24　槽口起点轮廓与纵向轴小夹角 STA1

【促成任务 13-12】　用 CYCLE93、纵向外部左侧编程功能，完成图 13-9 所示图样的编程。

【解】　后置刀架，刀宽 4mm 正装，从左开始加工，主轴反转，工件坐标系在右端面回转中心，用 CYCLE93 纵向外部左侧编程：

SM364. MPF

N10 G74 X1 = 0 Z1 = 0　L_F

N20 T02 D1　L_F

N30 G90 G00 G54 S600 M04 F0. 1　L_F

N40 CYCLE93 (42, −30, 10, 5, 180, 0, 0, 0, 0, 0, 0, 0.1, 0.2, 1.5, 1, 1) L_F 起点横坐标 42 可以是 40,

N50 G00 X80　L_F

N60 M30　L_F

【促成任务 13-13】　加工图 13-25 所示零件的凹槽，起始点（60, −15），槽深为 10mm，宽度为 30mm，槽底倒角长度 2mm，精加工余量 0.1mm。切槽刀 T2，宽度 4mm。

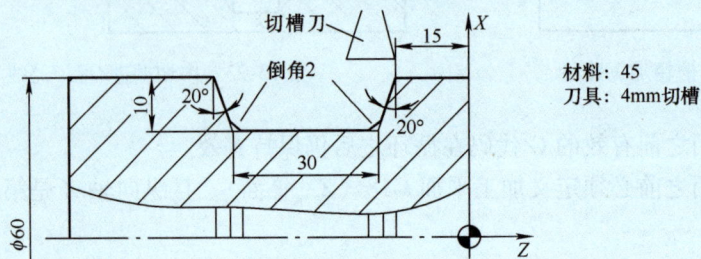

图 13-25　切槽图样

【解】　左刀位点对刀，右槽口开始加工，纵、外、右粗精加工，倒斜边长度 2mm，VARI = 5。

SM365. MPF

N10 G74 X1 = 0 Z1 = 0　L_F

N20 T2　L_F

N30 G00 G90 G54 S600 M4 F0. 1　L_F

N40 CYCLE93 (60, −15, 30, 10, 0, 20, 20, 0, 0, −2, −2, 0.1, 0.1, 1.5, 1, 5) L_F (SPD,SPL, WIDG, DIAG, STA1, ANG1, ANG2, RCO1, RCO2, RCI1, RCI2, FAL1, FAL2, IDEP, DTB, VARI)

N50 G00 X100　L_F

N60 M30　L_F

3. 螺纹切削循环 CYCLE97

用螺纹切削循环可以按纵向或横向（图 13-26）加工内外圆柱螺纹、圆锥螺纹和端面螺纹，并且既能加工单线螺纹也能加工多线螺纹。纵、横向加工自动判定，如果圆锥角≤90°，按纵向加工，否则按横向加工。左、右旋螺纹要确定相应的主轴旋转方向与之匹配，并在调用循环之前的程序中编入，不能用

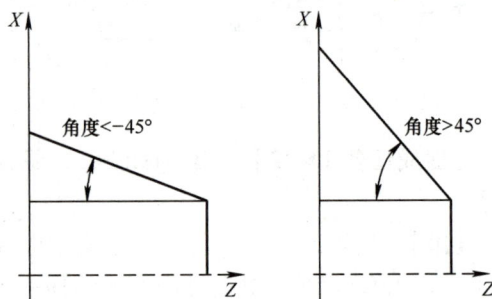

图 13-26　按斜角定义纵向、横向螺纹

刀具半径补偿编程。在螺纹加工期间，主轴转速倍率开关、进给倍率开关均无效，否则会乱牙。

（1）指令格式

CYCLE97（PIT，MPIT，SPL，FPL，DM1，DM2，APP，ROP，TDEP，FAL，IANG，NSP，NRC，NID，VARI，NUMT）L_F

参数如图 13-27 所示，其含义见表 13-18。

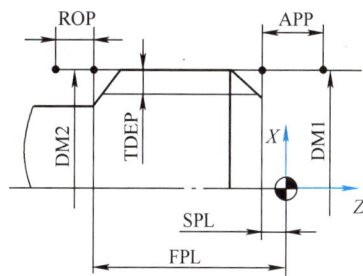

图 13-27　CYCLE97 螺纹切削参数

表 13-18　螺纹循环 CYCLE97 参数含义

参数	含义	说明	
PIT	螺距	无符号	只能选其中一个
MPIT	螺纹大径	编程值 3（用于 M3）~60（用于 M60）	
SPL	螺纹起点	纵向坐标	说明可以加工锥螺纹
FPL	螺纹终点	纵向坐标	
DM1	起点螺纹直径	起点螺纹直径，与 SPL 对应	
DM2	终点螺纹直径	终点螺纹直径，与 FPL 对应	
APP	空刀导入量	无符号	
ROP	空刀退出量	无符号	
TDEP	螺纹深度即牙高	无符号	
FAL	精加工余量	无符号	
IANG	侧进给角	"＋"单侧侧进给，"－"左右侧交错侧进给	
NSP	首条螺旋线的起点偏移（°）	无符号，0~359.9999°	
NRC	粗加工次数	无符号	
NID	空走刀次数	无符号	
VARI	螺纹加工类型	编程值 1~4	
NUMT	螺纹线数量	无符号	

1）侧进给角 IANG。单侧侧进给、左右侧交错侧进给如图 13-28 所示。如果要在牙槽正中切螺纹，侧进给角 IANG 必须设为零；如果要单侧（图 13-28a）、左右侧交错侧进给（图 13-28b）切削，则其绝对值必须设为刀具侧面角（牙型角）的一半值，如图 13-28c 所示。

a) 单侧侧进给　　b) 左右侧交错侧进给　　c) 侧面角 ε（牙型角）的一半值

图 13-28　侧进给角 IANG

245

2）首条螺旋线的起点偏移 NSP 和螺纹线数量 NUMT。如果未定义 NSP 或该参数未出现在参数列表中，螺纹起始点则自动在零度标号处，如图 13-29 所示。

恒螺距多线螺纹需设定数量、第一条螺纹线由参数 NSP 定义位置，所有螺旋线需在待加工部件端面上均布；如果是不对称螺纹的多线螺纹，在编程起点偏移时必须调用每个螺纹的循环。

3）螺纹加工类型 VARI。螺纹加工类型 VARI 定义外部、内部加工、粗加工进给方式，共有 1~4 四种加工类型见表 13-19，粗加工进给方式如图 13-30 所示。恒定切削截面积刀具受力较为平稳。

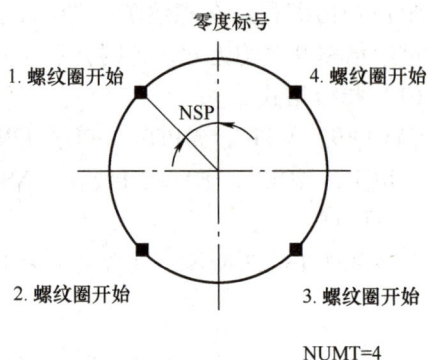

图 13-29　首条螺旋线的起点偏移 NSP 和螺纹线数量 NUMT

表 13-19　螺纹加工类型 VARI

值	外部/ 内部	恒定进给/恒定切削截面积
1	外	恒定进给
2	内	恒定进给
3	外	恒定切削截面积
4	内	恒定切削截面积

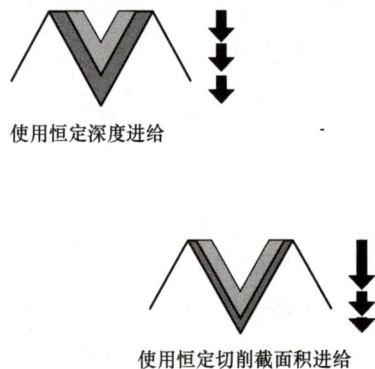

图 13-30　粗加工进给方式

（2）动作循环

1）G00 到第一条螺纹线空刀导入量起始处。

2）按照 VARI 定义的加工类型进行粗加工进刀。

3）据粗切削次数用 G33 重复螺纹切削。

4）据空走刀次数重复切削。

（3）注意事项

1）在调用螺纹切削循环 CYCLE97 前，需设定四向一置匹配关系及 S、F 切削参数。

2）螺距 PIT、螺纹大径 MPIT 任意设定一个，另一个为空，不能设成 0，也不要两个同时设定。

【促成任务 13-14】　如图 13-11 所示，空刀槽、倒角及螺纹圆柱均已车好，用 CYCLE97 编程加工螺纹。

【解】　用 60°外螺纹车刀，后置刀架反装刀具，按恒定切削截面积进给，无精加工余量，螺纹深度为 1.3mm，进行 5 次粗加工，粗加工结束后，执行 2 个空刀路径。

SM367. MPF

N10 G74 X1 = 0 Z1 = 0　L$_F$

N20 T1 D1　L$_F$

N30 G00 G90 G54 G95 X35 Z20 S500 M3　L$_F$

N40 CYCLE97(　, 30, 0, −25, 30, 30, 5, 2, 1.3, 0, 30, 0, 5, 2, 3, 1)　L$_F$ (PIT, MPIT, SPL, FPL, DM1, DM2, APP, ROP, TDEP, FAL, IANG, NSP, NRC, NID, VARI, NUMT)

N50 G74 X1 = 0 Z1 = 0　L$_F$

N60 M30　L$_F$

四、相关实践

完成本项目图 13-1 所示的 13-3001 轴承套的程序设计。

（1）确定加工方案

1）夹工件右端，如图 13-31a 所示，车左端面，车左端外轮廓至 $\phi 50_{-0.04}^{-0.02}$ mm、$\phi 78$ mm 完工，镗 $\phi 32$ mm、$\phi 26$ mm 孔等。

2）调头，夹工件左端 $\phi 50_{-0.04}^{-0.02}$ mm 外圆（需包铜皮），车右端面，控制总长 108mm，车右端外轮廓达图样要求，如图 13-31b 所示。

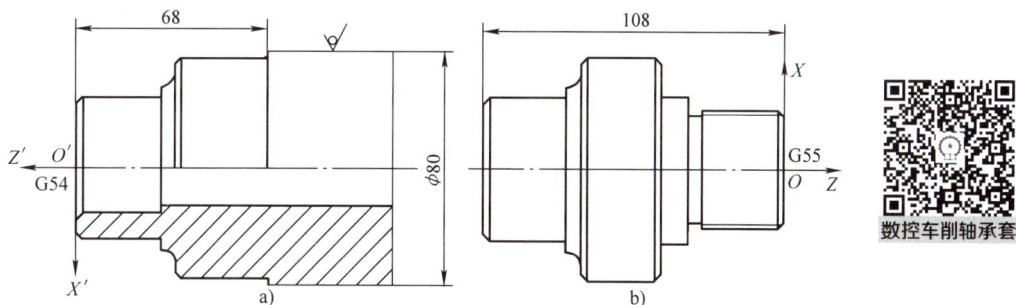

图 13-31　加工方案

（2）编制程序

1）左端加工程序见表 13-20。

表 13-20　图 13-1 所示工件左端加工程序

段号	FANUC	备　注	华中 HNC
	O1301;		O1301;
N10 N12 N14	T0101; G54 G99 G00 X85 Z0 S800 M04; G01 X18 F0.1;	换 T01 号外圆车刀，导入 01 号存储器中的刀补数据，车端面	T0101; G54 G95 G90 G00 X85 Z0 S800 M04; G01 X18 F0.1;
N18	G00 X84 Z3;	到达轮廓循环起点	G00 X84 Z3;

（续）

段号	FANUC O1301；	备　注		华中 HNC O1301；
N20	G71 U2 R1；	轴向粗车固定循环	轴向车削固定循环（含粗、精车）	G71 U2 R1 P30 Q75 X0.5 Z0.2 F0.2；
N25	G71 P30 Q75 U0.5 W0.1 F0.2；			
N30	G00 X40；	N_s 段，该段只能 X 轴移动，否则数控系统报警		G00 X40；
N35	G42 X44 Z1；			G42 X44 Z1；
N40	G01 X50 Z－2 F0.1；			G01 X50 Z－2 F0.1；
N45	Z－30；			Z－30；
N50	X58；			X58；
N55	G02 X68 Z－35 R5；			G2 X68 Z－35 R5；
N60	G01 X78 Z－35，C2；			G01 X78 Z－35 C2；
N65	Z－68；			Z－68；
N70	X82；	大于 ϕ80mm 毛坯		X82；
N75	G00 G40 U1 W－1；	N_f 段		G00 G40 U1 W－1；
N76	G00 G54 X84 Z3；			
N80	G70 P30 Q75；	精车固定循环		
N85	G0 X100 Z135；	刀具退出		G00 X100 Z135；
N90	T0202；	换 T02 号内孔镗刀，导入 02 号存储器中的刀补数据		T0202；
N95	G0 X18 Z2 S800 M04；	刀具长度补偿后到达轮廓循环起点（X18，Z2）		G00 X18 Z2 S800 M04；
N100	G71 U1 R0.5； G71 P105 Q130 U－0.5 W0.1 F0.2；	轴向粗车固定循环	轴向车削固定循环（含粗、精车）	G71 U1 R0.5 P105 Q130 X－0.5 Z0.1 F0.2；
N105	G00 X40；	N_s 段，该段只能 X 轴移动，否则数控系统报警		G00 X40；
N110	G41 X38 Z1；			G41 X38 Z1；
N113	G01 X32 Z－2 F0.1；			G01 X32 Z－2 F0.1；
N115	Z－30；			Z－30；
N120	X26；			X26；
N125	Z－110；			Z－110；
N130	G00 G40 X24 Z－112；	N_f 段，小于 ϕ26mm 孔		G00 G40 X24 Z－112；
N132	G54 G00 X18 Z2；			
N135	G70 P105 Q130；	精车固定循环		
N140	G00 Z5；	给定转折点，刀具安全退出孔口（有些数控系统精加工后刀具不能自动返回到循环起点）		G00 Z5；
N145	G00 X100 Z20；	到安全位置		G00 X100 Z20；
N150	M30；	程序结束		M30；

2）右端加工程序见表13-21。

表13-21　图13-1 所示工件右端加工程序

段号	FANUC	备　　注		华中 HNC
	O1302；			O1302；
N10	T0110；	换 T01 号外圆车刀，导入 10 号存储器中的刀补数据，车端面		T0110；
N12	G55 G99 G00 X85 Z0 S800 M04；			G55 G95 G90 G00 X85 Z0 S800 M04；
N16	G01 X18 F0.1；			G01 X18 F0.1；
N18	G00 X84 Z3；	到达轮廓循环起点		G00 X84 Z3；
N20	G71 U2 R1；	轴向粗车固定循环	轴向车削固定循环（含粗、精车）	G71 U2 R1 P25 Q66 X0.5 Z0.1 F0.2；
	G71 P25 Q66 U0.5 W0.1 F0.2；			
N25	G00 X32；	N_s 段，该段只能 X 轴移动，否则数控系统报警		G00 X32；
N30	G42 X36 Z1；			G42 X36 Z1；
N40	G01 X42 Z−2 F0.1；			G01 X42 Z−2 F0.1；
N45	Z−35；			Z−35；
N50	X52；	X 加工至中间值		X52；
N55	Z−45；			Z−45；
N60	X74；			X74；
N65	X80 Z−48；	该点在 C2mm 倒角延长线上		X80 Z−48；
N66	G00 G40 U1 W−1；	N_f 段		G00 G40 U1 W−1；
N70	G70 P25 Q66；	精车固定循环		
N72	G00 X41.7 Z3			G00 X84 Z3
N74	G01 Z−35；			N73 X41.7
N75	G00 X100 Z100；	刀具退出		N74 G01 Z−35
				G00 X100 Z100；
N80	T0303；	换 T03 号宽切槽刀，刀宽4mm		T0303；
N85	G55 G00 X53 Z−35 S400 M04 F0.1；			G55 G00 X53 Z−35 S400 M04 F0.1；
N90	G75 R0.5；			C01 X38；
N95	G75 X38 Z−34 P500 Q2500 R0；			G00 X55；
				Z−34；
				G01 X38；
				G00 X55；
N100	G00 X100 Z100；	刀具退出		G00 X100 Z100；
N105	T0404；	换 T04 号60°外螺纹车刀，刀具反装		T0404；
N110	G55 G00 X44 Z5 S520 M03；	快速到达循环起点，考虑空刀切入量，主轴正转		G55 G00 X44 Z5 S520 M03；
N115	G76 P012060 Q300 R0.1；	螺纹切削循环		G76 C1 R−2 E1.3 A60 X39.4 Z−31 K1.3 U0.1 V0.3 Q0.45 F2；
	G76 X39.4 Z−31 R0 P1300 Q450 F2；			
N120	G00 X100 Z100；	退刀		G00 X100 Z100；
N125	M30；	程序结束		M30；

思考与练习题

一、填空题

1. 在 G71 固定循环中，顺序号 N_s 程序段必须沿（　　）向进刀，且不能出现（　　）坐标。

2. 在 G72 固定循环中，顺序号 N_s 程序段必须沿（　　）向进刀，且不能出现（　　）坐标。

3. 为了高效切削铸造成型、粗车成形的工件，避免较多的空走刀，选用固定循环指令（　　）加工较为合适。

4. G73 固定循环指令中的 R 是指（　　）。

5. G71 指令中和程序段段号 $N_s \sim N_f$ 中同时指定了 F 和 S 值时，则粗加工循环过程中，（　　）中指定的 F 和 S 值有效。

二、问答题

1. 固定循环有什么作用？

2. G71、G72 指令有何不同？如何应用？

3. G73 固定循环加工的轮廓形状有没有单调递增或单调递减的限制？

4. 车削固定循环指令中能不能进行子程序调用？

5. 在 $N_s \sim N_f$ 程序段中指定的恒线速切削 G96/G97 是否有效？

三、综合题

仿真加工或在线加工图 13-32、图 13-33 所示的零件。

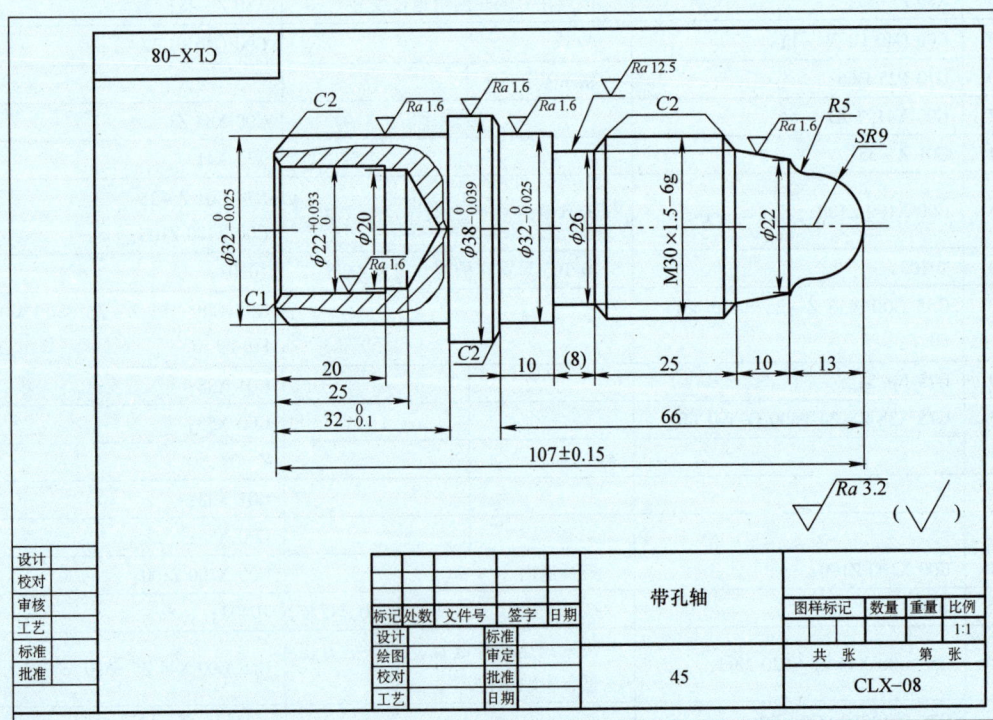

图 13-32　CLX-08 带孔轴

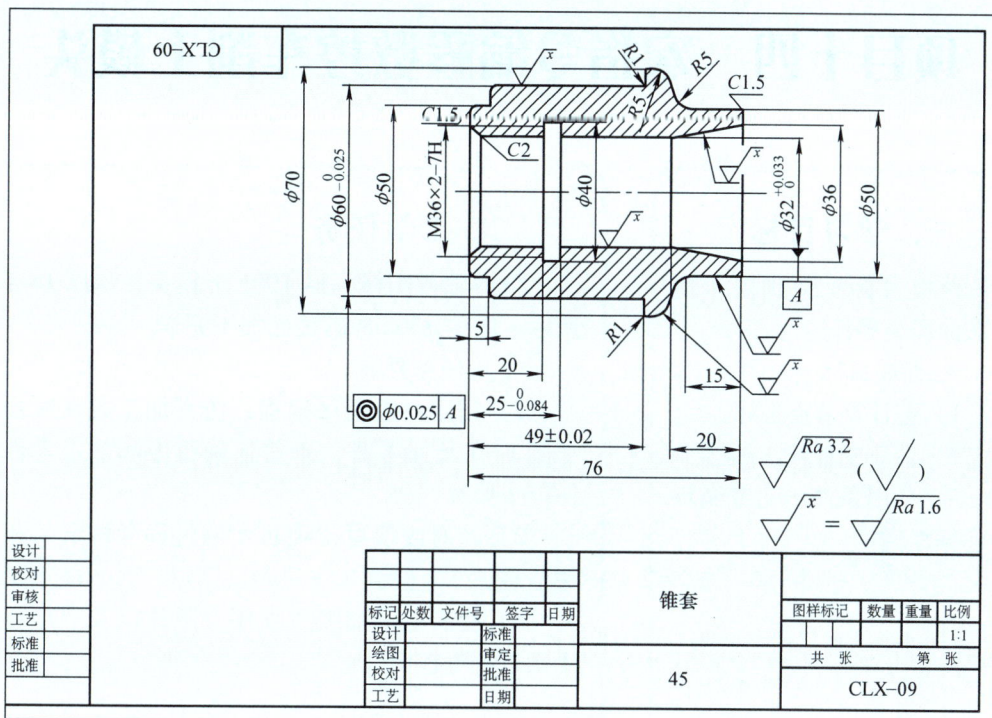

图 13-33　CLX-09 锥套

项目十四 宏指令编程数控车削上模头

一、学习目标

终极目标：会数控车削二次曲面类零件。

- 促成目标
1）会计算节点坐标。
2）会对变量#进行运算。
3）会用条件语句或循环语句编程。

二、工学任务

（1）零件图样 14-1001 上模头，如图 14-1 所示，图中 φ30mm 圆柱已加工完毕。

（2）任务要求

1）用用户宏程序编程，仿真加工或在线加工图 14-1 所示零件，备份正确程序和加工零件的电子照片。

2）核对或填写"项目十四过程考核卡"相关信息。

3）提交电子和纸质程序、照片以及"项目十四过程考核卡"。

三、相关知识

用户宏程序是数控系统中的特殊编程功能，用户可以使用变量进行算术运算、逻辑运算和函数的混合运算。此外，宏程序还有循环语句、条件语句等，有利于编制如二次曲线等各种复杂零件加工程序，减少乃至免除手工编程时烦琐的数值计算，同时可以精简程序量。车削宏程序所用理论知识同前述镗铣加工。

1. 变量

变量用符号"#"和后面的变量号指定，变量号为正整数或表达式，表达式必须封闭在方括号中，如#1、#［#1＋#2-10］。

常用变量及其含义见表 14-1。

252

表 14-1 常用变量及其含义

FANUC 系统		华中 HNC	
变量	含义	变量	含义
#1 ~ #33	局部变量	#0 ~ #49	当前局部变量
#100 ~ #199	公共变量（断电清除型）	#50 ~ #199	全局变量
#500 ~ #999	公共变量（断电保持型）		
		#200 ~ #599	分层局部变量
#1000 以上	系统变量	#1000 以上	系统变量

项目十四过程考核卡

班级＿＿＿ 班组＿＿＿ 姓名＿＿＿ 学号＿＿＿ 互评学生＿＿＿ 指导教师＿＿＿ 组长＿＿＿ 考核日期＿年＿月＿日

考核内容

任务：数控车削图 14-1 所示的零件，用宏 B 编程

备料：φ42mm×70mm 棒料，材料 45 钢，φ30mm 圆柱已加工好

备刀：T01 95°外圆左手车刀（L）

量具：游标卡尺 1 把，测量范围为 0～125mm，分度值为 0.02mm

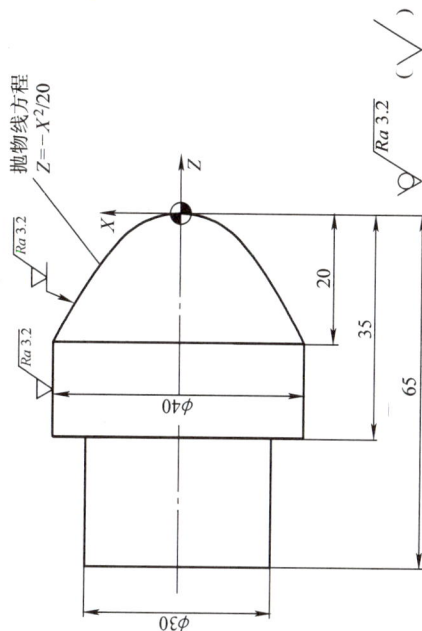

图 14-1 14-1001 上模头

抛物线方程 $Z=-X^2/20$

评 分 表

序号	项目	评分标准	配分	得分	整改意见
1	轮廓外形	错一处扣 10 分	20		
2	φ40mm	超差 0.5mm 扣 5 分，扣完为止	20		
3	轴向尺寸 35mm	超差 0.5mm 扣 10 分	20		
4	轴向尺寸 20mm	超差 0.5mm 扣 5 分	5		
5	Ra3.2μm	一处超差扣 10 分	20		
6	安全操作	正确、安全操作	5		
7	机床保养	机床维护保养	5		
8	遵守纪律	遵守现场纪律	5		
	合 计		100		

253

2. 变量赋值

把常数或表达式的值送给一个变量称为赋值。如#1 = 100，#6 = 175/SQRT［2］。

3. 变量运算

变量运算符合四则运算基本法则，即先括号内后括号外，先乘除法后加减法，且括号只能用方括号，如［#2 + #3 * COS［#4］ − #5］/2。

4. 变量引用

除地址 N、L 外，变量#可以代替其他任何地址后的数值。例如，如果#1 = 3，则 G#1 相当于 G3；如果#5 = 20，则 X［#5］相当于 X20。

5. 条件语句 IF-GOTO/IF-ENDIF

条件语句指令格式见表14-2。

表14-2　条件语句指令格式

FANUC（IF-GOTO）	华中 HNC（IF-ENDIF）
IF［条件表达式］GOTOn;	IF 条件表达式; … ENDIF;

条件表达式中的各种比较符号见表14-3。

表14-3　比较符号

比较符号	含　义	比较符号	含　义
EQ	等于（=）	GE	大于等于（≥）
NE	不等于（≠）	LT	小于（<）
GT	大于（>）	LE	小于等于（≤）

6. 循环语句 WHILE-DO-END/WHILE-ENDW

循环语句指令格式见表14-4。

表14-4　循环语句指令格式

FANUC（WHILE-DO-END）	华中 HNC（WHILE-ENDW）
WHILE［条件表达式］DOm; … ENDm;	WHILE 条件表达式; … ENDW;

254

四、相关实践

完成本项目图14-1所示14-1001上模头零件的程序设计。

（1）解题思路　将抛物线的 X 坐标作为自变量，对其长度等分后，计算每一等分点的节点坐标，作为直线插补的 Z、X 坐标，以直代曲加工曲面。将动态 X 坐标作为计数器，其值与规定的终值进行比较来判断是否继续运算。

（2）编写程序　FANUC 系统和华中 HNC 系统均用变量#和 G71 联合编程，实际上，用 G71 优于 G73，前者刀路短，变量#定义见表14-5，加工程序见表14-6。

数控车削上模头

表 14-5 变量#定义

#21	#4	#5	#6
X方向步距（半径值）	X坐标（半径值）	X坐标（直径值）	Z坐标
0.5mm	计数器	#4*2	-#4*#4/20

表 14-6 图 14-1 零件加工程序

段号	FANUC	说　明	华中 HNC
	O0014;		O0014;
N10 N12 N16	T0101; G54 G99 G00 X45 Z0 S600 M04; G01 X-1 F0.1;	换 T01 号外圆车刀，导入 01 号存储器中的刀补数据，车端面	T0101; G54 G95 G90 G00 X45 Z0 S600 M04; G01 X-1 F0.1;
N20	G00 X45 Z2;	到达循环起点，主轴旋转	G00 X45 Z2;
N30	G71 U2 R0.5; G71 P40 Q160 U0.4 W0.2 F0.3;	轮廓粗车循环 / 轮廓车削循环（含粗、精车） X向精车余量 0.4mm（直径值），Z向精车余量 0.2mm，粗车进给量 0.3mm/r	G71 U2 R0.5 P40 Q160 X0.4 Z0.2 F0.3;
N40	G00 X-4;	Ns 段	G00 X-4;
N50	G42 X-2 Z1;		G42 X-2 Z1;
N60	G02 X0 Z0 R1 F0.15	精车进给量 0.15mm/r	G02 X0 Z0 R1 F0.15;
N70	#21=0.5;	X轴步距，半径值	#21=0.5;
N80	#4=0.5;	X/2 赋初始值，即计数器置 0	#4=0.5;
N90	WHILE [#4LE20] DO1;	循环语句	WHILE #4LE20;
N100	#5=#4*2;	任意点 X坐标（直径）	#5=#4*2;
N110	#6=-#4*#4/20;	根据 X坐标算出 Z坐标	#6=-#4*#4/20;
N120	G01 X[#5] Z[#6]F0.1;	直线插补，直径编程	G01 X[#5] Z[#6]F0.1;
N130	#4=#4+#21;	计数器计数，计算下一点 X坐标（半径）	#4=#4+#21;
N140	END1;		ENDW;
N150	G01 X40 Z-36;		G01 X40 Z-36;
N160	G00 G40 X45 Z-37;	Nf 段，抬刀	G00 G40 X45 Z-37;
N165	G54 G00 X45 Z5 S700 M04;		G54 G00 X45 Z5 S700 M04;
N170	G70 P40 Q160;	精车循环	
N180	G00 X100 Z100;	到安全位置	G00 X100 Z100;
N190	M30;	程序结束	M30;

255

思考与练习题

一、填空题

1. 变量#具有（   ）和（   ）功能，常与条件语句或循环语句联合使用来编制非圆曲面加工程序。

2. 指令"#1 = #2 + #3 * SIN [#4]；"中最先进行运算的是（   ）运算。

3. 若#1 = 100，#2 = #1 + #1，#1 = #2，则#1 最后为（   ）。

二、问答题

1. 什么是用户宏程序？用宏程序编程有什么好处？

2. 变量如何表示？

3. 变量#的运算遵循何种规则？

4. 如何理解#10 = #10 + 1 的含义？

5. 宏程序指令中的"GE""LE""GT""LT""EQ""NE"分别表示什么？

三、综合题

编程、仿真加工或在线加工图 14-2、图 14-3 所示的零件。

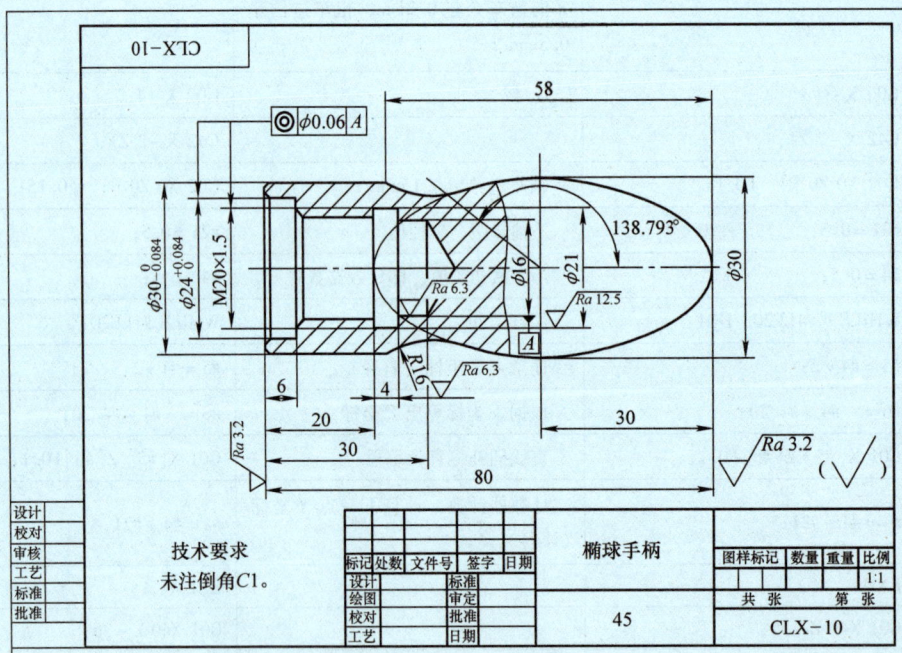

图 14-2　CLX-10 椭球手柄

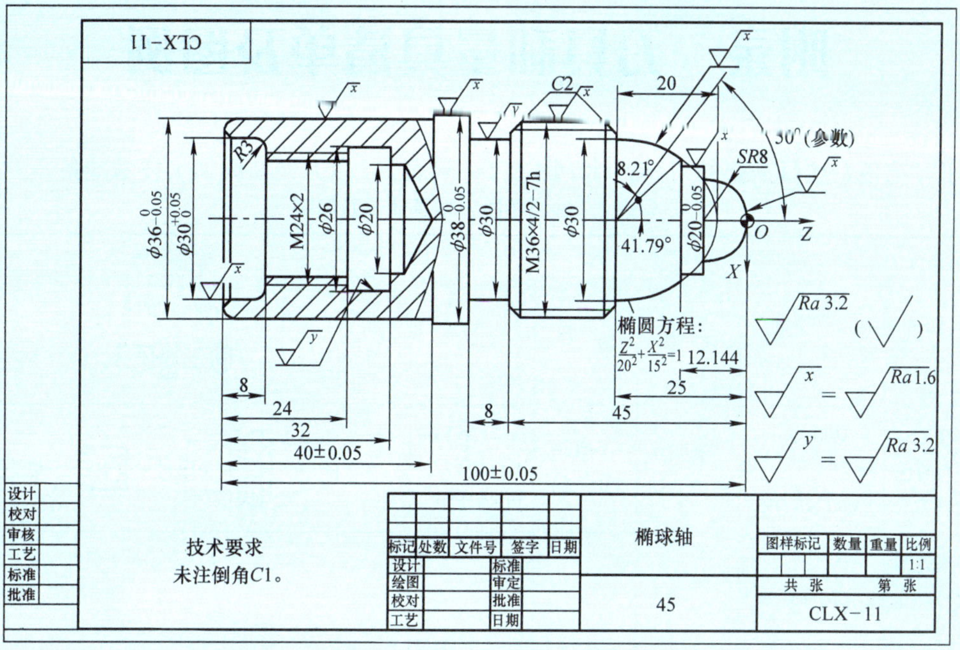

图 14-3　CLX-11 椭球轴

附录　刀具和量具清单及图例

车、铣各个项目需要的刀具统计于附表1、附表2，以方便在线加工技术准备。

附表1　数控镗铣刀辅具清单及图例

序号	刀具名称	刀具型号	刀杆			组装图例
			名　称	型　号	配套件	拉钉 P40T-I 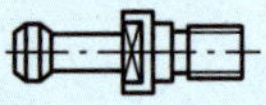
1	波形刀片可转位面铣刀	φ80mm 刀体：FM90-80LD15	套式立铣刀刀柄	BT40-XM27-60	刀片 LD-MT1504 PDSR-27P	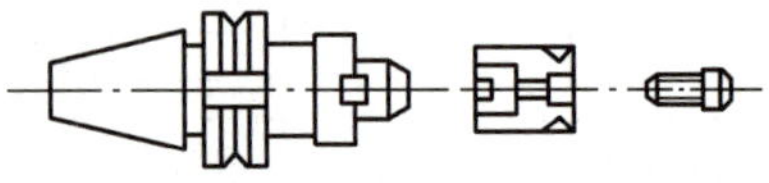
2	高速钢直柄立铣刀	φ16mm	弹簧卡头刀柄	BT40-ER25-80	卡簧 ER25-5、10、16	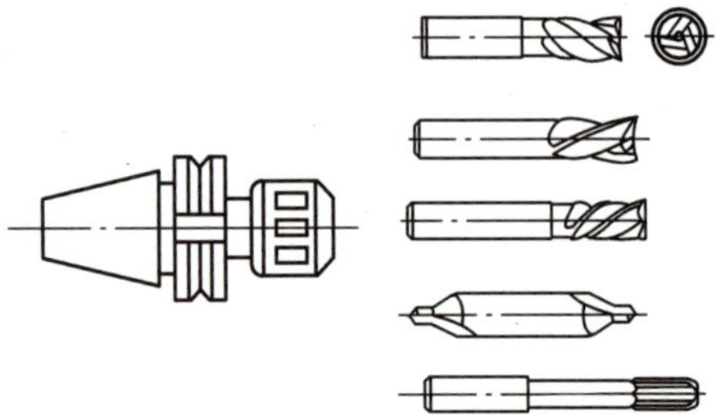
3	高速钢直柄键槽铣刀	φ5mm、φ10mm				
4	高速钢直柄模具立铣刀	φ16mm				
5	中心钻	φ4mm				
6	高速钢直柄铰刀	φ10H7mm、φ12H7mm				
7	高速钢直柄麻花钻头	φ8.5mm、φ9.8mm、φ10mm、φ11.8mm	莫氏短圆锥钻夹头刀柄	BT40-Z16-45	自紧式钻夹头 B16	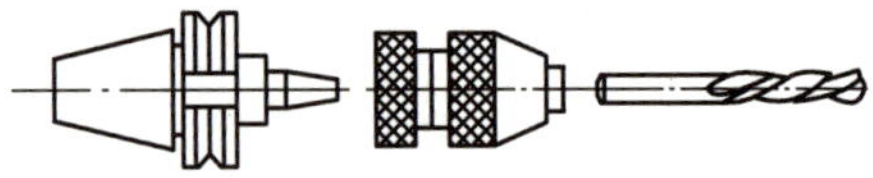
8	高速钢锥柄麻花钻头	φ19-M2、φ26-M3、φ30-M3	有扁尾莫氏圆锥孔刀柄	BT40-M3-75	莫氏变径套 MT3-MT2	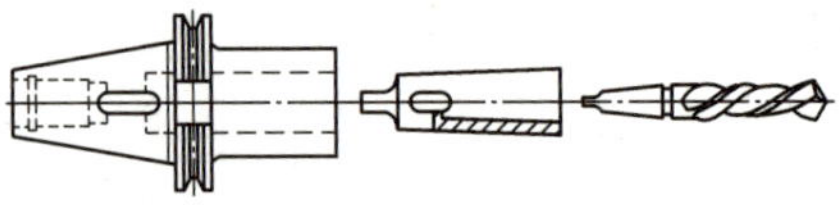
9	机用丝锥	M10-H2	攻螺纹夹头刀柄	BT40-G3-90	攻螺纹夹套 GT3-M10	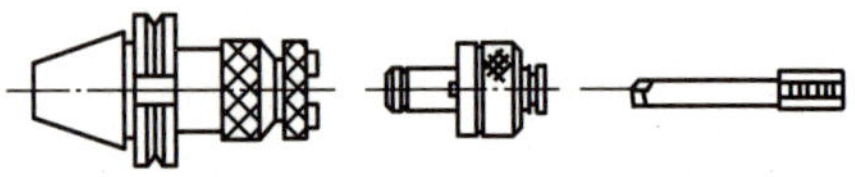
10	倾斜型粗镗刀	镗孔范围 φ25～φ38mm（平底）	倾斜型粗镗刀	BT40-TQC25-135	镗刀头 TQC08-29-45-L	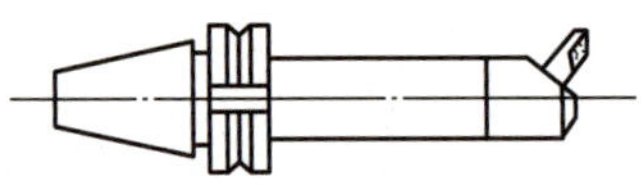

258

（续）

序号	刀具名称	刀具型号	刀杆			组装图例
			名称	型号	配套件	拉钉 P40T-I 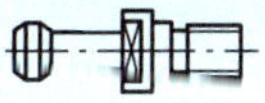
11	45°倒角镗刀	镗孔范围 φ25～φ50mm	倾斜型粗镗刀	BT40-TZC25-135	镗刀头 TQC08-29-45-L	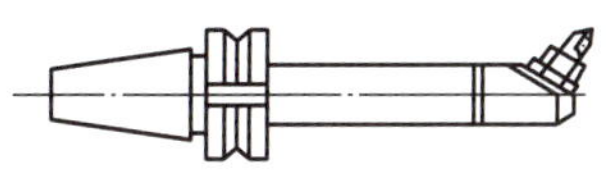
12	倾斜型微调精镗刀	镗孔范围 φ29～φ41mm（平底）	倾斜型微调精镗刀	BT40-TQW29-100	微调刀头 TQW2	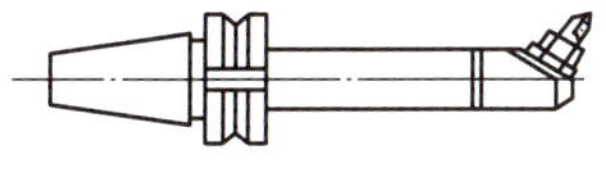
13	寻边器	OP20	强力铣夹头刀柄	BT40-C22-95	卡簧 C22-20	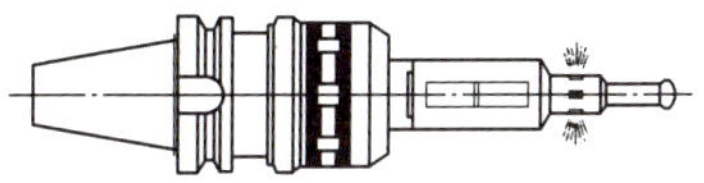

注：1. 量具：0～150mm±0.02mm 游标卡尺；0～25mm、25～50mm 千分尺；10～18mm、18～35mm、35～50mm 内径百分表；0～200mm±0.02mm 深度尺；±0.4mm 杠杆百分表；磁力表座。

2. 备料：锻铝 100mm×80mm×50mm；Q235 钢板 100mm×80mm×20mm；45 钢 120mm×100mm×20mm。

附表 2　数控车刀辅具清单及图例

序号	刀具		刀片			组装图例
	名称规格	刀具型号	名称	型号	刀尖半径	
1	中心钻	φ2mm				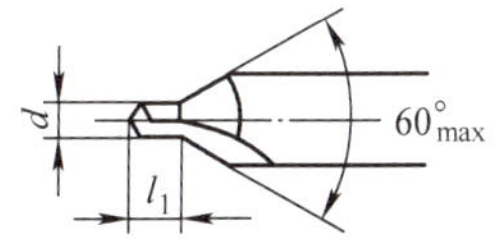
2	95°复合压紧式可转位左偏（手）外圆车刀	MCLNL2525M12N	80°菱形刀片	CNMG120404FL-CF	0.4mm	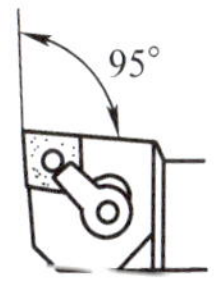
3	93°复合压紧式可转位左偏（手）外圆车刀	MDJNL2525M11N	55°菱形刀片	DNMG110402FL-CF	0.2mm	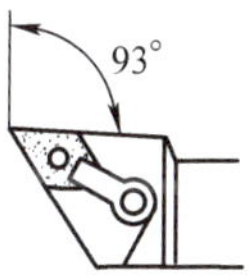
4	62°30′复合紧压式可转位车刀	MDPNN2525M11N	55°菱形刀片	DNMG110402FL-CF	0.2mm	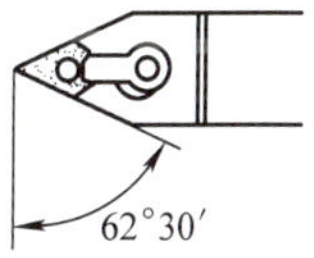
5	93°螺钉压紧式左偏（手）内孔车刀	S20K-SDUCL11	55°菱形刀片	DCNH11T304	0.4mm	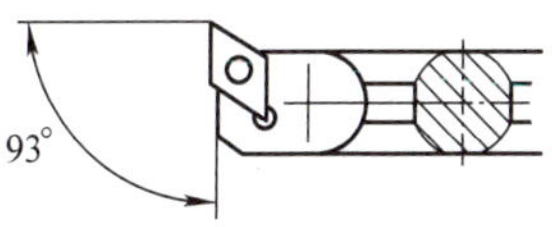

（续）

序号	刀 具		刀 片			组装图例
	名称规格	刀具型号	名称	型 号	刀尖半径	
6	60° 外螺纹车刀	SEL2525M16T	外螺纹车刀片	16ELAG60ISO		
7	60° 内螺纹车刀	SNL0020Q16	内螺纹车刀片	16NLAG60ISO		
8	6mm宽的外切断（槽）刀	QA2525L06	切断（槽）刀片	Q06		
9	4mm宽的外切断（槽）刀	QA2525L04	切断（槽）刀片	Q04		
10	2.15mm宽的内切槽刀	GRV. LS20M. 20TC16	切断刀片	TC16T3L215-V-YT789		
11	锥柄麻花钻头	φ26-M3	莫氏变径套	MT4-3		
12	活动顶尖	MT4-60°				

注：1. 量具：0～200mm ±0.02mm 游标卡尺；25～50mm、50～75mm 千分尺；18～35mm、35～50mm 内径百分表；0～200mm ±0.02mm深度尺；螺纹环规；螺纹塞规；磁力表座。

2. 备料：尼龙棒 φ40mm；45 圆钢 φ45mm、φ60mm。

参 考 文 献

[1]　周保牛. 数控铣削与加工中心技术［M］. 北京：高等教育出版社，2007.

[2]　周保牛. 数控车削技术［M］. 北京：高等教育出版社，2007.

[3]　曹根基，周保牛，周岳. 数控加工［M］. 长沙：湖南科学技术出版社，2013.

[4]　周保牛. 数控编程与加工［M］. 2 版. 北京：机械工业出版社，2019.

[5]　王秋红，周保牛. 多轴数控加工技术［M］. 北京：电子工业出版社，2022.

[6]　周保牛. UG NX 后处理技术与应用案例［M］. 北京：机械工业出版社，2024.